LIBRO **DEL ESTUDIANTE**

STECK-VAUGHN

CIENCIAS

PREPARACIÓN PARA LA PRUEBA DE GED® 2014

Houghton
Mifflin
Harcourt

razonamiento matemático

ciencias

- Ciencias de la vida
- Ciencias físicas
- Ciencias de la Tierra y del espacio
- Práctica de Ciencias

POWERED BY

Houghton
Mifflin
Harcourt

POWERED BY
PAXEN

Reconocimientos

For each of the selections and images listed below, grateful acknowledgment is made for permission to excerpt and/or reprint original or copyrighted material, as follows:

Texts

Excerpt from *Assessment Guide for Educators*, published by GED Testing Service LLC. Text copyright © 2014 by GED Testing Service LLC. GED® and GED Testing Service® are registered trademarks of the American Council on Education (ACE). They may not be used or reproduced without the express written permission of ACE or GED Testing Service. The GED® and GED Testing Service® brands are administered by GED Testing Service LLC under license from the American Council on Education. Translated and reprinted by permission of GED Testing Service LLC.
(9) Excerpt from "Sweating and Body Odor" by Mayo Clinic Staff, from *http://www.mayoclinic.com/health/sweating-and-body odor/DS00305*. Text copyright © 2013 by MayoClinic.com. Translated and reprinted by permission of the Mayo Clinic.

Images

Cover (bg) ©Chen Ping-hung/E+/Getty Images; ©Design Pics/John Short/Getty Images; (atom) ©goktugg/iStockPhoto.com; (spheres) ©goktugg/iStockPhoto.com; vi ©daboost/iStockPhoto.com; vii ©CDH Design/iStockPhoto.com; ©daboost/iStockPhoto.com; xii ©Guy Jarvis/Houghton Mifflin Harcourt; Blind Opener ©Alex Wong/Getty Images; 1 ©mediaphotos/E+/Getty Images; 40 ©Taylor Hill/Getty Images Entertainment/Getty Images; 41 ©monkeybusinessimages/iStockPhoto.com; 80 ©Paul Kizzle/AP Images; 81 ©shotbydave/iStockPhoto.com.

Printed in the U.S.A.

ISBN   978-0-544-30129-0

3 4 5 6 7 8 9 10   0877   23 22 21 20 19 18 17 16 15

4500525645   A B C D E F G

Ciencias

©goktugg/iStockPhoto.com

Contenido

UNIDAD 1 *Ciencias de la vida*

UNIDAD 2 *Ciencias físicas*

UNIDAD 3 *Ciencias de la Tierra y del espacio*

Acerca de la Prueba de GED®

Bienvenido al primer día del resto de tu vida. Ahora que te has comprometido a estudiar para obtener tu credencial GED®, te espera una serie de posibilidades y opciones: académicas y profesionales, entre otras. Todos los años, cientos de miles de personas desean obtener una credencial GED®. Al igual que tú, abandonaron la educación tradicional por una u otra razón. Ahora, al igual que ellos, tú has decidido estudiar para dar la Prueba de GED® y, de esta manera, continuar con tu educación.

En la actualidad, la Prueba de GED® es muy diferente de las versiones anteriores. La Prueba de GED® de hoy consiste en una versión nueva, mejorada y más rigurosa, con contenidos que se ajustan a los Estándares Estatales Comunes. Por primera vez, la Prueba de GED® es tanto un certificado de equivalencia de educación secundaria como un indicador del nivel de preparación para la universidad y las carreras profesionales. La nueva Prueba de GED® incluye cuatro asignaturas: Razonamiento a través de las Artes del Lenguaje (RLA, por sus siglas en inglés), Razonamiento Matemático, Ciencias y Estudios Sociales. Cada asignatura se presenta en formato electrónico y ofrece una serie de ejercicios potenciados por la tecnología.

Las cuatro pruebas requieren un tiempo total de evaluación de siete horas. La preparación puede llevar mucho más tiempo. Sin embargo, los beneficios son significativos: más y mejores oportunidades profesionales, mayores ingresos y la satisfacción de haber obtenido la credencial GED®. Para los empleadores y las universidades, la credencial GED® tiene el mismo valor que un diploma de escuela secundaria. En promedio, los graduados de GED® ganan al menos $8,400 más al año que aquellos que no finalizaron los estudios secundarios.

El Servicio de Evaluación de GED® ha elaborado la Prueba de GED® con el propósito de reflejar la experiencia de una educación secundaria. Con este fin, debes responder diversas preguntas que cubren y conectan las cuatro asignaturas. Por ejemplo, te puedes encontrar con un pasaje de Estudios Sociales en la Prueba de Razonamiento a través de las Artes del Lenguaje, y viceversa. Además, encontrarás preguntas que requieren diferentes niveles de esfuerzo cognitivo, o Niveles de conocimiento. En la siguiente tabla se detallan las áreas de contenido, la cantidad de ejercicios, la calificación, los Niveles de conocimiento y el tiempo total de evaluación para cada asignatura.

Prueba de:	Áreas de contenido	Ejercicios	Calificación bruta	Niveles de conocimiento	Tiempo
Razonamiento a través de las Artes del Lenguaje	**Textos informativos:** 75% **Textos literarios:** 25%	*51	65	80% de los ejercicios en el Nivel 2 o 3	150 minutos
Razonamiento Matemático	**Resolución de problemas algebraicos:** 55% **Resolución de problemas cuantitativos:** 45%	*46	49	50% de los ejercicios en el Nivel 2	115 minutos
Ciencias	**Ciencias de la vida:** 40% **Ciencias físicas:** 40% **Ciencias de la Tierra y del espacio:** 20%	*34	40	80% de los ejercicios en el Nivel 2 o 3	90 minutos
Estudios Sociales	**Educación cívica/Gobierno:** 50% **Historia de los Estados Unidos:** 20% **Economía:** 15% **Geografía y el mundo:** 15%	*35	44	80% de los ejercicios en el Nivel 2 o 3	90 minutos

*El número de ejercicios puede variar levemente según la prueba.

Debido a que las demandas de la educación secundaria de la actualidad y su relación con las necesidades de la población activa son diferentes de las de hace una década, el Servicio de Evaluación de GED® ha optado por un formato electrónico. Si bien las preguntas de opción múltiple siguen siendo los ejercicios predominantes, la nueva serie de Pruebas de GED® incluye una variedad de ejercicios potenciados por la tecnología, en los que el estudiante debe: elegir la respuesta correcta a partir de un menú desplegable; completar los espacios en blanco; arrastrar y soltar elementos; marcar el punto clave en una gráfica; ingresar una respuesta breve e ingresar una respuesta extendida.

En la tabla de la derecha se identifican los diferentes tipos de ejercicios y su distribución en las nuevas pruebas de cada asignatura. Como puedes ver, en las cuatro pruebas se incluyen preguntas de opción múltiple, ejercicios con menú desplegable, ejercicios para completar los espacios en blanco y ejercicios para arrastrar y soltar elementos. Existe cierta variación en lo que respecta a los ejercicios en los que se debe marcar un punto clave o ingresar una respuesta breve/extendida.

EJERCICIOS PARA 2014

	RLA	Matemáticas	Ciencias	Estudios Sociales
Opción múltiple	✓	✓	✓	✓
Menú desplegable	✓	✓	✓	✓
Completar los espacios	✓	✓	✓	✓
Arrastrar y soltar	✓	✓	✓	✓
Punto clave		✓	✓	✓
Respuesta breve			✓	
Respuesta extendida	✓			✓

Además, la nueva Prueba de GED® se relaciona con los estándares educativos más exigentes de hoy en día a través de ejercicios que se ajustan a los objetivos de evaluación y los diferentes Niveles de conocimiento.

- **Temas/Objetivos de evaluación** Los temas y los objetivos describen y detallan el contenido de la Prueba de GED®. Se ajustan a los Estándares Estatales Comunes, así como a los estándares específicos de los estados de Texas y Virginia.
- **Prácticas de contenidos** La práctica describe los tipos y métodos de razonamiento necesarios para resolver ejercicios específicos de la Prueba de GED®.
- **Niveles de conocimiento** El modelo de los Niveles de conocimiento detalla el nivel de complejidad cognitiva y los pasos necesarios para llegar a una respuesta correcta en la prueba. La nueva Prueba de GED® aborda tres Niveles de conocimiento.
  - **Nivel 1** Debes recordar, observar, representar y hacer preguntas sobre datos, y aplicar destrezas simples. Por lo general, solo debes mostrar un conocimiento superficial del texto y de las gráficas.
  - **Nivel 2** El procesamiento de información no consiste simplemente en recordar y observar. Deberás realizar ejercicios en los que también se te pedirá resumir, ordenar, clasificar, identificar patrones y relaciones, y conectar ideas. Necesitarás examinar detenidamente el texto y las gráficas.
  - **Nivel 3** Debes inferir, elaborar y predecir para explicar, generalizar y conectar ideas. Por ejemplo, es posible que necesites resumir información de varias fuentes para luego redactar composiciones de varios párrafos. Esos párrafos deben presentar un análisis crítico de las fuentes, ofrecer argumentos de apoyo tomados de tus propias experiencias e incluir un trabajo de edición que asegure una escritura coherente y correcta.

Aproximadamente el 80 por ciento de los ejercicios de la mayoría de las áreas de contenido pertenecen a los Niveles de conocimiento 2 y 3, mientras que los ejercicios restantes forman parte del Nivel 1. Los ejercicios de escritura –por ejemplo, el ejercicio de Estudios Sociales (25 minutos) y de Razonamiento a través de las Artes del Lenguaje (45 minutos) en el que el estudiante debe ingresar una respuesta extendida–, forman parte del Nivel de conocimiento 3.

Ahora que comprendes la estructura básica de la Prueba de GED® y los beneficios de obtener una credencial GED®, debes prepararte para la Prueba de GED®. En las páginas siguientes encontrarás una especie de receta que, si la sigues, te conducirá hacia la obtención de tu credencial GED®.

Prueba de GED® en la computadora

Junto con los nuevos tipos de ejercicios, la Prueba de GED® 2014 revela una nueva experiencia de evaluación electrónica. La Prueba de GED® estará disponible en formato electrónico, y solo se podrá acceder a ella a través de los Centros Autorizados de Evaluación de Pearson VUE. Además de conocer los contenidos y poder leer, pensar y escribir de manera crítica, debes poder realizar funciones básicas de computación –hacer clic, hacer avanzar o retroceder el texto de la pantalla y escribir con el teclado– para aprobar la prueba con éxito. La pantalla que se muestra a continuación es muy parecida a una de las pantallas que te aparecerán en la Prueba de GED®.

El botón de **INFORMACIÓN** contiene material clave para completar el ejercicio con éxito. Aquí, al hacer clic en el botón de Información, aparecerá un mapa sobre la Guerra de Independencia. En la prueba de Razonamiento Matemático, los botones **HOJA DE FÓRMULAS** y **REFERENCIAS DE CALCULADORA** proporcionan información que te servirá para resolver ejercicios que requieren el uso de fórmulas o de la calculadora TI-30XS. Para mover un pasaje o una gráfica, haz clic en ellos y arrástralos hacia otra parte de la pantalla.

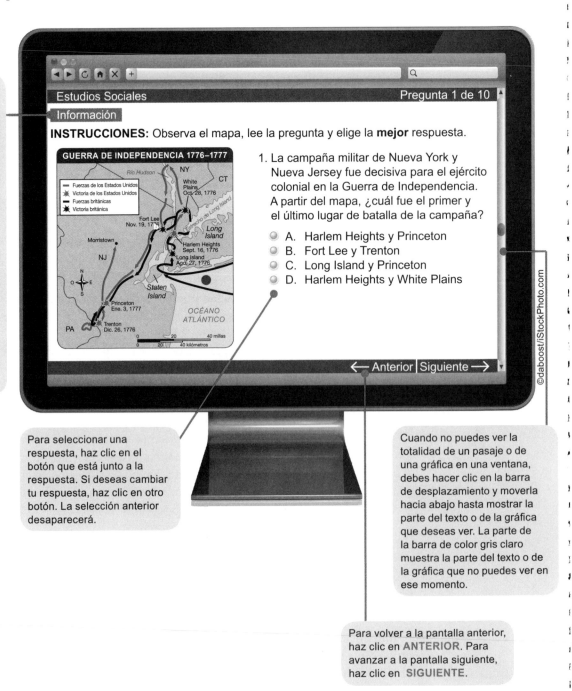

Estudios Sociales — Pregunta 1 de 10

Información

INSTRUCCIONES: Observa el mapa, lee la pregunta y elige la **mejor** respuesta.

GUERRA DE INDEPENDENCIA 1776–1777

Fuerzas de los Estados Unidos
Victoria de los Estados Unidos
Fuerzas británicas
Victoria británica

Río Hudson
NY
White Plains Oct. 28, 1776
CT
Estrecho de Long Island
Fort Lee Nov. 19, 1776
Long Island
Morristown
Harlem Heights Sept. 16, 1776
NJ
Long Island Ago. 27, 1776
Staten Island
Princeton Ene. 3, 1777
OCÉANO ATLÁNTICO
Trenton Dic. 26, 1776
PA
0   20   40 millas
0   20   40 kilómetros

1. La campaña militar de Nueva York y Nueva Jersey fue decisiva para el ejército colonial en la Guerra de Independencia. A partir del mapa, ¿cuál fue el primer y el último lugar de batalla de la campaña?

   ○ A. Harlem Heights y Princeton
   ○ B. Fort Lee y Trenton
   ○ C. Long Island y Princeton
   ○ D. Harlem Heights y White Plains

← Anterior | Siguiente →

©daboost/iStockPhoto.com

Para seleccionar una respuesta, haz clic en el botón que está junto a la respuesta. Si deseas cambiar tu respuesta, haz clic en otro botón. La selección anterior desaparecerá.

Cuando no puedes ver la totalidad de un pasaje o de una gráfica en una ventana, debes hacer clic en la barra de desplazamiento y moverla hacia abajo hasta mostrar la parte del texto o de la gráfica que deseas ver. La parte de la barra de color gris claro muestra la parte del texto o de la gráfica que no puedes ver en ese momento.

Para volver a la pantalla anterior, haz clic en **ANTERIOR**. Para avanzar a la pantalla siguiente, haz clic en **SIGUIENTE**.

En algunos ejercicios de la nueva Prueba de GED®, tales como los que te piden completar los espacios o ingresar respuestas breves/extendidas, deberás escribir las respuestas en un recuadro. En algunos casos, es posible que las instrucciones especifiquen la extensión de texto que el sistema aceptará. Por ejemplo, es posible que en el espacio en blanco de un ejercicio solo puedas ingresar un número del 0 al 9, junto con un punto decimal o una barra, pero nada más. El sistema también te dirá qué teclas no debes presionar en determinadas situaciones. La pantalla y el teclado con comentarios que aparecen abajo proporcionan estrategias para ingresar texto y datos en aquellos ejercicios en los que se te pide completar los espacios en blanco e ingresar respuestas breves/extendidas.

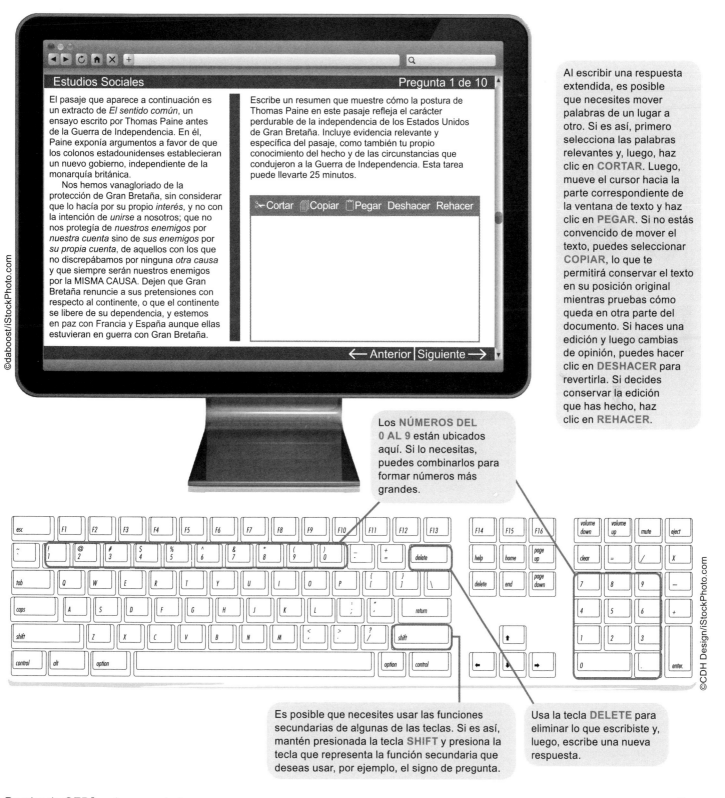

Estudios Sociales — Pregunta 1 de 10

El pasaje que aparece a continuación es un extracto de *El sentido común*, un ensayo escrito por Thomas Paine antes de la Guerra de Independencia. En él, Paine exponía argumentos a favor de que los colonos estadounidenses establecieran un nuevo gobierno, independiente de la monarquía británica.

Nos hemos vanagloriado de la protección de Gran Bretaña, sin considerar que lo hacía por su propio *interés*, y no con la intención de *unirse* a nosotros; que no nos protegía de *nuestros enemigos* por *nuestra cuenta* sino de *sus enemigos* por *su propia cuenta*, de aquellos con los que no discrepábamos por ninguna *otra causa* y que siempre serán nuestros enemigos por la MISMA CAUSA. Dejen que Gran Bretaña renuncie a sus pretensiones con respecto al continente, o que el continente se libere de su dependencia, y estemos en paz con Francia y España aunque ellas estuvieran en guerra con Gran Bretaña.

Escribe un resumen que muestre cómo la postura de Thomas Paine en este pasaje refleja el carácter perdurable de la independencia de los Estados Unidos de Gran Bretaña. Incluye evidencia relevante y específica del pasaje, como también tu propio conocimiento del hecho y de las circunstancias que condujeron a la Guerra de Independencia. Esta tarea puede llevarte 25 minutos.

✄ Cortar 📋 Copiar 📋 Pegar Deshacer Rehacer

← Anterior | Siguiente →

Al escribir una respuesta extendida, es posible que necesites mover palabras de un lugar a otro. Si es así, primero selecciona las palabras relevantes y, luego, haz clic en **CORTAR**. Luego, mueve el cursor hacia la parte correspondiente de la ventana de texto y haz clic en **PEGAR**. Si no estás convencido de mover el texto, puedes seleccionar **COPIAR**, lo que te permitirá conservar el texto en su posición original mientras pruebas cómo queda en otra parte del documento. Si haces una edición y luego cambias de opinión, puedes hacer clic en **DESHACER** para revertirla. Si decides conservar la edición que has hecho, haz clic en **REHACER**.

Los **NÚMEROS DEL 0 AL 9** están ubicados aquí. Si lo necesitas, puedes combinarlos para formar números más grandes.

Es posible que necesites usar las funciones secundarias de algunas de las teclas. Si es así, mantén presionada la tecla **SHIFT** y presiona la tecla que representa la función secundaria que deseas usar, por ejemplo, el signo de pregunta.

Usa la tecla **DELETE** para eliminar lo que escribiste y, luego, escribe una nueva respuesta.

Acerca de la *Preparación para la Prueba de GED® 2014 de Steck-Vaughn*

Además de haber decidido obtener tu credencial GED®, has tomado otra decisión inteligente al elegir la *Preparación para la Prueba de GED® 2014 de Steck-Vaughn* como tu herramienta principal de estudio y preparación. Nuestro énfasis en la adquisición de conceptos clave de lectura y razonamiento te proporciona las destrezas y estrategias necesarias para tener éxito en la Prueba de GED®.

Las microlecciones de dos páginas en cada libro del estudiante te brindan una instrucción enfocada y eficiente. Para aquellos que necesiten apoyo adicional, ofrecemos cuadernos de ejercicios complementarios que *duplican* el apoyo y la cantidad de ejercicios de práctica. La mayoría de las lecciones de la serie incluyen una sección llamada *Ítem en foco*, que corresponde a uno de los tipos de ejercicios potenciados por la tecnología que aparecen en la Prueba de GED®.

La sección **APRENDE LA DESTREZA** brinda información acerca de la destreza que se estudiará.

Cada lección incluye correlaciones con los **OBJETIVOS DE EVALUACIÓN**, lo que te ayudará a centrarte en tus estudios.

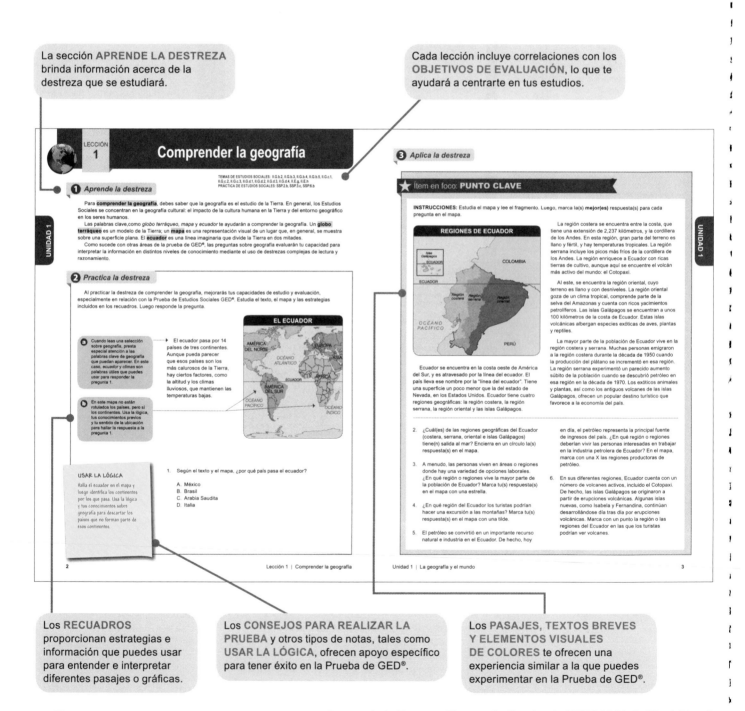

Los **RECUADROS** proporcionan estrategias e información que puedes usar para entender e interpretar diferentes pasajes o gráficas.

Los **CONSEJOS PARA REALIZAR LA PRUEBA** y otros tipos de notas, tales como **USAR LA LÓGICA**, ofrecen apoyo específico para tener éxito en la Prueba de GED®.

Los **PASAJES, TEXTOS BREVES Y ELEMENTOS VISUALES DE COLORES** te ofrecen una experiencia similar a la que puedes experimentar en la Prueba de GED®.

Cada unidad de la *Preparación para la Prueba de GED® 2014 de Steck-Vaughn* comienza con la sección GED® SENDEROS, una serie de perfiles de personas que obtuvieron su credencial GED® y que la utilizaron como trampolín al éxito. A partir de ahí, recibirás una instrucción y una práctica intensivas a través de una serie de lecciones conectadas, que se ajustan a los Temas/Objetivos de evaluación, a las Prácticas de contenidos (donde corresponda) y a los Niveles de conocimiento.

Cada unidad concluye con un repaso de ocho páginas que incluye una muestra representativa de ejercicios, incluidos los ejercicios potenciados por la tecnología, de las lecciones que conforman la unidad. Si lo deseas, puedes usar el repaso de la unidad como una prueba posterior para evaluar tu comprensión de los contenidos y de las destrezas, y tu preparación para ese aspecto de la Prueba de GED®.

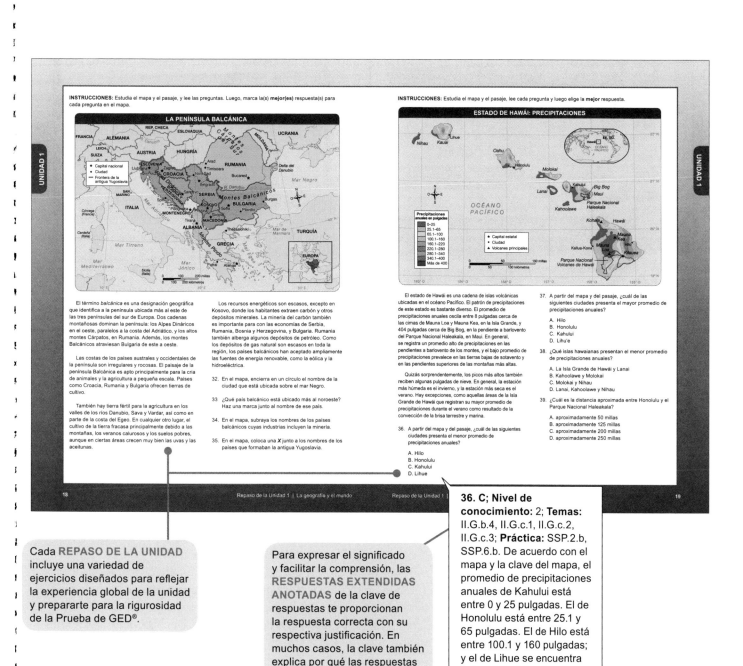

Cada **REPASO DE LA UNIDAD** incluye una variedad de ejercicios diseñados para reflejar la experiencia global de la unidad y prepararte para la rigurosidad de la Prueba de GED®.

Para expresar el significado y facilitar la comprensión, las **RESPUESTAS EXTENDIDAS ANOTADAS** de la clave de respuestas te proporcionan la respuesta correcta con su respectiva justificación. En muchos casos, la clave también explica por qué las respuestas incorrectas están mal.

36. C; Nivel de conocimiento: 2; **Temas:** II.G.b.4, II.G.c.1, II.G.c.2, II.G.c.3; **Práctica:** SSP.2.b, SSP.6.b. De acuerdo con el mapa y la clave del mapa, el promedio de precipitaciones anuales de Kahului está entre 0 y 25 pulgadas. El de Honolulu está entre 25.1 y 65 pulgadas. El de Hilo está entre 100.1 y 160 pulgadas; y el de Lihue se encuentra entre 25.1 y 65 pulgadas.

Acerca de la Prueba de Ciencias GED®

La nueva Prueba de Ciencias GED® es más que un simple conjunto de investigaciones y procedimientos. De hecho, refleja el intento de incrementar el rigor de la Prueba de GED® a fin de satisfacer con mayor eficacia las demandas propias de una economía del siglo XXI. Con ese propósito, la Prueba de Ciencias GED® ofrece una serie de ejercicios potenciados por la tecnología, a los que se puede acceder a través de un sistema de evaluación por computadora. Estos ejercicios reflejan el conocimiento, las destrezas y las aptitudes que un estudiante desarrollaría en una experiencia equivalente, dentro de un marco de educación secundaria.

Las preguntas de opción múltiple constituyen la mayor parte de los ejercicios que conforman la Prueba de Ciencias GED®. Sin embargo, una serie de ejercicios potenciados por la tecnología (por ejemplo, ejercicios en los que el estudiante debe: elegir la respuesta correcta a partir de un menú desplegable; completar los espacios en blanco; arrastrar y soltar elementos; marcar el punto clave en una gráfica; ingresar una respuesta breve) te desafiarán a desarrollar y transmitir conocimientos de maneras más profundas y completas.

- Los ejercicios que incluyen preguntas de opción múltiple evalúan virtualmente cada estándar de contenido, ya sea de manera individual o conjunta. Las preguntas de opción múltiple que se incluyen en la nueva Prueba de GED® ofrecerán cuatro opciones de respuesta (en lugar de cinco), con el siguiente formato: A./B./C./D.
- El menú desplegable ofrece una serie de opciones de respuesta, lo que te permite completar los enunciados en la Prueba de Ciencias GED®.
- Los ejercicios que incluyen espacios para completar te permiten ingresar respuestas breves, o de una sola palabra. Por ejemplo, es posible que te pidan que describas, en una palabra u oración breve, una tendencia en una gráfica, o que demuestres si comprendiste una idea o un término de vocabulario de un pasaje de texto.
- Otros ejercicios consisten en actividades interactivas en las que se deben arrastrar pequeñas imágenes, palabras o expresiones numéricas para luego soltarlas en zonas designadas de la pantalla. En la Prueba de Ciencias GED®, es posible que te pidan que reúnas datos, que compares y contrastes, o que ordenes información. Por ejemplo, te pueden pedir que coloques organismos en ubicaciones específicas de una red alimenticia o que ordenes los pasos de una investigación científica.
- Otros ejercicios consisten en una gráfica que contiene sensores virtuales estratégicamente colocados en su interior. Te permiten demostrar tu comprensión de la información que se presenta de manera visual o en un texto, o de las relaciones entre puntos de datos en un pasaje o gráfica. Por ejemplo, un ejercicio en el que debes marcar un punto clave podría pedirte que selecciones un tipo de cría con un rasgo particular para demostrar que comprendiste el concepto de herencia.
- Los ejercicios en los que debes ingresar una respuesta breve incluyen dos actividades de 10 minutos en las que debes redactar respuestas breves sobre un tema de ciencias. Estas respuestas pueden consistir en escribir un resumen válido de un pasaje o modelo, en elaborar y comunicar conclusiones o hipótesis válidas, y en obtener evidencia de un pasaje o de una gráfica que respalde una conclusión en particular.

Tendrás un total de 90 minutos para resolver aproximadamente 34 ejercicios. La prueba de ciencias se organiza en función de tres áreas de contenido principales: ciencias de la vida (40 por ciento), ciencias físicas (40 por ciento) y ciencias de la Tierra y del espacio (20 por ciento). En total, el 80 por ciento de los ejercicios de la Prueba de Ciencias GED® formarán parte de los Niveles de conocimiento 2 o 3.

Acerca de la *Preparación para la Prueba de GED® 2014 de Steck-Vaughn: Ciencias*

El libro del estudiante y el cuaderno de ejercicios de Steck-Vaughn te permiten abrir la puerta del aprendizaje y desglosar los diferentes elementos de la prueba al ayudarte a elaborar y desarrollar destrezas clave de lectura y razonamiento. El contenido de nuestros libros se ajusta a los nuevos estándares de contenido de ciencias y a la distribución de ejercicios de GED® para brindarte una mejor preparación para la prueba.

Gracias a nuestra sección *Ítem en foco*, cada uno de los ejercicios potenciados por la tecnología recibe un tratamiento más profundo y exhaustivo. En la introducción inicial, a un único tipo de ejercicio —por ejemplo, el de arrastrar y soltar elementos— se le asigna toda una página de ejercicios de ejemplo en la lección del libro del estudiante y tres páginas en la lección complementaria del cuaderno de ejercicios. La cantidad de ejercicios en las secciones subsiguientes puede ser menor; esto dependerá de la destreza, la lección y los requisitos.

Una combinación de estrategias específicamente seleccionadas, recuadros informativos, preguntas de ejemplo, consejos, pistas y una evaluación exhaustiva ayudan a destinar los esfuerzos de estudio a las áreas necesarias.

Además de las secciones del libro, una clave de respuestas muy detallada ofrece la respuesta correcta junto con la respectiva justificación. De esta manera, sabrás exactamente por qué una respuesta es correcta. El libro del estudiante y el cuaderno de ejercicios de *Ciencias* están diseñados teniendo en cuenta el objetivo final: aprobar con éxito la Prueba de Ciencias GED®.

Además de dominar los contenidos clave y las destrezas de lectura y razonamiento, te familiarizarás con ejercicios alternativos que reflejan, en material impreso, la naturaleza y el alcance de los ejercicios incluidos en la Prueba de GED®.

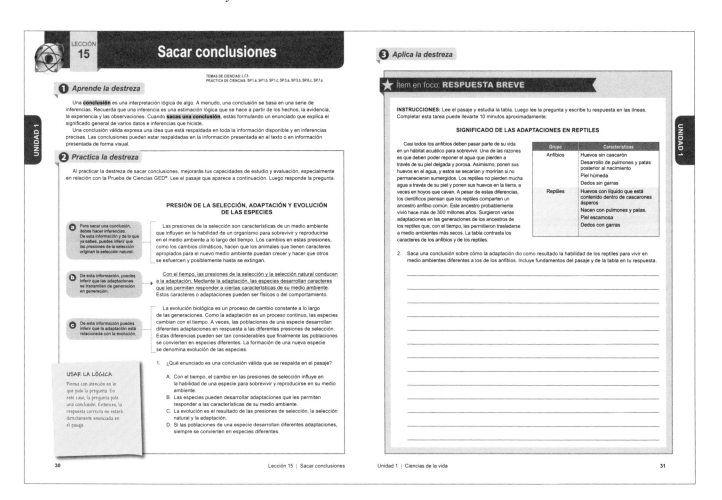

Indicaciones de la calculadora

Algunos ejercicios de la Prueba de Razonamiento Matemático GED® te permiten usar una calculadora como ayuda para responder las preguntas. Esa calculadora, la TI-30XS, está integrada en la interfaz de la prueba. La calculadora TI-30XS estará disponible para la mayoría de los ejercicios de la Prueba de Razonamiento Matemático GED® y para algunos ejercicios de la Prueba de Ciencias GED® y la Prueba de Estudios Sociales GED®. La calculadora TI-30XS se muestra a continuación, junto con algunos recuadros que detallan algunas de sus teclas más importantes. En el ángulo superior derecho de la pantalla, hay un botón que permite acceder a la hoja de referencia para la calculadora.

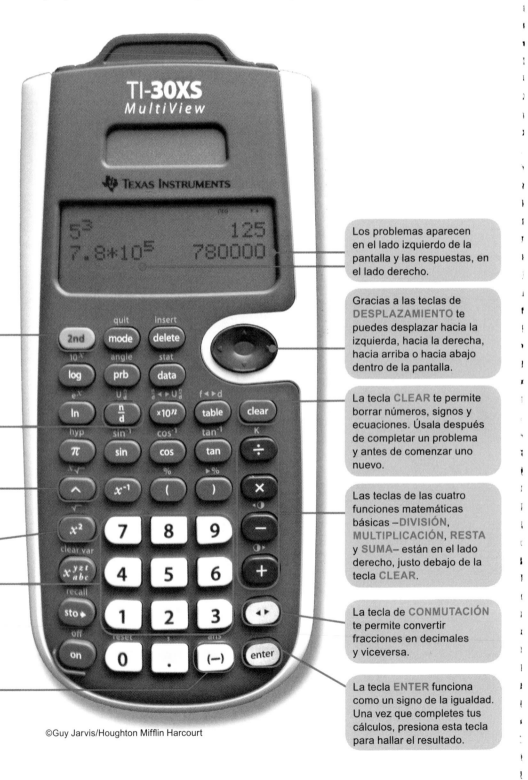

La tecla 2nd te permite acceder a las funciones de color verde que aparecen arriba de las distintas teclas.

La tecla n/d (NUMERADOR/DENOMINADOR) te permite escribir fracciones en la calculadora.

La tecla EXPONENTE te permite elevar un número a un exponente distinto de dos.

La tecla CUADRADO te permite elevar números al cuadrado.

Usa las teclas correspondientes a los NÚMEROS para escribir valores numéricos.

La tecla SIGNO te permite cambiar el signo de positivo a negativo para los números enteros negativos. Recuerda que las teclas de signo negativo y de la función de resta son diferentes.

Los problemas aparecen en el lado izquierdo de la pantalla y las respuestas, en el lado derecho.

Gracias a las teclas de DESPLAZAMIENTO te puedes desplazar hacia la izquierda, hacia la derecha, hacia arriba o hacia abajo dentro de la pantalla.

La tecla CLEAR te permite borrar números, signos y ecuaciones. Úsala después de completar un problema y antes de comenzar uno nuevo.

Las teclas de las cuatro funciones matemáticas básicas —DIVISIÓN, MULTIPLICACIÓN, RESTA y SUMA— están en el lado derecho, justo debajo de la tecla CLEAR.

La tecla de CONMUTACIÓN te permite convertir fracciones en decimales y viceversa.

La tecla ENTER funciona como un signo de la igualdad. Una vez que completes tus cálculos, presiona esta tecla para hallar el resultado.

©Guy Jarvis/Houghton Mifflin Harcourt

Cómo empezar

Para habilitar la calculadora, haz clic en la parte superior izquierda de la pantalla de la prueba. Si la calculadora aparece y te impide ver un problema, puedes hacer clic en ella para arrastrarla y moverla hacia otra parte de la pantalla. Una vez habilitada, la calculadora podrá usarse (no es necesario presionar la tecla **ON**).

- Usa la tecla **CLEAR** para borrar todos los números y las operaciones de la pantalla.
- Usa la tecla **ENTER** para completar todos los cálculos.

Tecla 2nd

La tecla verde **2nd** se encuentra en el ángulo superior izquierdo de la calculadora TI-30XS. La tecla **2nd** habilita las funciones secundarias de las teclas, representadas con color verde y ubicadas arriba de las teclas de función primaria. Para usar una función secundaria, primero haz clic en el número, luego haz clic en la tecla **2nd** y, por último, haz clic en la tecla que representa la función secundaria que deseas implementar. Por ejemplo, para ingresar **25%**, primero ingresa el número **[25]**. Luego, haz clic en la tecla **2nd** y, por último, haz clic en la tecla de apertura de paréntesis, cuya función secundaria permite ingresar el símbolo de porcentaje (%).

Fracciones y números mixtos

Para ingresar una fracción, como por ejemplo $\frac{3}{4}$, haz clic en la tecla **n/d (numerador/denominador)** y, luego, en el número que representará el numerador **[3]**. Ahora haz clic en la **flecha hacia abajo** (en el menú de desplazamiento ubicado en el ángulo superior derecho de la calculadora) y, luego, en el número que representará el denominador **[4]**. Para hacer cálculos con fracciones, haz clic en la **flecha hacia la derecha** y, luego, en la tecla de la función correspondiente y en los otros números de la ecuación.

Para ingresar números mixtos, como por ejemplo $1\frac{3}{8}$, primero ingresa el número entero **[1]**. Luego, haz clic en la tecla **2nd** y en la tecla cuya función secundaria permite ingresar **números mixtos** (la tecla **n/d**). Ahora ingresa el numerador de la fracción **[3]** y, luego, haz clic en el botón de la **flecha hacia abajo** y en el número que representará el denominador **[8]**. Si haces clic en **ENTER**, el número mixto se convertirá en una fracción impropia. Para hacer cálculos con números mixtos, haz clic en la **flecha hacia la derecha** y, luego, en la tecla de la función correspondiente y en los otros números de la ecuación.

Números negativos

Para ingresar un número negativo, haz clic en la tecla del **signo negativo** (ubicada justo debajo del número **3** en la calculadora). Recuerda que la tecla del **signo negativo** es diferente de la tecla de **resta**, que se encuentra en la columna de teclas ubicada en el extremo derecho, justo encima de la tecla de **suma** (+).

Cuadrados, raíces cuadradas y exponentes

- **Cuadrados:** La tecla x^2 permite elevar números al cuadrado. La tecla **exponente** (^) eleva los números a exponentes mayores que dos, por ejemplo, al cubo. Por ejemplo, para hallar el resultado de 5^3 en la calculadora, ingresa la base **[5]**, haz clic en la tecla exponente (^) y en el número que funcionará como exponente **[3]**, y, por último, en la tecla **ENTER**.
- **Raíces cuadradas:** Para hallar la raíz cuadrada de un número, como por ejemplo 36, haz clic en la tecla **2nd** y en la tecla cuya función secundaria permite calcular una **raíz cuadrada** (la tecla x^2), Ahora ingresa el número **[36]** y, por último, haz clic en la tecla **ENTER**.
- **Raíces cúbicas:** Para hallar la raíz cúbica de un número, como por ejemplo **125**, primero ingresa el cubo en formato de número **[3]** y, luego, haz clic en la tecla **2nd** y en la tecla cuya función secundaria permite calcular una **raíz cuadrada**. Por último, ingresa el número para el que quieres hallar el cubo **[125]**, y haz clic en **ENTER**.
- **Exponentes:** Para hacer cálculos con números expresados en notación científica, como 7.8×10^9, primero ingresa la base **[7.8]**. Ahora haz clic en la tecla de **notación científica** (ubicada justo debajo de la tecla **DATA**) y, luego, ingresa el número que funcionará como exponente **[9]**. Entonces, obtienes el resultado de 7.8×10^9.

Consejos para realizar la prueba

La nueva Prueba de GED® incluye más de 160 ejercicios distribuidos en los exámenes de las cuatro asignaturas: Razonamiento a través de las Artes del Lenguaje, Razonamiento Matemático, Ciencias y Estudios Sociales. Los exámenes de las cuatro asignaturas requieren un tiempo total de evaluación de siete horas. Si bien la mayoría de los ejercicios consisten en preguntas de opción múltiple, hay una serie de ejercicios potenciados por la tecnología. Se trata de ejercicios en los que los estudiantes deben: elegir la respuesta correcta a partir de un menú desplegable; completar los espacios en blanco; arrastrar y soltar elementos; marcar el punto clave en una gráfica; ingresar una respuesta breve e ingresar una respuesta extendida.

A través de este libro y los que lo acompañan, te ayudamos a elaborar, desarrollar y aplicar destrezas de lectura y razonamiento indispensables para tener éxito en la Prueba de GED®. Como parte de una estrategia global, te sugerimos que uses los consejos que se detallan aquí, y en todo el libro, para mejorar tu desempeño en la Prueba de GED®.

➤ **Siempre lee atentamente las instrucciones para saber exactamente lo que debes hacer.** Como ya hemos mencionado, la Prueba de GED® de 2014 tiene un formato electrónico completamente nuevo que incluye diversos ejercicios potenciados por la tecnología. Si no sabes qué hacer o cómo proceder, pide al examinador que te explique las instrucciones.

➤ **Lee cada pregunta con detenimiento para entender completamente lo que se te pide.** Por ejemplo, algunos pasajes y gráficas pueden presentar más información de la que se necesita para responder correctamente una pregunta específica. Otras preguntas pueden contener palabras en negrita para enfatizarlas (por ejemplo, "¿Qué enunciado representa la corrección **más** adecuada para esta hipótesis?").

➤ **Administra bien tu tiempo para llegar a responder todas las preguntas.** Debido a que la Prueba de GED® consiste en una serie de exámenes cronometrados, debes dedicar el tiempo suficiente a cada pregunta, pero no *demasiado* tiempo. Por ejemplo, en la Prueba de Razonamiento Matemático GED®, tienes 115 minutos para responder aproximadamente 46 preguntas, es decir, un promedio de dos minutos por pregunta. Obviamente, algunos ejercicios requerirán más tiempo y otros menos, pero siempre debes tener presente la cantidad total de ejercicios y el tiempo total de evaluación. La nueva interfaz de la Prueba

de GED® te ayuda a administrar el tiempo. Incluye un reloj en el ángulo superior derecho de la pantalla que te indica el tiempo restante para completar la prueba. Además, puedes controlar tu progreso a través de la línea de **Pregunta**, que muestra el número de pregunta actual, seguido por el número total de preguntas del examen de esa asignatura.

➤ **Responde todas las preguntas, ya sea que sepas la respuesta o tengas dudas.** No es conveniente dejar preguntas sin responder en la Prueba de GED®. Recuerda el tiempo que tienes para completar cada prueba y adminístralo en consecuencia. Si deseas revisar un ejercicio específico al final de una prueba, haz clic en **Marcar para revisar** para señalar la pregunta. Al hacerlo, aparece una bandera amarilla. Es posible que, al final de la prueba, tengas tiempo para revisar las preguntas que has marcado.

➤ **Haz una lectura rápida.** Puedes ahorrar tiempo si lees cada pregunta y las opciones de respuesta antes de leer o estudiar el pasaje o la gráfica que las acompañan. Una vez que entiendes qué pide la pregunta, repasa el pasaje o el elemento visual para obtener la información adecuada.

➤ **Presta atención a cualquier palabra desconocida que haya en las preguntas.** Primero, intenta volver a leer la pregunta sin incluir la palabra desconocida. Luego intenta usar las palabras que están cerca de la palabra desconocida para determinar su significado.

➤ **Vuelve a leer cada pregunta y vuelve a examinar el texto o la gráfica que la acompaña para descartar opciones de respuesta.** Si bien las cuatro respuestas son *posibles* en los ejercicios de opción múltiple, recuerda que solo una es *correcta*. Aunque es posible que puedas descartar una respuesta de inmediato, seguramente necesites más tiempo, o debas usar la lógica o hacer suposiciones, para descartar otras opciones. En algunos casos, quizás necesites sacar tu mejor conclusión para inclinarte por una de dos opciones.

➤ **Hazle caso a tu intuición cuando respondas las preguntas.** Si tu primera reacción es elegir la opción A como respuesta a una pregunta, lo mejor es que te quedes con esa respuesta, a menos que determines que es incorrecta. Generalmente, la primera respuesta que alguien elige es la correcta.

Destrezas de estudio

Ya has tomado dos decisiones muy inteligentes: estudiar para obtener tu credencial GED® y apoyarte en la *Preparación para la Prueba de GED® 2014 de Steck-Vaughn: Ciencias* para lograrlo. A continuación se detallan estrategias adicionales para aumentar tus posibilidades de aprobar con éxito la Prueba de GED®.

A 4 semanas...

➤ **Establece un cronograma de estudio para la Prueba de GED®.** Elige horarios que contribuyan a un mejor desempeño y lugares, como una biblioteca, que te brinden el mejor ambiente para estudiar.

➤ **Repasa en detalle todo el material de la *Preparación para la Prueba de GED® 2014 de Steck-Vaughn: Ciencias*.** Usa el cuaderno de ejercicios de *Ciencias* para ampliar la comprensión de los conceptos del libro del estudiante de *Ciencias*.

➤ **Usa un cuaderno para cada materia que estés estudiando.** Las carpetas con bolsillos son útiles para guardar hojas sueltas.

➤ **Al tomar notas, expresa tus pensamientos o ideas con tus propias palabras en lugar de copiarlos directamente de un libro.** Puedes expresar estas notas como oraciones completas, como preguntas (con respuestas) o como fragmentos, siempre y cuando las entiendas.

A 2 semanas...

➤ **A partir de tu desempeño en las secciones de repaso de las unidades, presta atención a las áreas que te generaron inconvenientes.** Dedica el tiempo de estudio restante a esas áreas.

Los días previos...

➤ **Traza la ruta para llegar al centro de evaluación, y visítalo uno o dos días antes de la prueba.** Si el día de la prueba planeas ir en carro al centro de evaluación, consulta dónde podrás estacionar.

➤ **Duerme una buena cantidad de horas la noche anterior a la Prueba de GED®.** Los estudios demuestran que los estudiantes que descansan lo suficiente se desempeñan mejor en las pruebas.

El día de la prueba...

➤ **Toma un desayuno abundante con alto contenido en proteínas.** Al igual que el resto de tu cuerpo, tu cerebro necesita mucha energía para funcionar bien.

➤ **Llega al centro de evaluación 30 minutos antes.** Si llegas temprano, tendrás suficiente tiempo en caso de que haya un cambio de salón de clases.

➤ **Empaca un almuerzo abundante y nutritivo.** Un almuerzo bien nutritivo es muy importante si planeas quedarte en el centro de evaluación la mayor parte del día.

➤ **Relájate.** Has llegado muy lejos y te has preparado durante varias semanas para la Prueba de GED®. ¡Ahora es tu momento de brillar!

GED® SENDEROS

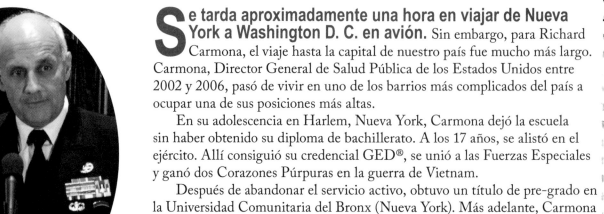

Richard Carmona

Richard Carmona usó su certificado GED® como un trampolín para alcanzar muchos éxitos profesionales, incluido su servicio como Director General de Salud Pública de los Estados Unidos.
©Alex Wong/Getty Images

Se tarda aproximadamente una hora en viajar de Nueva York a Washington D. C. en avión. Sin embargo, para Richard Carmona, el viaje hasta la capital de nuestro país fue mucho más largo. Carmona, Director General de Salud Pública de los Estados Unidos entre 2002 y 2006, pasó de vivir en uno de los barrios más complicados del país a ocupar una de sus posiciones más altas.

En su adolescencia en Harlem, Nueva York, Carmona dejó la escuela sin haber obtenido su diploma de bachillerato. A los 17 años, se alistó en el ejército. Allí consiguió su credencial GED®, se unió a las Fuerzas Especiales y ganó dos Corazones Púrpuras en la guerra de Vietnam.

Después de abandonar el servicio activo, obtuvo un título de pre-grado en la Universidad Comunitaria del Bronx (Nueva York). Más adelante, Carmona recibió su diploma de licenciatura (1977) y maestría (1979) en la Universidad de California, San Francisco, donde también fue nombrado como mejor estudiante de la escuela. Carmona explicaba sus ansias de triunfo: "Es mi idea de tener que recuperar el tiempo perdido".

En 1985, Carmona se mudó a Arizona, donde inició el primer programa de atención traumatológica de la zona. También trabajó como paramédico, enfermero matriculado, médico clínico y miembro de equipo SWAT. Gracias a su amplia experiencia, Carmona fue nombrado 17.º Director General de Salud Pública de los Estados Unidos, el principal educador sanitario del país, en agosto de 2002. Entre otros logros, Carmona colaboró en informar a los estadounidenses acerca de los peligros del tabaco, de fumar y del tabaquismo pasivo.

RESUMEN DE LA CARRERA PROFESIONAL: *Richard Carmona*

- Fue el primer miembro de su familia en obtener un título universitario.

- Dio clases como profesor de medicina clínica en la Universidad de Arizona.

- Fue Director General de Salud Pública de los Estados Unidos entre 2002 y 2006.

- Es presidente de una asociación sin fines de lucro dedicada a la salud y el bienestar.

- Preside grupos relacionados con la salud, como STOP Obesity Alliance, que trata la obesidad, y PFCD, una asociación de lucha contra las enfermedades crónicas.

Ciencias de la vida

Unidad 1:
Ciencias de la vida

Siempre que almuerzas, vas al gimnasio o incluso duermes una siesta, estás empleando información de las ciencias de la vida para guiarte y mejorar tu bienestar. A una escala mucho mayor, las ciencias de la vida nos permiten entendernos a nosotros mismos y a nuestro entorno.

De igual modo, las ciencias de la vida son muy importantes en la Prueba de Ciencias GED® y comprenden el 40 por ciento de todas las preguntas. Como sucede en otras áreas de la Prueba de Ciencias GED®, las preguntas de ciencias de la vida evaluarán tu capacidad para interpretar textos o gráficas y responder preguntas sobre ellos empleando tus habilidades de razonamiento, como identificar causas y efectos, generalizar o sacar conclusiones. En la Unidad 1, la presentación de destrezas clave para entender textos y gráficas combinadas con contenido esencial de ciencias, te ayudará a prepararte para la Prueba de Ciencias GED®.

Contenido

©mediaphotos/E+/Getty Images

Tanto los científicos que trabajan en el campo como los que trabajan en los laboratorios emplean conceptos de las ciencias de la vida para estudiar nuestro entorno y los seres vivos que lo habitan.

Interpretar ilustraciones

TEMAS DE CIENCIAS: L.b.1, L.d.1, L.d.2, L.d.3
PRÁCTICA DE CIENCIAS: SP.1.a, SP.1.b, SP.1.c, SP.7.a

UNIDAD 1

1 Aprende la destreza

Una **ilustración** proporciona información de modo visual. Una ilustración puede mostrar objetos que son demasiado pequeños para verlos a simple vista. Algunas ilustraciones muestran cómo encajan las partes de un todo. Otras ilustraciones muestran qué ocurre en cada paso de un proceso. Cuando **interpretas una ilustración**, miras las figuras y los rótulos de la ilustración para entender cómo funcionan las partes de lo que se muestra.

2 Practica la destreza

Al practicar la destreza de interpretar ilustraciones, mejorarás tus capacidades de estudio y evaluación, especialmente en relación con la Prueba de Ciencias GED®. Estudia la información y la ilustración que aparecen a continuación. Luego responde la pregunta.

CÉLULAS

Las células son las unidades más pequeñas de los seres vivos. Algunos organismos, como la bacteria que se muestra aquí, son unicelulares. Están compuestos por una única célula. Otros organismos, como los humanos, son pluricelulares. Los humanos están hechos de millones de distintos tipos de células.

a Una ilustración con un corte transversal muestra un recorte de una parte del exterior de un objeto para proporcionar una vista del interior del objeto. Esta ilustración muestra las estructuras diminutas que hay en el interior de una célula bacteriana.

b Para interpretar la ilustración, lee un rótulo, como el de la pared celular. Luego sigue la línea que señala la estructura. Observa su forma como ayuda para entender lo que lees acerca de la estructura.

Membrana celular
Estructura flexible que contiene la célula y permite que los nutrientes y los desperdicios entren y salgan

Ribosoma
Estructura que produce proteínas

b Pared celular
Estructura rígida que se encuentra en el exterior de la membrana celular y mantiene la forma de la célula

Flagelo
Estructura que permite que la célula se mueva

Núcleo
Material que se transmite en la reproducción

CONSEJOS PARA REALIZAR LA PRUEBA

En la prueba puede haber preguntas que te pidan que identifiques una parte de una ilustración o que indiques cómo las partes de una ilustración se relacionan entre sí. Lee los rótulos y estudia la ilustración para determinar la respuesta a una pregunta de ese tipo.

1. ¿Qué estructura de la célula bacteriana produce proteínas?

A. la pared celular
B. el flagelo
C. el ribosoma
D. la membrana celular

INSTRUCCIONES: Estudia la información y la ilustración, lee cada pregunta y elige la **mejor** respuesta.

MITOSIS

La teoría celular es una teoría científica que afirma que la célula es la unidad más pequeña de los seres vivos y que todas las células provienen de células. Para formar nuevas células, las células se dividen. Para la mayoría de las células, la mitosis es la parte del proceso de división celular en la que se divide el núcleo. Antes de que una célula se reproduzca, pasa por un período llamado interfase. Durante la interfase, la célula crece y el material de su núcleo se duplica. Después de la interfase, comienza la mitosis. Las cuatro fases principales de la mitosis —la profase, la metafase, la anafase y la telofase— se muestran en la ilustración.

La célula madre tiene cromosomas que se duplican en la interfase.

Profase
Los cromosomas duplicados se condensan. Cada cromosoma tiene dos partes hermanas idénticas. La membrana del núcleo se rompe.

Metafase
Los cromosomas se alinean en el centro de la célula.

Anafase
Las partes hermanas se separan, se convierten en cromosomas independientes y se desplazan hacia extremos opuestos de la célula.

Telofase
Se forman membranas nucleares alrededor de los nuevos grupos de cromosomas. El citoplasma se separa y se forman dos nuevas células.

2. A partir de la ilustración, ¿durante qué fase de la mitosis comienza la célula madre a separarse en dos nuevas células?

   A. durante la profase
   B. durante la metafase
   C. durante la anafase
   D. durante la telofase

3. Si una célula madre tiene cuatro cromosomas, ¿cuántos cromosomas tendrá cada célula hija?

   A. dos
   B. cuatro
   C. ocho
   D. dieciséis

INSTRUCCIONES: Estudia la información y la ilustración, lee la pregunta y elige la **mejor** respuesta.

ESTRUCTURA DE LAS CÉLULAS ANIMALES

Todas las células animales contienen los mismos orgánulos básicos, o estructuras, para producir energía, digerir el alimento, agrupar las proteínas y reproducirse. La mitocondria produce energía para las funciones vitales, los lisosomas digieren el alimento, el aparato de Golgi agrupa las proteínas. El núcleo controla las funciones de la célula y contiene el material que se transmite en la reproducción.

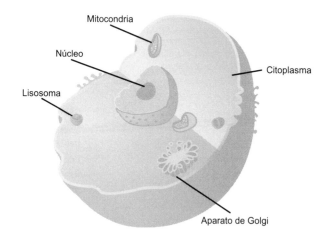

4. En la ilustración, ¿qué son los orgánulos que no tienen rótulo que se encuentran cerca del aparato de Golgi?

   A. un lisosoma y un núcleo
   B. un lisosoma y el citoplasma
   C. un núcleo y una mitocondria
   D. una mitocondria y un lisosoma

Identificar idea principal y detalles

TEMAS DE CIENCIAS: L.a.1, L.d.2
PRÁCTICA DE CIENCIAS: SP.1.a, SP.1.b, SP.1.c, SP.7.a

UNIDAD 1

1 Aprende la destreza

La **idea principal** es lo más importante de un texto informativo, un artículo, un párrafo o un elemento visual. Otros puntos que aportan información adicional acerca de la idea principal son los **detalles de apoyo**. Entre los detalles de apoyo se incluyen hechos, estadísticas, datos, explicaciones y descripciones. Una idea principal puede ser fácil de identificar o puede estar implícita. Cuando la idea principal está implícita, debes usar los detalles de apoyo para determinarla.

2 Practica la destreza

Al practicar la destreza de identificar la idea principal y los detalles, mejorarás tus capacidades de estudio y evaluación, especialmente en relación con la Prueba de Ciencias GED®. Lee el pasaje que aparece a continuación. Luego responde la pregunta.

a Puede ser que una oración nos dé la idea principal de un pasaje. Piensa si el resto del texto nos ofrece más información acerca de la idea de la oración. En tal caso, la oración es probablemente la idea principal.

b Los detalles de apoyo suelen ir después de la idea principal. Aquí, los detalles de apoyo son ejemplos de cómo las células se especializan y se organizan para cumplir funciones específicas.

ORGANIZACIÓN DE LAS CÉLULAS DE UN ORGANISMO PLURICELULAR

Un organismo puede estar compuesto por millones de células de muchos tipos distintos. Las células de un organismo no son todas iguales, ni tienen la misma función. Las células se especializan para desempeñar funciones específicas y se organizan para cumplirlas. Por ejemplo, las células óseas tienen una función muy distinta a las células de la piel.

Los grupos organizados de células trabajan en conjunto para desempeñar una función específica formando tejidos. En el cuerpo humano, por ejemplo, el tejido muscular que está unido a los huesos se contrae y se relaja para hacer que el cuerpo se mueva.

Los tejidos pueden combinarse para formar órganos. El corazón está compuesto de tejidos musculares que trabajan en conjunto para generar la energía necesaria para bombear la sangre a todo el cuerpo.

Los grupos de órganos que trabajan en conjunto forman sistemas más grandes con funciones específicas. El corazón, los vasos sanguíneos y las arterias trabajan juntos para mover la sangre por todo el cuerpo. La sangre transporta los nutrientes a las partes del cuerpo y se lleva sus desperdicios. Los sistemas de un organismo trabajan en conjunto para desempeñar funciones vitales como la circulación, la digestión, la respiración, el movimiento y la reproducción.

CONSEJOS PARA REALIZAR LA PRUEBA

El énfasis en las palabras "con más claridad" de la pregunta te indica que puede haber más de una respuesta que tenga sentido. Para responder correctamente, determina qué respuesta está mejor respaldada por el resto del pasaje.

1. ¿Qué oración del pasaje expresa **con más claridad** la idea principal?

   A. Un organismo puede estar compuesto por millones de células de muchos tipos distintos.
   B. Las células de un organismo no son todas iguales, ni tienen la misma función.
   C. Las células se especializan para desempeñar funciones específicas y se organizan para cumplirlas.
   D. Los grupos organizados de células trabajan en conjunto para desempeñar una función específica formando tejidos.

INSTRUCCIONES: Estudia la información y la ilustración, lee la pregunta y elige la **mejor** respuesta.

EL SISTEMA NERVIOSO

Las células del cuerpo humano se organizan en sistemas, como el sistema nervioso. El sistema nervioso incluye el cerebro, la médula espinal y unos 100 mil millones de células nerviosas o neuronas. Las neuronas envían señales por el cuerpo que permiten que las personas se muevan, sientan cosas, piensen y aprendan. La ilustración muestra una neurona.

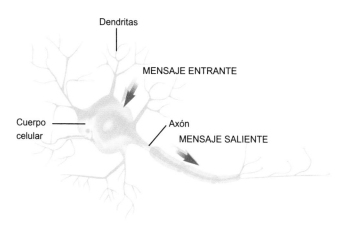

2. ¿Qué detalle de la ilustración respalda la idea principal de que las neuronas envían señales que permiten que una persona se mueva, sienta cosas, piense y aprenda?

   A. Los axones envían mensajes de las neuronas.
   B. El cuerpo celular de una neurona tiene forma irregular.
   C. Las dendritas tienen muchas ramificaciones.
   D. Los axones son más gruesos que las dendritas.

INSTRUCCIONES: Lee el pasaje y la pregunta y elige la **mejor** respuesta.

QUÉ HACEN LOS HUESOS

Los huesos trabajan en conjunto con los músculos para mover el cuerpo. También protegen los órganos internos como el corazón y los pulmones. Los huesos acumulan calcio y otros minerales para que el cuerpo los use. Además, el tuétano del interior de los huesos produce células sanguíneas.

3. ¿Qué oración funcionaría **mejor** como idea principal en este texto?

   A. Algunas células óseas liberan calcio a la sangre.
   B. Los huesos pueden ser compactos o esponjosos.
   C. Los huesos cambian de forma a lo largo de la vida de una persona.
   D. El sistema óseo tiene diversas funciones.

INSTRUCCIONES: Estudia la ilustración, lee cada pegunta y elige la **mejor** respuesta.

EL SISTEMA DIGESTIVO Y LA DIGESTIÓN

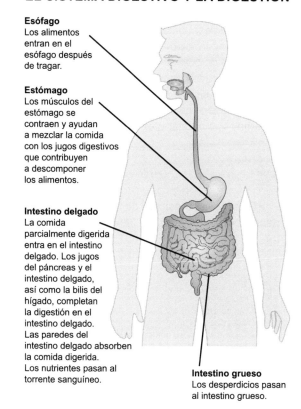

Esófago
Los alimentos entran en el esófago después de tragar.

Estómago
Los músculos del estómago se contraen y ayudan a mezclar la comida con los jugos digestivos que contribuyen a descomponer los alimentos.

Intestino delgado
La comida parcialmente digerida entra en el intestino delgado. Los jugos del páncreas y el intestino delgado, así como la bilis del hígado, completan la digestión en el intestino delgado. Las paredes del intestino delgado absorben la comida digerida. Los nutrientes pasan al torrente sanguíneo.

Intestino grueso
Los desperdicios pasan al intestino grueso.

4. ¿Qué enunciado expresa la idea principal de la ilustración?

   A. La digestión comienza incluso antes de que la persona trague.
   B. La digestión está prácticamente completada cuando la comida sale del intestino delgado.
   C. La digestión es un proceso complejo en el que colaboran varios órganos.
   D. La digestión se realiza principalmente en el estómago.

5. ¿Qué detalle explica que las secreciones de los órganos contribuyen a la digestión en el intestino delgado?

   A. La comida parcialmente digerida pasa del estómago al intestino delgado.
   B. El jugo pancreático, el jugo intestinal y la bilis completan la digestión en el intestino delgado.
   C. Las paredes del intestino delgado absorben la comida digerida.
   D. Los nutrientes pasan del intestino delgado al torrente sanguíneo.

Interpretar tablas

TEMAS DE CIENCIAS: L.a.3
PRÁCTICA DE CIENCIAS: SP.1.a, SP.1.b, SP.1.c, SP.3.b

UNIDAD 1

1 Aprende la destreza

Una **tabla** es una herramienta que se usa para organizar y presentar información en columnas y filas. Generalmente, una tabla incluye solo los puntos principales, no los detalles. **Interpretar tablas** puede ayudarte a identificar información rápidamente sin leer un párrafo largo.

Además de columnas y filas, una tabla puede tener otros componentes. El título indica la temática de la tabla. Los encabezados de las columnas y de las filas dicen qué tipo de información proporciona cada columna y cada fila. La leyenda indica el significado de los símbolos, de las abreviaturas o el lenguaje que se usa en la tabla. La información sobre la fuente dice cuál es el origen de la información que se presenta en la tabla. Para entender una tabla hay que prestar atención a todas sus partes y a cómo se relaciona la información de esas partes.

2 Practica la destreza

Al practicar la destreza de interpretar tablas, mejorarás tus capacidades de estudio y evaluación, especialmente en relación con la Prueba de Ciencias GED®. Estudia la tabla que aparece a continuación. Luego responde la pregunta.

a Primero, mira el título de la tabla y los encabezados de las columnas y las filas. En este caso, te dicen que la tabla trata sobre alimentos que contienen vitamina B de forma natural.

b Una columna en una tabla contiene información de un único tipo. Los datos que están debajo del encabezado "Vitamina B" son nombres de distintos tipos de vitamina B.

ALIMENTOS QUE CONTIENEN VITAMINA B **a**

Vitamina B **b**	Se encuentra de forma natural en...
Tiamina (vitamina B1)	Arroz integral, sémola, pan integral, frijoles, frijoles negros, frijoles carilla, cacahuate
Riboflavina (vitamina B2)	Leche, queso, yogur, carne de res, aves, brócoli, hojas de nabo
Niacina (vitamina B3)	Carne, aves, pescado, pan integral
Vitamina B6	Cerdo, hígado, riñón, aves, pescado, huevos, pan integral, arroz integral, avena, soja, cacahuate, nueces
Vitamina B12	Hígado vacuno, almejas, pescado, huevos, leche, queso

c (al lado de la fila Tiamina)

c La mayoría de las tablas presentan información de izquierda a derecha. Las entradas de una fila contienen información que está relacionada. Por ejemplo, la primera fila tiene información sobre la tiamina, que también se conoce como vitamina B1.

CONSEJOS PARA REALIZAR LA PRUEBA

Para responder esta pregunta, necesitas observar una única fila. Para otras preguntas basadas en tablas, es posible que tengas que mirar solamente una columna, varias partes de la tabla o echar un vistazo a toda la información de la tabla.

1. Según la tabla, ¿qué alimento contiene vitamina B12?

   A. los frijoles carilla
   B. los huevos
   C. el brócoli
   D. el cacahuate

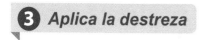

3 *Aplica la destreza*

INSTRUCCIONES: Estudia la información y la tabla, lee cada pregunta y elige la **mejor** respuesta.

EL CUERPO HUMANO Y LOS NUTRIENTES

El cuerpo humano necesita nutrientes para llevar a cabo complejos procesos vitales, como el crecimiento y la división celular. Casi todos los nutrientes que necesita nuestro cuerpo provienen de los alimentos que ingerimos. Es importante seguir una dieta equilibrada para asegurarnos de que nuestro cuerpo recibe los nutrientes que necesita para funcionar. Los nutrientes se organizan en tipos y el cuerpo necesita nutrientes de todos los tipos. Entender dónde se encuentran los distintos nutrientes y cómo funcionan los nutrientes en el cuerpo nos ayuda a tomar decisiones informadas acerca de lo que comemos. La tabla proporciona más información sobre los nutrientes.

Tipo	Ejemplos de fuentes	Usos
Carbohidratos	Pan, cereales, pastas, maíz, guisantes, patatas, azúcar, miel, frutas	Proporcionan energía para los músculos, los nervios, el cerebro.
Grasas	Salmón, pez espada, frutos secos, carne, mantequilla, aceite de oliva, aceite de maíz, leche entera	Proporcionan energía; contribuyen a la absorción de las vitaminas; aíslan y amortiguan los órganos.
Proteínas	Pescado, carne, soja, huevos, leche, yogur, queso, frijoles, lentejas, frutos secos, semillas, granos	Desarrollan los músculos y el sistema inmunológico; combaten infecciones; reparan las células.
Vitaminas	Huevos, productos lácteos, verduras, frutas, frutos secos, carne	Regulan los procesos corporales.
Minerales	Productos lácteos, verduras, carne, huevos	Desarrollan los huesos, los dientes y la sangre; contribuyen al uso de energía del cuerpo.
Agua	Agua, jugos, frutas, verduras	Da forma a las células; transporta otros nutrientes; elimina los desechos; regula la temperatura.
Fibra dietética	Frijoles, guisantes, avena, manzana, salvado de trigo, frutos secos, verduras, frutas	Controla el azúcar en sangre; reduce el riesgo de diabetes y de enfermedades cardíacas; regula el tracto digestivo.

2. ¿Cuál podría ser el **mejor** título para la tabla?

   A. Vitaminas y minerales
   B. Principales tipos de nutrientes
   C. Alimentación sana
   D. Uso de los nutrientes

3. A partir de la tabla, ¿la falta de qué tipo de nutriente afectaría más al sistema óseo?

   A. minerales
   B. proteínas
   C. agua
   D. carbohidratos

4. A partir de la tabla, ¿qué acción le proporciona nutrientes de más tipos distintos a una persona?

   A. comer frijoles
   B. beber agua
   C. tomar vitaminas
   D. comer verduras

INSTRUCCIONES: Estudia la información y la tabla, lee la pregunta y elige la **mejor** respuesta.

LAS BACTERIAS NO SIEMPRE SON MALAS

Dado que se asocian con las enfermedades, a menudo pensamos en las bacterias en términos negativos. Sin embargo, no todas las bacterias provocan enfermedades. Hay muchas bacterias útiles que trabajan como descomponedores, que descomponen y reciclan los nutrientes de los cuerpos de plantas y animales muertos. Hay otras bacterias útiles que habitan en el interior del cuerpo humano, donde contribuyen en la digestión y producen vitaminas que el cuerpo necesita. Además, las bacterias colaboran en la elaboración de muchos alimentos populares, como los quesos. Los científicos han descubierto incluso cómo aprovechar las bacterias para limpiar aguas y suelos contaminados.

Bacterias del intestino grueso	Por qué son útiles
Lactobacillus acidophillus	Expulsan a los microbios dañinos y previenen que se desarrollen.
Escherichia coli	Proporcionan vitamina K y algunas vitaminas B.
Klebsiella	Benefician a personas que siguen dietas bajas en proteínas.
Methanobacterium smithii	Digieren los carbohidratos que no pueden ser digeridos por los humanos.

5. ¿Cuál de las siguientes ideas está respaldada por el pasaje y por la tabla?

   A. Algunas bacterias que habitan en el tracto digestivo de los humanos son beneficiosas.
   B. Las bacterias descomponen y reciclan nutrientes.
   C. La producción de algunos alimentos depende de la ayuda de las bacterias.
   D. Dentro del cuerpo humano viven muchos millones de bacterias.

Identificar causa y efecto

TEMAS DE CIENCIAS: L.a.2
PRÁCTICA DE CIENCIAS: SP.1.a, SP.1.b, SP.1.c, SP.7.a

UNIDAD 1

① Aprende la destreza

Una **causa** es una acción u objeto que hace que ocurra un suceso. El **efecto** es el suceso que resulta de la causa. Una causa puede provocar más de un efecto y un efecto puede ser resultado de más de una causa. Además, las causas y los efectos pueden desencadenar series de sucesos.

Los textos relacionados con las ciencias a menudo tratan el tema de las causas y los efectos. Las ilustraciones y otras presentaciones no textuales de material científico pueden mostrar causas y efectos. En muchos casos, las causas y los efectos se exponen directamente. Otras veces son implícitos. Ser capaz de **identificar causa y efecto** es básico para entender contenidos científicos.

② Practica la destreza

Al practicar la destreza de identificar causa y efecto, mejorarás tus capacidades de estudio y evaluación, especialmente en relación con la Prueba de Ciencias GED®. Estudia la ilustración que aparece a continuación. Luego responde la pregunta.

RESPUESTA A LAS HERIDAS

ⓐ La ilustración muestra lo que ocurre cuando un objeto corta la piel. El efecto inicial es que las bacterias entran al cuerpo. Entonces, la presencia de bacterias hace que el cuerpo libere histamina.

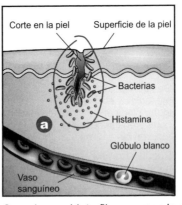

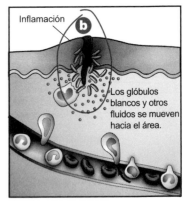

ⓑ La presencia de histamina se convierte en la causa de otro efecto: la inflamación y el enrojecimiento alrededor de la herida.

Cuando un objeto filoso rompe la piel, las bacterias pueden entrar al cuerpo. Las bacterias hacen reaccionar a una parte del sistema inmunológico del cuerpo. El primer paso del cuerpo para combatir la infección es liberar una sustancia química llamada histamina.

DENTRO DEL EJERCICIO

Cada ejercicio de la Prueba de GED® tiene un nivel de complejidad entre 1 y 3. Este ejercicio es de nivel 2. Es probable que alrededor de un 80 por ciento de los ejercicios de la prueba sean de nivel 2 ó 3.

1. A partir de la ilustración, ¿qué efecto tiene la liberación de histamina?

A. La sangre y otros fluidos se filtran desde la zona dañada y llevan a las bacterias a otras partes del cuerpo.

B. Las propias bacterias del cuerpo atacan a las bacterias extrañas.

C. El flujo de sangre y otros fluidos hacia el área se incrementa y se produce una inflamación.

D. Los vasos sanguíneos del área que rodea la herida se contraen.

Aplica la destreza

 ★ Ítem en foco: **MENÚ DESPLEGABLE**

INSTRUCCIONES: Lee el pasaje titulado "Sudoración y olor corporal". Luego lee el pasaje incompleto a continuación. Usa información del primer pasaje para completar el segundo. En cada ejercicio con menú desplegable, elige la opción que **mejor** complete la oración.

SUDORACIÓN Y OLOR CORPORAL

La causa de la sudoración y del olor corporal tiene que ver con el sistema de regulación de temperatura de nuestro cuerpo, específicamente con las glándulas sudoríparas. El sudor ayuda a mantener la temperatura corporal, hidrata la piel y equilibra los fluidos corporales y los electrolitos, sustancias químicas de nuestro cuerpo como el sodio o el calcio.

Nuestra piel tiene dos tipos de glándulas sudoríparas: las glándulas ecrinas y apocrinas. Las glándulas ecrinas están casi por todo el cuerpo y desembocan directamente en la superficie de la piel. Las glándulas apocrinas están en zonas con abundantes folículos pilosos, como el cuero cabelludo, las axilas o las ingles y desembocan en el folículo piloso, justo antes de que este emerja a la superficie de la piel.

Cuando la temperatura de nuestro cuerpo sube, el sistema nervioso autónomo estimula las glándulas ecrinas para que segreguen fluido en la superficie de nuestra piel, donde refrescan el cuerpo al evaporarse. Este fluido (la transpiración) está compuesto principalmente de agua y sal (cloruro sódico) y contiene pequeñas cantidades de otros electrolitos, que son sustancias que ayudan a regular el equilibrio de fluidos en nuestro cuerpo, y sustancias como la urea.

Las glándulas apocrinas, en cambio, segregan un sudor grasiento directamente en el túbulo de la glándula. Cuando sufres estrés emocional, la pared del túbulo se contrae y el sudor es empujado a la superficie de la piel donde las bacterias comienzan a descomponerlo. En la mayoría de ocasiones, es la descomposición bacterial del sudor apocrino lo que provoca el olor.

2. Cuando tienes calor, es probable que hagas algo para refrescarte. Puede ser quitarte la camiseta, ponerte un pantalón corto o zambullirte en la piscina. Estas acciones pueden ser de ayuda, pero es más importante lo que ocurre dentro del cuerpo para refrescarte.

Cuando la temperatura del cuerpo aumenta, se envían señales a las glándulas ecrinas. Estas señales causan [2. Menú desplegable 1] . La evaporación hace que el cuerpo [2. Menú desplegable 2] . Además de ayudar a que el cuerpo mantenga su temperatura, este proceso también regula los fluidos corporales.

A veces, el sudor tiene olor. Este olor es causado por [2. Menú desplegable 3] cuando descomponen el sudor impulsado a la superficie de la piel por [2. Menú desplegable 4] .

Opciones de respuesta del menú desplegable

2.1 A. un incremento del ritmo cardíaco
B. la aparición del sudor en la piel
C. la absorción de la sal
D. que las bacterias generen olor

2.2 A. descomponga las bacterias
B. segregue fluidos
C. se refresque
D. sude

2.3 A. las glándulas ecrinas
B. los reguladores de temperatura
C. los fluidos corporales
D. las bacterias

2.4 A. las glándulas apocrinas
B. la glándula suprarrenal
C. la glándula pituitaria
D. las glándulas ecrinas

UNIDAD 1

Interpretar gráficas y mapas

TEMAS DE CIENCIAS: L.a.4
PRÁCTICA DE CIENCIAS: SP.1.a, SP.1.b, SP.1.c, SP.3.b, SP.3.d

UNIDAD 1

1 Aprende la destreza

Las **gráficas** y los **mapas** temáticos son herramientas que se usan para presentar datos de forma visual. Entre los tipos de gráficas se incluyen las gráficas de barras, las gráficas circulares y las gráficas lineales. Un mapa temático se centra en un tema en particular y presenta datos relevantes acerca de una zona, país o incluso del mundo entero.

Puedes encontrar, comparar y analizar datos e identificar tendencias rápida y fácilmente **interpretando gráficas y mapas**. Muchas gráficas tienen un eje de la x y un eje de la y que identifican las variables relacionadas con los datos. A menudo, las gráficas y mapas incluyen títulos, leyendas y rótulos. Todos estos detalles te ayudan a entender los datos.

2 Practica la destreza

Al practicar la destreza de interpretar gráficas y mapas, mejorarás tus capacidades de estudio y evaluación, especialmente en relación con la Prueba de Ciencias GED®. Estudia la información y la gráfica que aparecen a continuación. Luego responde la pregunta.

ENFERMEDAD DE LYME

La enfermedad de Lyme es una infección bacteriana que se transmite por la mordedura de una garrapata. La garrapata contrae la infección al alimentarse de ratones o ciervos que están infectados. La garrapata puede, entonces, transmitir la enfermedad a una persona a través de su mordedura.

a Una gráfica de barras puede estar apilada, con barras que están divididas para mostrar subcategorías. En esta gráfica, las dos subcategorías son los casos confirmados y los casos probables.

b Una gráfica de barras compara datos. Esta gráfica compara el número de casos de la enfermedad de Lyme registrados cada año durante un período de diez años.

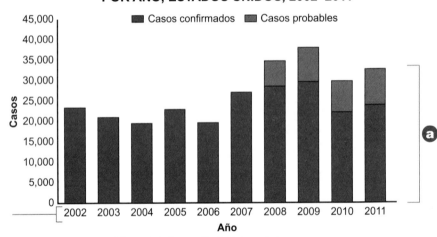

CASOS REGISTRADOS DE ENFERMEDAD DE LYME POR AÑO, ESTADOS UNIDOS, 2002–2011

Fuente: Centros para el Control y la Prevención de Enfermedades

1. Según la gráfica, ¿en qué año se registraron más casos confirmados y probables de la enfermedad de Lyme?

A. 2007
B. 2008
C. 2009
D. 2010

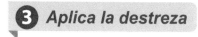

INSTRUCCIONES: Estudia la información y el mapa, lee la pregunta y elige la **mejor** respuesta.

GRIPE

Fiebre, tos, dolor de garganta, dolor de cabeza, dolores musculares y vómitos. Es muy posible que alguna vez hayas sufrido estos síntomas. Son los síntomas de la gripe.

La gripe es una enfermedad respiratoria causada por un virus. Cada año, los investigadores predicen qué virus de la gripe causará más estragos durante la siguiente estación de la gripe. Entonces, elaboran vacunas contra estas cepas y esperan haber acertado en sus predicciones. No todo el mundo se vacuna contra la gripe y no todos los que lo hacen se libran de ella.

Los Centros para el Control y la Prevención de Enfermedades hacen una estimación semanal de los casos de gripe en el país para determinar los cambios en el número de afectados. El mapa muestra los resultados de una semana.

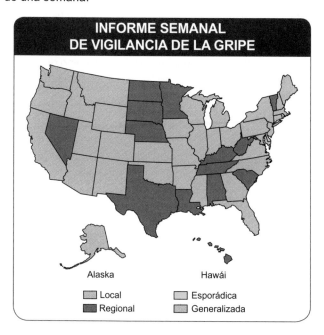

2. ¿Qué categoría de propagación geográfica de la gripe se aplicó a un mayor número de estados durante la semana que ilustra el mapa?

   A. esporádica
   B. local
   C. regional
   D. generalizada

INSTRUCCIONES: Estudia la información y la gráfica, lee cada pregunta y elige la **mejor** respuesta.

HEPATITIS

La hepatitis es una enfermedad del hígado contagiosa provocada por un virus. Los tres tipos que suelen verse en los Estados Unidos son la hepatitis A, B y C. La propagación de los tres tipos varía. La hepatitis A se contagia cuando una persona ingiere materia fecal de otra persona infectada. Por ejemplo, si una persona infectada usa un baño público y no se lava las manos, esa persona puede transmitir la infección a otros incluso a través de cantidades microscópicas de materia fecal. Cada vez es más sabido que la hepatitis A puede prevenirse fácilmente con las medidas higiénicas adecuadas.

CASOS GRAVES DE HEPATITIS A, ESTADOS UNIDOS, 2000–2010

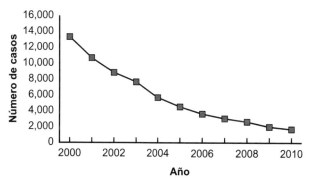

Fuente: Centros para el Control y la Prevención de Enfermedades

3. A partir de la gráfica, ¿qué enunciado describe la tendencia en la aparición de casos de hepatitis A en los Estados Unidos entre 2000 y 2010?

   A. El número de casos disminuyó.
   B. El número de casos se mantuvo igual.
   C. El número de casos aumentó.
   D. El número de casos se duplicó.

4. ¿Qué suposición está respaldada por el pasaje y la tendencia que se muestra en la gráfica?

   A. El número de infecciones virales está aumentando porque cada vez hay menos opciones de prevención.
   B. El virus de la hepatitis A se está debilitando y haciéndose menos contagioso.
   C. El mayor conocimiento sobre el control de la propagación de la hepatitis A ha llevado a que haya menos infecciones.
   D. Cada vez menos gente acude a su médico cuando tiene síntomas de hepatitis A.

Interpretar diagramas

TEMAS DE CIENCIAS: L.c.1, L.c.2
PRÁCTICA DE CIENCIAS: SP.1.a, SP.1.b, SP.1.c, SP.7.a

UNIDAD 1

1 Aprende la destreza

Los **diagramas** muestran la relación entre ideas, objetos o sucesos de forma visual. Los diagramas también pueden mostrar el orden en que ocurren los sucesos. Cuando **interpretas diagramas**, descubres cómo se relacionan los objetos o sucesos.

2 Practica la destreza

Al practicar la destreza de interpretar diagramas, mejorarás tus capacidades de estudio y evaluación, especialmente en relación con la Prueba de Ciencias GED®. Estudia la información y el diagrama que aparecen a continuación. Luego responde la pregunta.

ECOSISTEMAS

Un ecosistema incluye a todos los seres vivos de un área, y también al medio ambiente no vivo. La energía fluye a través de los elementos vivos del ecosistema. En la mayoría de los ecosistemas, la energía proviene del sol. Las plantas usan la energía de la luz solar y los nutrientes del aire, el agua y el suelo para producir su alimento. Los animales comen las plantas, otros animales se comen a los animales que se alimentan de plantas, y así sucesivamente. Cada organismo obtiene energía de su alimento y le pasa energía al organismo que se alimenta de él. Una cadena alimenticia muestra un único camino de relación alimentaria entre ciertos organismos de un ecosistema. El diagrama muestra una cadena alimenticia en un ecosistema de pradera.

a Los diagramas pueden ser de muchas formas. Los diagramas de flujo tienen cajas y flechas para mostrar los pasos de un proceso o el orden de una serie de sucesos. Algunos diagramas de flujo son circulares u ovales. Muestran sucesos que ocurren en ciclos.

b Las partes de este diagrama están ordenadas en línea, con flechas que van de una parte a otra. Las flechas indican el sentido en que el alimento se mueve de un organismo al siguiente.

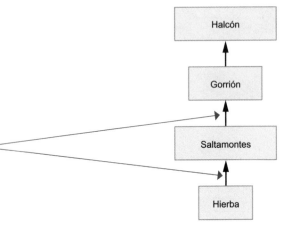

CONSEJOS PARA REALIZAR LA PRUEBA

Revisa las opciones de respuesta. ¿Qué aspecto debería tener el diagrama para que cada opción de respuesta fuese cierta? Compara el diagrama imaginario con el diagrama real para determinar la respuesta correcta.

1. ¿Qué enunciado describe una de las relaciones alimentarias que se muestran en el diagrama?

   A. Los halcones comen hierba.
   B. Los saltamontes comen gorriones.
   C. Los gorriones comen saltamontes.
   D. Los halcones comen saltamontes.

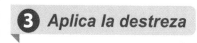

INSTRUCCIONES: Estudia el diagrama y la información, lee cada pregunta y elige la **mejor** respuesta.

MOVIMIENTO DE LOS NUTRIENTES EN UN ECOSISTEMA

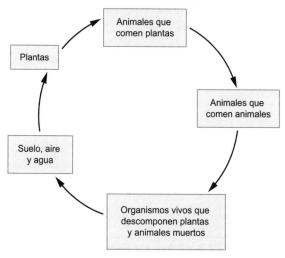

La materia, es decir, el material que constituye todo lo que nos rodea, se recicla constantemente en un ecosistema. Los organismos obtienen del ambiente los materiales que necesitan para vivir y después liberan los desechos. Los nutrientes son un tipo de materia que atraviesa un ciclo en un ecosistema. El diagrama muestra el movimiento de los nutrientes en un ecosistema terrestre.

2. A partir del diagrama, ¿qué enunciado describe un flujo de nutrientes en un ecosistema terrestre?

   A. La mayoría de los animales obtienen nutrientes comiendo otros animales.
   B. Las plantas obtienen nutrientes del suelo, el aire y el agua.
   C. Los animales que comen animales son una fuente de nutrientes para los animales que comen plantas.
   D. Los seres vivos que descomponen plantas y animales muertos no aportan nutrientes al ecosistema.

3. ¿Qué pasaría con el movimiento de nutrientes que se muestra en el diagrama si muriesen todas las plantas del ecosistema?

   A. Los nutrientes continuarían el ciclo a través del ecosistema, saltándose el paso que falta.
   B. Los animales que comen plantas empezarían a comer otros animales.
   C. El ciclo de los nutrientes terminaría.
   D. Las reservas de suelo, aire y agua disminuirían y terminarían agotándose.

INSTRUCCIONES: Estudia la información y el diagrama, lee cada pregunta y elige la **mejor** respuesta.

MOVIMIENTO DE LA ENERGÍA EN UN ECOSISTEMA

La energía se conserva porque fluye a través de un ecosistema. Es decir, la cantidad de energía nunca aumenta ni disminuye. Las plantas obtienen energía porque producen alimento. Los animales obtienen energía alimentándose de plantas u otros animales. Los seres vivos convierten la energía que está almacenada en la comida en energía para moverse, crecer y curarse. Una pequeña cantidad de la energía que absorbe un ser vivo se almacena en las células de su cuerpo. La mayor parte de la energía se pierde en el ambiente en forma de calor, sonido, movimiento y, en algunos casos, luz. Las pirámides de energía muestran cómo fluye la energía a través de los ecosistemas. El diagrama muestra una pirámide de energía en un ecosistema de bosque.

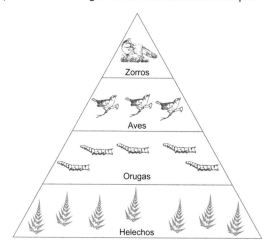

4. ¿Cuál es una de las formas en que la energía fluye a través del ecosistema de bosque que representa el diagrama?

   A. de los helechos a las orugas
   B. de los zorros a los helechos
   C. de las aves a los helechos
   D. de las aves a las orugas

5. ¿Qué idea refuerza **más posiblemente** la forma de una pirámide de energía?

   A. En general, los animales más grandes de un ecosistema se comen a los animales más pequeños.
   B. Las plantas usan la luz del sol para obtener energía y son la base de todas las cadenas alimenticias de un ecosistema.
   C. Los organismos que se encuentran en los niveles más altos de una cadena alimenticia viven en niveles más altos del ecosistema.
   D. La cantidad de energía disponible disminuye a medida que la energía pasa de un organismo a otro.

Categorizar y clasificar

TEMAS DE CIENCIAS: L.c.4
PRÁCTICA DE CIENCIAS: SP.1.a, SP.1.b, SP.1.c, SP.6.a, SP.6.c

UNIDAD 1

1 Aprende la destreza

Cuando **categorizas**, eliges los criterios para agrupar organismos, objetos, procesos u otros elementos. Estos grupos se basan en características compartidas o relaciones. Cuando **clasificas**, pones cosas en grupos que ya existen.

Las presentaciones de material científico a menudo incluyen la categorización y la clasificación porque hay muchos elementos de la ciencia que se organizan en grupos. En las ciencias de la vida, por ejemplo, las células se categorizan y se clasifican de acuerdo con sus funciones. Los seres vivos de un ecosistema se categorizan y se clasifican de acuerdo con su papel en el ecosistema. Los ecosistemas se categorizan y se clasifican según sus características físicas.

2 Practica la destreza

Al practicar la destreza de categorizar y clasificar, mejorarás tus capacidades de estudio y evaluación, especialmente en relación con la Prueba de Ciencias GED®. Estudia la información y el diagrama que aparecen a continuación. Luego responde la pregunta.

a El pasaje y el diagrama proporcionan información acerca de un tipo de relación entre organismos, la relación entre depredador y presa. Las relaciones pueden organizarse en categorías. Depredador-presa es una categoría.

b Una vez que se han creado las categorías, puedes clasificar elementos específicos, como una relación en concreto, en la categoría adecuada. La pregunta te pide que clasifiques.

RELACIONES ENTRE DEPREDADOR Y PRESA

Todos los organismos están relacionados con otros organismos. Estas relaciones se conocen como relaciones simbióticas. La relación entre los depredadores y sus presas es una de estas relaciones. Esta relación se conoce como relación depredador-presa o depredación. Un depredador es un organismo que mata y se alimenta de otro organismo. Su presa es el organismo del que se alimenta. La flecha del diagrama indica que el puma se come al conejo. El conejo es la presa y el puma es el depredador. Los depredadores y las presas viven juntos en el mismo medio ambiente y su número afecta al otro.

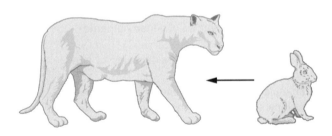

1. A partir de la información, ¿qué relación entre organismos podría ser clasificada **más posiblemente** como una relación depredador-presa?

   A. oso-pez
   B. cabra-cerdo
   C. abeja-flor
   D. percebe-ballena

CONSEJOS PARA REALIZAR LA PRUEBA

Los organismos, objetos y procesos a menudo pueden categorizarse y clasificarse de más de una manera. Considera cuál es la mejor opción cuando categorices y clasifiques en una prueba.

⭐ Ítem en foco: **COMPLETAR LOS ESPACIOS**

INSTRUCCIONES: Lee el pasaje. Luego lee el ejercicio y escribe tus respuestas en los recuadros.

PARASITISMO

La simbiosis es una situación en la cual dos organismos de distintas especies viven juntos. Hay distintos tipos de relaciones simbióticas. Uno de estos tipos es el parasitismo. En una relación de parasitismo, un organismo, el parásito, se beneficia de otro organismo y lo daña. Este segundo organismo se conoce como huésped. Por ejemplo, una tenia vive en el intestino de un animal, alimentándose de los alimentos parcialmente digeridos del animal. De esta forma, el animal afectado es incapaz de obtener los nutrientes que se encuentran en la comida que ingiere.

2. A partir del pasaje, rotula cada organismo para clasificarlo como parásito o huésped.

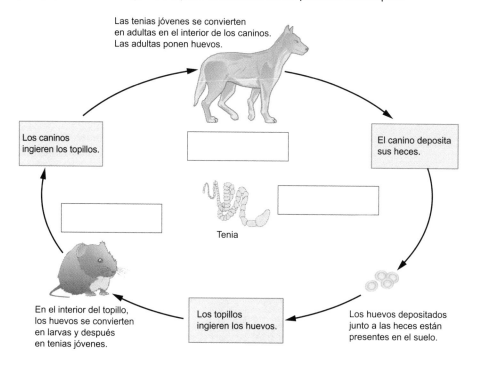

Las tenias jóvenes se convierten en adultas en el interior de los caninos. Las adultas ponen huevos.

Los caninos ingieren los topillos.

El canino deposita sus heces.

Tenia

En el interior del topillo, los huevos se convierten en larvas y después en tenias jóvenes.

Los topillos ingieren los huevos.

Los huevos depositados junto a las heces están presentes en el suelo.

INSTRUCCIONES: Lee el pasaje. Luego lee la pregunta y escribe tu respuesta en el recuadro.

RELACIONES SIMBIÓTICAS INOFENSIVAS

Existen muchos tipos de relaciones simbióticas. El comensalismo es una relación en la que un organismo se beneficia de otro sin dañarlo ni beneficiarlo. Por ejemplo, algunas orquídeas aprovechan las ramas de los grandes árboles de las selvas tropicales para crecer y vivir. Los árboles no obtienen ningún beneficio, pero las orquídeas no los dañan. Otro tipo de relación simbiótica es el mutualismo. En una relación mutualista, ambos organismos se benefician y ninguno resulta dañado.

3. ¿Cuáles son las categorías de relaciones simbióticas de las que se habla en el pasaje?

LECCIÓN 8

Generalizar

UNIDAD 1

TEMAS DE CIENCIAS: L.c.3, L.c.4
PRÁCTICA DE CIENCIAS: SP.1.a, SP.1.b, SP.1.c, SP.3.b, SP.6.c

❶ Aprende la destreza

Cuando **generalizas**, empleas información específica para elaborar una afirmación general que se aplique a todo un grupo de objetos, organismos, lugares o sucesos. Una **generalización** puede ser válida o inválida. Las generalizaciones válidas están respaldadas por hechos y ejemplos. Las generalizaciones inválidas, no.

❷ Practica la destreza

Al practicar la destreza de generalizar, mejorarás tus capacidades de estudio y evaluación, especialmente en relación con la Prueba de Ciencias GED®. Estudia la información y la ilustración que aparecen a continuación. Luego responde la pregunta.

ⓐ Para hacer una generalización, primero debes reunir y comparar información sobre un tema. Luego usas la información para elaborar una afirmación que normalmente es cierta. Esta afirmación es la generalización.

ⓑ Aunque una afirmación describa a todos los miembros de un grupo, no tiene por qué ser necesariamente una generalización. Por ejemplo, la afirmación de que la comunidad comprende a todas las poblaciones de una zona es un hecho, no una generalización.

NIVELES DE ORGANIZACIÓN EN UN ECOSISTEMA

Un ecosistema está compuesto por distintos tipos de seres vivos. Los científicos a menudo organizan en niveles a los seres vivos de un ecosistema. El nivel más bajo de la organización es el organismo individual. Los organismos individuales se agrupan en poblaciones. Una población es un grupo de organismos de la misma especie que vive en la misma zona. Por ejemplo, todos los azulejos de un bosque componen una población. Las poblaciones se organizan en comunidades. <u>Una comunidad comprende a todas las poblaciones de una zona.</u> La mayoría de las comunidades contienen muchas poblaciones y estas poblaciones influyen unas sobre otras de varias formas. Los grupos de comunidades componen el ecosistema.

Organismo   Población   Comunidad   Ecosistema

CONSEJOS PARA REALIZAR LA PRUEBA

Las generalizaciones, tanto las válidas como las inválidas, pueden contener palabras clave como *todos, siempre, nunca, la mayoría, mayormente, generalmente, normalmente, típicamente, a menudo, en general* y *casi*.

1. A partir de la información, ¿qué afirmación sería una generalización válida acerca de los seres vivos de un ecosistema?

   A. En un ecosistema hay distintos tipos de seres vivos.
   B. Las comunidades de la mayoría de los ecosistemas están compuestas por muchas especies distintas.
   C. Las poblaciones de un ecosistema están compuestas por organismos individuales.
   D. Todos los organismos de una población son de la misma especie.

★ Ítem en foco: **COMPLETAR LOS ESPACIOS**

INSTRUCCIONES: Estudia la información y la gráfica. Luego rellena el recuadro para completar cada enunciado.

CAPACIDAD DE CARGA

La capacidad de carga es el número máximo de individuos de una especie que pueden vivir de los recursos de una zona. La capacidad de carga puede verse afectada por la competencia por los recursos y por muchos otros factores. La gráfica muestra un patrón de cambio a lo largo del tiempo en una población de un ecosistema.

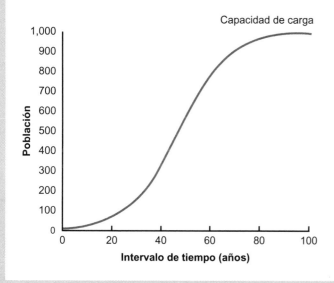

2. A partir de la gráfica, una población normalmente

hasta que alcanza su capacidad de carga.

3. La gráfica representa una población de un ecosistema. Puede hacerse la generalización de que poblaciones similares en ecosistemas similares están

entre los años 40 y 60.

4. Imagina que en el ecosistema se introduce un nuevo competidor para la población representada en la gráfica. La gráfica cambiaría y mostraría

generalmente inferior.

UNIDAD 1

INSTRUCCIONES: Lee el pasaje y la pregunta y elige la **mejor** respuesta.

ESPECIES INVASORAS

Las especies invasoras, o las especies que no son autóctonas del ecosistema en el cual viven, provocan daños ecológicos y económicos. Una especie invasora compite con las especies nativas por los recursos y a menudo no tiene ningún depredador en el ecosistema. Una población de una especie invasora puede prosperar hasta el punto de alcanzar un gran porcentaje de la biomasa, es decir, la masa de todos los organismos vivos de un ecosistema.

5. A partir del pasaje, una generalización válida sería que la competencia de especies invasoras

A. a menudo conduce a una disminución de la capacidad de carga para otros organismos del ecosistema.
B. normalmente asegura que solo sobrevivan las especies más saludables.
C. siempre afecta negativamente tanto a la propia especie invasora como al resto de las especies.
D. generalmente conduce a un aumento de la capacidad de carga para el organismo invadido.

Comparar y contrastar

TEMAS DE CIENCIAS: L.c.2, L.c.5
PRÁCTICA DE CIENCIAS: SP.1.a, SP.1.b, SP.1.c, SP.3.a, SP.6.a, SP.6.c

UNIDAD 1

1 Aprende la destreza

Cuando **comparas**, identificas las formas en que se asemejan organismos, objetos, datos, comportamientos, sucesos o procesos. Cuando **contrastas**, identificas las formas en que se diferencian tales elementos.

Es posible que necesites comparar y contrastar cuando estudies un material científico presentado en un texto, en ilustraciones o en diagramas, o mientras examines datos de tablas o gráficas. Comparar y contrastar mientras aprendes profundiza y aclara tu comprensión. Puedes valerte de herramientas como tablas y diagramas para organizar la información de forma que te ayude a comparar y contrastar aspectos de las presentaciones científicas.

2 Practica la destreza

Al practicar la destreza de comparar y contrastar, mejorarás tus capacidades de estudio y evaluación, especialmente en relación con la Prueba de Ciencias GED®. Estudia la información y la tabla que aparecen a continuación. Luego responde la pregunta.

SEGUIMIENTO DE LA BIODIVERSIDAD

Muchas especies de animales y plantas se enfrentan a la extinción en todo el mundo. Algunas de las cuestiones que amenazan a los organismos son los cambios de hábitat, el cambio climático y las enfermedades. Incluso la pérdida de una única especie en un ecosistema contribuye a la disminución de la biodiversidad, es decir, la variedad de especies. La biodiversidad es una característica de los ecosistemas fuertes.

La Unión Internacional para la Conservación de la Naturaleza (UICN) analiza y busca soluciones al problema de la disminución de la biodiversidad. Como parte de sus esfuerzos, la UICN mantiene una Lista Roja, un documento que expone el estatus conocido de miles de especies de todo el mundo. La siguiente tabla muestra una parte de los datos de la Lista Roja de la UICN.

a Cuando compares, ten en cuenta las formas en que los elementos se asemejan. Analiza las partes de la tabla para determinar qué tienen en común los grupos de vertebrados detallados en ella. Todos incluyen especies amenazadas.

b Cuando contrastes, ten en cuenta las formas en que los elementos se diferencian. En la tabla, las cifras de especies amenazadas varían entre los grupos. Además, las cifras para cada grupo varían del 2006 al 2012.

Grupo de vertebrados	Número de especies amenazadas en 2006	Número de especies amenazadas en 2012
Mamíferos	1,093	1,139
Aves	1,206	1,313
Reptiles	341	807
Anfibios	1,770	1,933
Peces	800	2,068

Fuente: Lista Roja de la UICN

TEMAS

Puedes pensar en un ecosistema como si fuera una ciudad. Las partes de una ciudad funcionan en conjunto para mantener la ciudad en funcionamiento. Del mismo modo, las partes de un ecosistema funcionan en conjunto para mantener la salud del ecosistema.

1. ¿Qué similitud entre todos los grupos de vertebrados sugieren los datos de la tabla?

   A. La cuestión de las especies amenazadas de cada grupo ya no es un problema.
   B. Hay más de 1,000 especies en cada grupo que están amenazadas.
   C. El número de especies amenazadas conocidas de cada grupo ha aumentado.
   D. Las cifras de 2012 de especies amenazadas de cada grupo son casi las mismas que las de 2006.

UNIDAD 1

 Ítem en foco: **ARRASTRAR Y SOLTAR**

INSTRUCCIONES: Lee el pasaje y la pregunta. Luego usa las opciones de arrastrar y soltar para completar el diagrama.

FACTORES DE UN ECOSISTEMA SALUDABLE O NO SALUDABLE

Un ecosistema comprende todos los componentes vivos y no vivos que interactúan para crear un sistema estable. Entre los componentes vivos y no vivos se incluyen más elementos además de las plantas, los animales, el suelo y las rocas. La química del suelo, las reservas de nutrientes y agua, la temperatura y la cantidad de luz solar son factores que influyen en el funcionamiento de un ecosistema. Un ecosistema saludable está en equilibrio. Todos estos elementos están presentes en la cantidad adecuada para asegurar el éxito de todas las partes del ecosistema.

Todos los ecosistemas saludables tienen un alto grado de biodiversidad. La biodiversidad es la variedad de especies que viven en un ecosistema y, por tanto, contribuyen para que el ecosistema funcione. ¿Por qué contribuye la biodiversidad a la salud de un ecosistema? Los organismos de un ecosistema dependen unos de otros. Cada grupo obtiene nutrientes y energía de otro grupo, y el ciclo es continuo. Imagina un ecosistema que solo tuviese una o dos plantas principales que produjesen el alimento. ¿Qué ocurriría si una de esas plantas contrajese una enfermedad y dejase de producir? Esto acarrearía cambios en todo el ecosistema. En un ecosistema con una biodiversidad mayor, la pérdida de un productor tendría menos impacto porque habría muchos otros productores disponibles. La biodiversidad ayuda a mantener el equilibrio, lo cual es vital para un ecosistema saludable.

Si bien un ecosistema con un alto nivel de biodiversidad es más fuerte que uno con menor biodiversidad, cualquier ecosistema puede enfermarse. Hay muchos factores externos que pueden alterar un ecosistema y afectar su equilibrio. Algunos de estos son hechos naturales, como las inundaciones o los incendios. Otros son alteraciones provocadas por los seres humanos, como la contaminación, la destrucción del hábitat o la introducción de especies invasoras o que no son autóctonas.

2. Compara y contrasta ecosistemas saludables y no saludables. A partir del pasaje, determina si cada opción de arrastrar y soltar es una característica de un ecosistema saludable o de un ecosistema no saludable, o de ambos. Luego coloca cada característica en la zona correcta del diagrama.

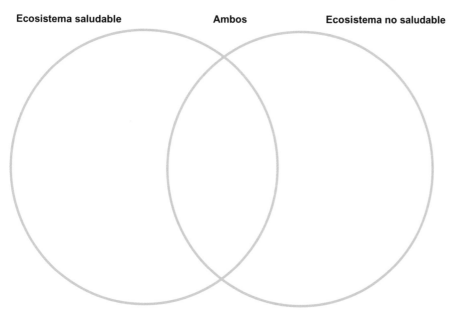

Opciones de arrastrar y soltar

| elementos vivos y no vivos |
| proporciones correctas de nutrientes y luz solar |
| pérdida del hábitat |
| especies que no son autóctonas |
| alto nivel de biodiversidad |
| aguas contaminadas |

Relacionar texto y elementos visuales

TEMAS DE CIENCIAS: L.d.3, L.e.1
PRÁCTICA DE CIENCIAS: SP.1.a, SP.1.b, SP.1.c, SP.7.a

1 Aprende la destreza

Las ilustraciones, las tablas, las gráficas, los mapas y los diagramas presentan información de forma visual. Te ayudan a entender el texto que acompañan porque proporcionan información adicional o información de una forma distinta. Además, el texto puede ayudarte a interpretar los elementos visuales que lo acompañan. De esta manera, el texto y los elementos visuales se complementan. **Relacionar texto y elementos visuales** te permite entender por completo la información que se presenta.

2 Practica la destreza

Al practicar la destreza de relacionar texto y elementos visuales, mejorarás tus capacidades de estudio y evaluación, especialmente en relación con la Prueba de Ciencias GED®. Estudia la ilustración y la información que aparecen a continuación. Luego responde la pregunta.

CROMOSOMAS HUMANOS

a La ilustración presenta información que no se incluye en el pasaje. Representa cada uno de los 23 pares de cromosomas que hay en las células humanas. Esta información te ayudará a responder la pregunta.

b El texto a menudo habla sobre el elemento visual y puede incluir información que no se encuentra en dicho elemento visual. En este caso, hay muy poca información que esté incluida tanto en la ilustración como en el pasaje.

CONSEJOS PARA REALIZAR LA PRUEBA

Cuando respondes una pregunta de opciones múltiples, puedes descartar las opciones incorrectas. Cuando una pregunta trata sobre un texto y un elemento visual, usa un elemento primero para descartar opciones. Luego usa el otro para descartar más opciones.

Es posible identificar a un ser humano como tal porque los organismos del mismo tipo son similares entre sí. Además, los individuos se parecen especialmente a sus progenitores. Todas estas similitudes se deben a la herencia, o al traspaso de rasgos de una generación a la siguiente. El material hereditario está contenido en los cromosomas, que son unas estructuras diminutas de las células. Cada especie tiene cierto número de cromosomas en sus células. En los humanos y otros organismos, los cromosomas que son homólogos (similares en tamaño y estructura) forman pares. Cuando las células se dividen para formar células nuevas, los cromosomas se copian a sí mismos. Esta duplicación permite a cada célula nueva tener una copia completa del material hereditario del organismo. Durante la reproducción sexual, las células de ambos organismos progenitores se unen, de modo que el material hereditario de los padres pueda ser transmitido.

1. La ilustración y el pasaje sugieren que

   A. todos los cromosomas humanos son idénticos.
   B. los humanos tienen 23 pares de cromosomas en sus células.
   C. los cromosomas humanos duplican su tamaño cuando una célula se divide.
   D. los humanos tienen menos pares de cromosomas que otras especies.

INSTRUCCIONES: Estudia la información y la ilustración, lee la pregunta y elige la **mejor** respuesta.

ADN

La base de la herencia es el ácido desoxirribonucleico o ADN. Los cromosomas de las células de un organismo contienen moléculas de ADN enrolladas y casi todas las células tienen el mismo ADN. Las moléculas de ADN, delgadas y con forma de escalera, están compuestas por millones de unidades diminutas llamadas nucleótidos. Cada nucleótido contiene una de cuatro bases distintas: adenina (A), guanina (G), timina (T) o citosina (C); un azúcar y un fosfato. Las bases forman pares, siempre A con T y C con G, y construyen los peldaños de la escalera. Los azúcares y los fosfatos componen los lados de la escalera.

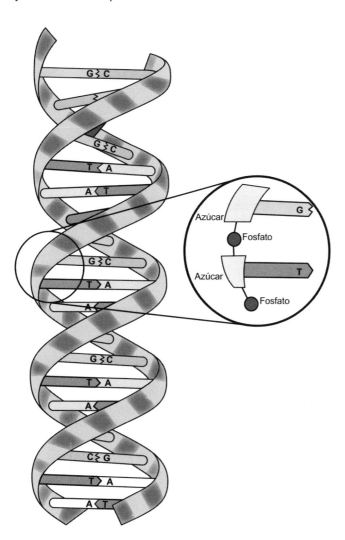

2. A partir del pasaje y la ilustración, ¿qué afirmación describe la estructura del ADN?

  A. Los azúcares se encuentran a los lados y en el centro de la molécula de ADN.
  B. Los azúcares y los fosfatos forman los peldaños de la escalera de una molécula de ADN.
  C. Un lado de la molécula de ADN es más largo que el otro lado.
  D. Las bases de los nucleótidos se combinan para crear distintos patrones en distintas partes de la molécula de ADN.

INSTRUCCIONES: Estudia la información y la ilustración, lee la pregunta y elige la **mejor** respuesta.

GENES

Las proteínas hacen que el cuerpo se desarrolle y funcione, producen la sustancia que hace que los ojos sean de uno u otro color y hacen que el pelo y las uñas crezcan. Las instrucciones para construir estas proteínas provienen de los genes. El ADN que contienen los cromosomas de un organismo tiene muchos genes. Cada gen consiste en una única secuencia de bases de nucleótidos. Dependiendo de la disposición de estas bases, los genes dan instrucciones para construir proteínas que determinan las funciones que desempeñará cada célula.

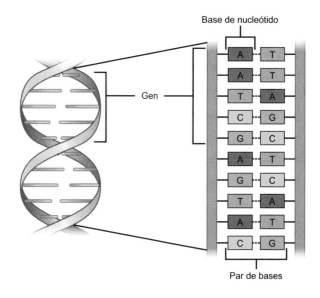

3. A partir del pasaje y la ilustración, ¿qué oración es una afirmación correcta acerca de los genes?

  A. Los genes son segmentos de ADN.
  B. Todos los genes tienen cinco pares de bases.
  C. Una sola hebra de ADN contiene millones de genes.
  D. Las bases de nucleótidos de los genes son proteínas.

Comprender las herramientas basadas en el contenido

TEMAS DE CIENCIAS: L.e.2
PRÁCTICA DE CIENCIAS: SP.1.a, SP.1.b, SP.1.c, SP.3.d, SP.8.b, SP.8.c

UNIDAD 1

1 Aprende la destreza

Una **herramienta basada en el contenido** es un símbolo, una ecuación, un elemento visual u otra ayuda que se usa con ciertos tipos de materias. A veces, en ciencias, necesitas **comprender las herramientas basadas en el contenido** para entender las explicaciones, tomar decisiones o calcular resultados. Saber usarlas y obtener información de las herramientas basadas en el contenido te permitirá responder preguntas sobre temas específicos de manera precisa y eficiente.

2 Practica la destreza

Al practicar la destreza de comprender las herramientas basadas en el contenido, mejorarás tus capacidades de estudio y evaluación, especialmente en relación con la Prueba de Ciencias GED®. Estudia la información y el diagrama que aparecen a continuación. Luego responde la pregunta.

GENÉTICA DE LAS PLANTAS DE CHÍCHAROS

Mediante la reproducción sexual, los organismos progenitores aportan genes a su descendencia. Los genes producen caracteres y algunos de ellos pasan de una generación a la siguiente a través de la herencia. La genética es el estudio de los patrones de herencia. Los experimentos de Gregor Mendel con plantas de chícharos a mediados del siglo XIX sentaron las bases de la ciencia de la genética. Mendel quería saber de qué manera la descendencia hereda los caracteres de sus progenitores. El diagrama muestra los resultados de una investigación en la que Mendel cultivó plantas de chícharos con flores púrpura con otras plantas de chícharos con flores blancas.

a Las diferentes herramientas sirven para diferentes propósitos. Los diagramas de genética sirven para comprender la forma en que un carácter pasa de los progenitores a la descendencia a lo largo de generaciones. En este caso, el carácter es el color de la flor.

Generación progenitora   X

Flores púrpuras   Flores blancas

Primera generación de descendencia   Todas las plantas tienen flores púrpuras.

Segunda generación de descendencia

$\frac{3}{4}$ de las plantas tienen flores púrpuras. $\frac{1}{4}$ de las plantas tienen flores blancas.

TECNOLOGÍA PARA LA PRUEBA

Para los ítems de selección múltiple y de punto clave de la Prueba de GED®, debes hacer clic en un lugar de la pantalla de tu computadora para responder. Según sea necesario, practica mover un ratón y hacer clic para prepararte para la prueba.

1. ¿Qué sugieren los resultados de la investigación sobre el carácter del color de la flor de las plantas de chícharos?

    A. Las plantas con flores púrpuras no pueden producir plantas con flores blancas.
    B. Un carácter puede volver a ocurrir aunque no ocurra en una generación.
    C. Las plantas con flores púrpuras tienen más probabilidades de sobrevivir que las plantas con flores blancas.
    D. Un solo descendiente muestra una mezcla de los caracteres de ambos progenitores.

Ítem en foco: **PUNTO CLAVE**

INSTRUCCIONES: Estudia la información y el diagrama. Luego lee la pregunta y marca el lugar adecuado del diagrama para responder.

GENOTIPO Y FENOTIPO

Los diferentes caracteres, como los diferentes colores de flores en las plantas de chícharos, están relacionados con los alelos. Los alelos son las dos formas de un gen en un par de genes. Un organismo recibe un alelo de cada progenitor para cada gen. Los alelos de un gen pueden ser idénticos o diferentes. Los alelos también pueden ser dominantes o recesivos. Los científicos usan símbolos como *PP*, *Pp* o *pp* para representar los alelos de un gen. Una letra mayúscula indica el alelo dominante. Si el alelo dominante está presente, el organismo demuestra el carácter asociado con ese alelo. El término *genotipo* se refiere a la composición de los alelos de un par de genes. El término *fenotipo* se refiere a la expresión visible de un genotipo en especial.

Cuando se conocen los genotipos de los progenitores, los científicos pueden usar los cuadros de Punnett para mostrar los genotipos potenciales de su descendencia. En un cuadro de Punnett, el genotipo de un progenitor forma los títulos de las columnas y el genotipo del otro progenitor forma los títulos de las filas. Cada recuadro se completa con las letras de los correspondientes títulos de la fila y de la columna. El cuadro de Punnett que aparece a continuación representa el cultivo de dos plantas de chícharos, donde *P* representa el alelo de la flor de color púrpura y *p* representa el alelo de la flor de color blanco. Los científicos pueden determinar la probabilidad de que dos progenitores produzcan descendencia con un cierto genotipo con base en la frecuencia con la que el genotipo aparece en un cuadro de Punnett.

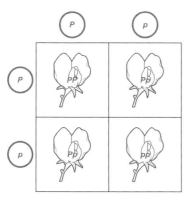

2. A partir del cuadro de Punnett, ¿qué fenotipo es probable que ocurra en la descendencia el 75 por ciento de las veces? Marca con una *X* el fenotipo correcto.

Flor color púrpura   Flor color blanco

INSTRUCCIONES: Lee el pasaje y la pregunta. Luego marca el lugar o los lugares adecuados del diagrama para responder.

TABLAS DE PEDIGRÍ

Los científicos usan varias herramientas para mostrar la herencia genética. Una herramienta es el cuadro de Punnett. Otra herramienta es la tabla de pedigrí. Una tabla de pedigrí es útil para rastrear caracteres a lo largo de múltiples generaciones.

3. En la tabla de pedigrí, *A* representa el alelo para pestañas largas y *a* representa el alelo para pestañas cortas. Los genotipos de los nietos de Fred y Ann no se muestran. Coloca una *X* en el recuadro para cualquier nieto que podría tener pestañas cortas.

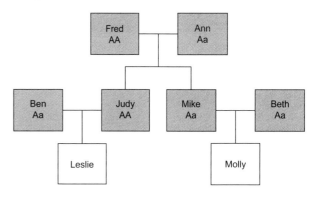

Usar las claves del contexto

TEMAS DE CIENCIAS: L.d.3, L.e.3
PRÁCTICA DE CIENCIAS: SP.1.a, SP.1.b, SP.1.c, SP.3.b, SP.7.a

UNIDAD 1

1 Aprende la destreza

Usar claves del contexto te ayuda a comprender lo que estás leyendo. Las **claves del contexto** son pistas que se encuentran en el texto o en los elementos visuales sobre el significado de una palabra, frase o idea en especial. Las claves del contexto incluyen palabras o frases expresadas de otra manera y detalles adicionales sobre las ideas. Puedes usar claves del contexto para comprender información del material científico sin tener que buscar explicaciones en otro lugar.

2 Practica la destreza

Al practicar la destreza de usar las claves del contexto, mejorarás tus capacidades de estudio y evaluación, especialmente en relación con la Prueba de Ciencias GED®. Lee el pasaje que aparece a continuación. Luego responde la pregunta.

VARIACIÓN GENÉTICA

Los organismos que se reproducen sexualmente difieren entre sí. Los factores que hacen que los organismos se desarrollen de manera única incluyen sucesos que ocurren durante la meiosis, el proceso de división celular que produce gametos (células sexuales).

a Para comprender las partes desconocidas de un texto, comienza buscando palabras que conoces que te ayuden a identificar el tema del texto. Las palabras *cromosomas* y *genes* te indican que el pasaje está relacionado con la herencia.

Como los cromosomas que portan los genes ocurren en pares, un gen tiene dos formas, o alelos. Durante la meiosis, los cromosomas que forman un par de cromosomas se juntan y sus partes pueden entrecruzarse. Cuando esto ocurre, las cadenas del ADN se rompen y vuelven a unirse para formar nuevas combinaciones de genes. Este proceso de recombinación genética mezcla los genes paternos y maternos y contribuye a la variación genética.

b Busca claves que estén en la misma oración de un término que no conoces. Luego, busca en las oraciones que la rodean. Trata de determinar el significado de *variación genética* estudiando las oraciones del segundo párrafo.

Después de que los cromosomas apareados se unen, se separan. Cada gameto que resulta de la meiosis contiene un solo cromosoma de cada par y, por lo tanto, un solo alelo por cada gen. Esta segregación de alelos ayuda más a asegurar que un organismo produzca gametos que contengan diversos genes. Además, los genes ubicados en diferentes cromosomas actúan de manera independiente los unos de los otros. Es decir, la distribución de los alelos de un gen no afecta la distribución de los alelos de otro gen. Debido a esta selección independiente de alelos, la herencia de un carácter no está típicamente relacionada a la herencia de otro carácter. Sin embargo, dos genes localizados uno cerca del otro en un cromosoma pueden permanecer juntos durante la meiosis y ser heredados juntos.

USAR LA LÓGICA

Usar las claves del contexto para determinar el significado de palabras desconocidas implica hacer una interpretación lógica a partir de lo que sabes sobre un tema. Por ejemplo, sabes que los genes producen caracteres.

1. A partir de las claves del contexto del pasaje, ¿qué significa **variación genética**?

   A. segregación de alelos a diferentes gametos
   B. diferencias de caracteres entre individuos
   C. un suceso que ocurre durante la meiosis
   D. la distancia entre los genes de un cromosoma

⭐ Ítem en foco: **PUNTO CLAVE**

INSTRUCCIONES: Lee el pasaje y la pregunta. Luego marca el lugar o los lugares adecuados del diagrama para responder.

MUTACIONES

Con el paso del tiempo, los organismos muestran caracteres que no estaban presentes en generaciones anteriores. Estos nuevos caracteres ocurren debido a las mutaciones, o cambios que resultan cuando se producen errores durante la replicación del ADN. En la replicación del ADN, las dos cadenas de una molécula de ADN se desenrollan de su doble hélice y luego se separan. Cada cadena se convierte en una plantilla para una nueva cadena de ADN. Los nucleótidos se ubican para formar una nueva cadena de ADN que es complementaria de la plantilla de ADN. La posición de los nucleótidos depende de sus bases. Por ejemplo, donde la plantilla de ADN tiene bases CATG, el nuevo ADN tendrá bases complementarias GTAC porque C se empareja con G y A se empareja con T. A veces se produce un error que crea una mutación. Las mutaciones pueden resultar de la mitosis o de la meiosis. Una mutación formada durante la meiosis se traslada a la descendencia creando un nuevo alelo para un gen que puede ser heredado por la descendencia futura.

2. Las ilustraciones representan resultados de la replicación del ADN. Usa las claves del contexto del pasaje para determinar el significado de **mutación**. Luego marca con una *X* cualquier ilustración que muestre una mutación.

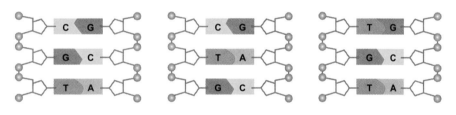

INSTRUCCIONES: Lee el pasaje. Luego lee cada pregunta y elige la **mejor** respuesta.

EPIGENOMA

Un genoma de un organismo, o conjunto completo de material genético, puede ser afectado por su epigenoma, es decir, por el conjunto de compuestos químicos que afectan el ADN. Estos compuestos químicos no cambian el ADN, sino que regulan la actividad de los genes. Es decir, las marcas epigenéticas pueden activar o desactivar genes para que realicen una función celular de una cierta manera. Por ejemplo, una marca epigenética en una célula ósea puede desactivar un gen que incentiva el crecimiento muscular. A diferencia de un genoma, el epigenoma de un organismo puede cambiar debido a influencias como los factores ambientales. Específicamente, lo que un organismo come o bebe y los contaminantes que encuentra pueden cambiar su epigenoma. Estos cambios pueden ser inocuos o pueden tener consecuencias y ser transferidos a la descendencia.

3. A partir de las claves del contexto del pasaje, ¿qué es una **marca epigenética**?

    A. un factor ambiental
    B. el ADN de un organismo
    C. una mutación genética
    D. un compuesto químico

4. Un ejemplo de un **factor ambiental** es

    A. un compuesto químico del ADN.
    B. un gen para ojos azules.
    C. el tabaquismo pasivo.
    D. el carácter de la hipermovilidad articular.

Comprender la evidencia científica

UNIDAD 1

TEMAS DE CIENCIAS: L.f.1
PRÁCTICA DE CIENCIAS: SP.1.a, SP.1.b, SP.1.c, SP.3.a, SP.3.b, SP.7.a

1 Aprende la destreza

Una idea científica puede surgir de una observación, de una serie de observaciones o de una pregunta sobre el mundo natural. La idea se debe verificar a través de la investigación científica. También se debe mostrar que la idea coincide de manera lógica con el conocimiento previo o que refuta ese conocimiento. La **evidencia científica** es el conjunto de los resultados de pruebas y observaciones registradas que respaldan una idea científica.

Las ideas científicas respaldadas en la evidencia son aceptadas como confiables. Cuando das los pasos necesarios para **comprender la evidencia científica**, aumentas tu conocimiento sobre las ideas científicas.

2 Practica la destreza

Al practicar la destreza de comprender la evidencia científica, mejorarás tus capacidades de estudio y evaluación, especialmente en relación con la Prueba de Ciencias GED®. Estudia la información y la ilustración que aparecen a continuación. Luego responde la pregunta.

ASCENDENCIA COMÚN

a Desde la época de Charles Darwin, los científicos han seguido reuniendo evidencia para respaldar la idea de la evolución. Recuerda que puedes estar leyendo sobre un solo aspecto de la evidencia que respalda una idea científica.

b La evidencia científica podría incluir términos desconocidos. Busca definiciones o claves del contexto en el texto para determinar el significado de esos términos.

Los organismos se han desarrollado durante muchas generaciones mediante el proceso de evolución biológica. Como los organismos han compartido ancestros, tienen características similares entre sí. En el libro *El origen de las especies por medio de la selección natural*, Charles Darwin advirtió que las estructuras del esqueleto de las extremidades anteriores del ser humano, el murciélago, la marsopa y el caballo son similares. Como se muestra en la ilustración que aparece a continuación, cada una incluye un húmero, un radio, un cúbito, carpos y falanges. Estas partes similares se denominan estructuras **a** homólogas. Las estructuras homólogas son un tipo de evidencia que se usa para respaldar la idea de la ascendencia común. Las extremidades anteriores del ser humano, el murciélago, la marsopa y el caballo tienen diferentes funciones según las necesidades del estilo de vida de cada organismo. Los humanos levantan y agarran, los murciélagos vuelan, las marsopas nadan y los caballos corren. Sin **b** embargo, sus estructuras homólogas son evidencia de un ancestro común.

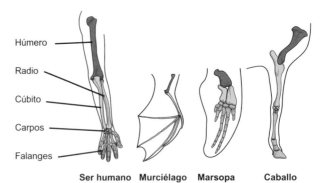

Húmero
Radio
Cúbito
Carpos
Falanges

Ser humano Murciélago Marsopa Caballo

TEMAS

La teoría de la evolución sugiere que toda vida provino de un ancestro común y que, con el tiempo, se produjeron y siguen produciéndose modificaciones que resultan en una amplia variedad de organismos.

1. Según la información, ¿cuál es un tipo de evidencia que usan los científicos para respaldar la idea de que los seres vivos mencionados tienen un ancestro común?

   A. funciones similares de las extremidades anteriores
   B. estilos de vida similares
   C. estructuras óseas similares
   D. hábitats similares

INSTRUCCIONES: Estudia la información y la ilustración, lee la pregunta y elige la **mejor** respuesta.

DESARROLLO EMBRIONARIO

Las estructuras homólogas son características físicas que son semejantes en diferentes organismos. Además de mostrar estructuras homólogas, los organismos pueden mostrar semejanzas en su desarrollo embrionario. El embrión es un animal no nato o no eclosionado en sus etapas tempranas. En etapas tempranas, los embriones de diferentes animales se pueden desarrollar de manera casi idéntica. Los embriones humanos tienen estructuras similares a branquias y colas que desaparecen antes del nacimiento. Los embriones de los simios, los pollos, las serpientes y otros vertebrados también tienen estructuras que no se encuentran cuando el animal nace o sale del cascarón. La ilustración muestra ejemplos de desarrollo embrionario. El desarrollo embrionario similar evidencia que diversos animales que existen en la actualidad evolucionaron de un ancestro común.

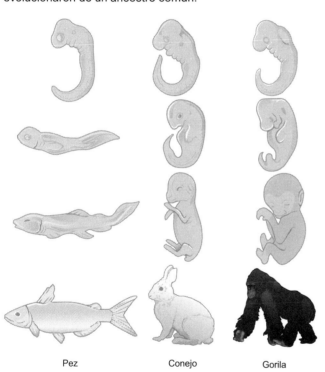

Pez   Conejo   Gorila

2. Según el pasaje y la ilustración, ¿qué evidencia conduce a los científicos a pensar que los peces, los conejos y los gorilas tienen un ancestro común?

    A. Tienen extremidades que cumplen funciones similares.
    B. Sus embriones en desarrollo tienen estructuras semejantes.
    C. Su estructura ósea es casi idéntica.
    D. Cada uno atraviesa cuatro etapas de desarrollo.

INSTRUCCIONES: Estudia la información y el diagrama, lee cada pregunta y elige la **mejor** respuesta.

CÓMO USAN LOS CIENTÍFICOS LOS CLADOGRAMAS

Para respaldar la idea de la evolución, los científicos usan evidencia para determinar qué caracteres de los seres vivos estaban presentes en un ancestro común y cuáles se desarrollaron con posterioridad. Usan cladogramas para organizar sus hallazgos. En un cladograma, los organismos con características similares están agrupados y los grupos están ordenados. Un carácter común representa una característica de un ancestro común. La característica original es el carácter común compartido por todos los organismos. El primer grupo de organismos del cladograma tiene este carácter. El grupo siguiente no solo tiene la característica original sino también una característica derivada, es decir, un nuevo carácter. Cada grupo subsiguiente tiene todos los caracteres previos más una nueva característica derivada. Un cladograma tiene un tronco y ramas. Las características originales y derivadas aparecen a lo largo del tronco y los grupos de organismos aparecen en los extremos de las ramas. El cladograma que aparece a continuación muestra las relaciones evolutivas entre grupos de plantas.

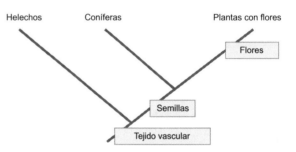

3. A partir de la evidencia representada en el cladograma, ¿en qué se diferencian las coníferas de los helechos?

    A. Las coníferas no tienen tejido vascular.
    B. Las coníferas son plantas con flores.
    C. Las coníferas tienen semillas.
    D. Las coníferas y los helechos no tienen caracteres comunes.

4. El cladograma muestra que las plantas con flores tienen una característica derivada que se desarrolló después de la aparición de las coníferas. ¿Qué sugiere esta evidencia?

    A. Las plantas con flores y las coníferas no pueden tener un ancestro común.
    B. Es probable que las plantas con flores y las coníferas no compartan características derivadas.
    C. Las plantas con flores pueden tener muchas características derivadas que las coníferas no tienen.
    D. Las plantas con flores deben haber aparecido después de las coníferas.

Hacer e identificar inferencias

TEMAS DE CIENCIAS: L.f.2
PRÁCTICA DE CIENCIAS: SP.1.a, SP.1.b, SP.1.c, SP.3.b, SP.3.c, SP.6.c, SP.7.a

UNIDAD 1

1 Aprende la destreza

Una **inferencia** es una estimación lógica basada en hechos, evidencia, experiencia, observación o razonamiento. **Haces inferencias** al pensar de forma crítica sobre los detalles del material que se presenta para comprender cualquier significado implícito.

No solo es importante hacer tus propias inferencias sino también **identificar inferencias** hechas sobre materiales científicos. Los científicos usan los hechos, la evidencia, la experiencia, la observación o el razonamiento para hacer inferencias sobre objetos naturales, sucesos y procesos. Para llegar a comprender completamente las presentaciones científicas, debes poder identificar las inferencias y los detalles que las respaldan.

2 Practica la destreza

Al practicar la destreza de hacer e identificar inferencias, mejorarás tus capacidades de estudio y evaluación, especialmente en relación con la Prueba de Ciencias GED®. Estudia la información y la ilustración que aparecen a continuación. Luego responde la pregunta.

SELECCIÓN NATURAL

a Las destrezas como comparar y contrastar e identificar causa y efecto te pueden ayudar a hacer inferencias. Si ocurre un carácter beneficioso con mayor frecuencia en una población, ¿qué podría ocurrir con un carácter perjudicial?

b Con frecuencia, las personas hacen inferencias incorrectas. Para hacer inferencias precisas, evita generalizar demasiado.

Los individuos dentro de una especie tienen caracteres diferentes. En cualquier medio ambiente, ciertos caracteres son beneficiosos mientras que otros son neutros o perjudiciales. Los individuos que tienen caracteres beneficiosos tienen mejores posibilidades de sobrevivir y entonces es más probable que se reproduzcan. Del mismo modo, los individuos que tienen caracteres perjudiciales no sobreviven para reproducirse. Un carácter beneficioso que es heredable, es decir, que puede heredarse, se traslada a las futuras generaciones y se hace más común en la población. La selección natural es el proceso por el cual los individuos mejor adaptados a un medio ambiente sobreviven y se reproducen, perpetuando de esta forma los caracteres más adecuados para el medio ambiente.

La mayor parte de los ratones ciervo son de color café oscuro. Sin embargo, los ratones ciervo que viven en las dunas de Nebraska tienen un pelaje más claro. Este carácter les permite ocultarse de los depredadores con más facilidad en el terreno claro del área.

USAR LA LÓGICA

Una inferencia es una idea que se desprende de manera lógica de una información que ya se conocía. Al hacer una inferencia, debes decirte a ti mismo: "Si *a* es verdadero, entonces es probable que *b* sea verdadero".

1. ¿Qué enunciado es una inferencia que se puede respaldar en la información?

   A. Los factores del medio ambiente de un organismo tienen poco efecto sobre su supervivencia.
   B. Con el paso del tiempo, los caracteres perjudiciales heredables ocurren con menor frecuencia en una población.
   C. La selección natural no está relacionada con el cambio evolutivo de una especie.
   D. Todos los caracteres que ayudan a los miembros de una especie se transmiten a las generaciones futuras.

Aplica la destreza

★ Ítem en foco: **ARRASTRAR Y SOLTAR**

INSTRUCCIONES: Estudia la información. Luego usa las opciones de arrastrar y soltar para completar el diagrama.

OBSERVACIONES DE DARWIN SOBRE EL TAMAÑO DE LA POBLACIÓN

Charles Darwin viajó por todo el mundo y observó plantas y animales en muchos lugares diferentes. Usó sus observaciones para hacer inferencias mientras desarrollaba su teoría de la evolución.

Observación 1: Los recursos como la comida y el refugio son limitados en un ecosistema dado.
Observación 2: Si todos los individuos de una población se reproducen, la población aumenta rápidamente de manera descontrolada.
Observación 3: En la mayoría de los casos, el tamaño de la población permanece básicamente estable con el paso del tiempo.

2. Determina qué dos opciones de arrastrar y soltar son inferencias apropiadas que se pueden hacer a partir de las observaciones. Luego anota esas inferencias en orden en los recuadros que aparecen a continuación.

Opciones de arrastrar y soltar

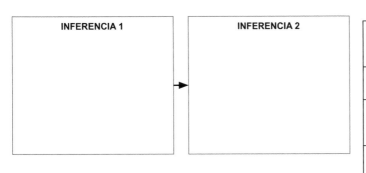

INFERENCIA 1	INFERENCIA 2

Los caracteres que ayudan a los individuos a adquirir y usar recursos son importantes para la supervivencia.
No hay dos miembros de una población que tengan caracteres idénticos.
Un aumento en el tamaño de la población debe conducir a un aumento de los recursos disponibles.
La competencia por los recursos hace que muchos individuos no sobrevivan para reproducirse.

INSTRUCCIONES: Lee el pasaje y la pregunta y elige la **mejor** respuesta.

REQUISITOS PARA LA SELECCIÓN NATURAL

Se necesitan tres factores para que se produzca la selección natural. (1) Los organismos dentro de una población deben tener diferencias en los caracteres. (2) Debe existir la supervivencia diferencial. Es decir, ciertos individuos deben tener un carácter que los ayude a sobrevivir y reproducirse en su medio ambiente. (3) El carácter beneficioso debe ser heredable. Dado el criterio, si una cierta especie de escarabajo puede tener un caparazón verde o de color café y el principal depredador del escarabajo generalmente come escarabajos verdes, entonces el carácter heredable de un caparazón de color café se convertirá en predominante en la población con el paso del tiempo.

3. ¿Qué enunciado expresa **mejor** la información que se usa para respaldar la inferencia que se hace en la última oración del pasaje?

A. La selección natural ocurre solo cuando existen diferencias en los caracteres, en la supervivencia diferencial y en los caracteres beneficiosos heredables.

B. El color de la parte externa de un organismo y las preferencias de su depredador son factores necesarios para que ocurra la selección natural.

C. Siempre que los organismos dentro de una población tienen caracteres variables, puede ocurrir la selección natural.

D. La supervivencia diferencial ocurre cuando los miembros de una población tienen un carácter que los ayuda a sobrevivir en su medio ambiente.

UNIDAD 1

Sacar conclusiones

UNIDAD 1

TEMAS DE CIENCIAS: L.f.3
PRÁCTICA DE CIENCIAS: SP.1.a, SP.1.b, SP.1.c, SP.3.a, SP.3.b, SP.6.c, SP.7.a

1 Aprende la destreza

Una **conclusión** es una interpretación lógica de algo. A menudo, una conclusión se basa en una serie de inferencias. Recuerda que una inferencia es una estimación lógica que se hace a partir de los hechos, la evidencia, la experiencia y las observaciones. Cuando **sacas una conclusión**, estás formulando un enunciado que explica el significado general de varios datos e inferencias que hiciste.

Una conclusión válida expresa una idea que está respaldada en toda la información disponible y en inferencias precisas. Las conclusiones pueden estar respaldadas en la información presentada en el texto o en información presentada de forma visual.

2 Practica la destreza

Al practicar la destreza de sacar conclusiones, mejorarás tus capacidades de estudio y evaluación, especialmente en relación con la Prueba de Ciencias GED®. Lee el pasaje que aparece a continuación. Luego responde la pregunta.

PRESIÓN DE LA SELECCIÓN, ADAPTACIÓN Y EVOLUCIÓN DE LAS ESPECIES

a Para sacar una conclusión, debes hacer inferencias. De esta información y de lo que ya sabes, puedes inferir que las presiones de la selección originan la selección natural.

Las presiones de la selección son características de un medio ambiente que influyen en la habilidad de un organismo para sobrevivir y reproducirse en el medio ambiente a lo largo del tiempo. Los cambios en estas presiones, como los cambios climáticos, hacen que los animales que tienen caracteres apropiados para el nuevo medio ambiente puedan crecer y hacer que otros se esfuercen y posiblemente hasta se extingan.

b De esta información, puedes inferir que las adaptaciones se transmiten de generación en generación.

Con el tiempo, las presiones de la selección y la selección natural conducen a la adaptación. Mediante la adaptación, las especies desarrollan caracteres que les permiten responder a ciertas características de su medio ambiente. Estos caracteres o adaptaciones pueden ser físicos o del comportamiento.

c De esta información puedes inferir que la adaptación está relacionada con la evolución.

La evolución biológica es un proceso de cambio constante a lo largo de las generaciones. Como la adaptación es un proceso continuo, las especies cambian con el tiempo. A veces, las poblaciones de una especie desarrollan diferentes adaptaciones en respuesta a las diferentes presiones de selección. Estas diferencias pueden ser tan considerables que finalmente las poblaciones se convierten en especies diferentes. La formación de una nueva especie se denomina evolución de las especies.

1. ¿Qué enunciado es una conclusión válida que se respalda en el pasaje?

   A. Con el tiempo, el cambio en las presiones de selección influye en la habilidad de una especie para sobrevivir y reproducirse en su medio ambiente.

   B. Las especies pueden desarrollar adaptaciones que les permiten responder a las características de su medio ambiente.

   C. La evolución es el resultado de las presiones de selección, la selección natural y la adaptación.

   D. Si las poblaciones de una especie desarrollan diferentes adaptaciones, siempre se convierten en especies diferentes.

USAR LA LÓGICA

Piensa con atención en lo que pide la pregunta. En este caso, la pregunta pide una conclusión. Entonces, la respuesta correcta no estará directamente enunciada en el pasaje.

Aplica la destreza

 Ítem en foco: **RESPUESTA BREVE**

 UNIDAD 1

INSTRUCCIONES: Lee el pasaje y estudia la tabla. Luego lee la pregunta y escribe tu respuesta en las líneas. Completar esta tarea puede llevarte 10 minutos aproximadamente.

SIGNIFICADO DE LAS ADAPTACIONES EN REPTILES

Casi todos los anfibios deben pasar parte de su vida en un hábitat acuático para sobrevivir. Una de las razones es que deben poder reponer el agua que pierden a través de su piel delgada y porosa. Asimismo, ponen sus huevos en el agua, y estos se secarían y morirían si no permanecieran sumergidos. Los reptiles no pierden mucha agua a través de su piel y ponen sus huevos en la tierra, a veces en hoyos que cavan. A pesar de estas diferencias, los científicos piensan que los reptiles comparten un ancestro anfibio común. Este ancestro probablemente vivió hace más de 300 millones años. Surgieron varias adaptaciones en las generaciones de los ancestros de los reptiles que, con el tiempo, les permitieron trasladarse a medio ambientes más secos. La tabla contrasta los caracteres de los anfibios y de los reptiles.

Grupo	Características
Anfibios	Huevos sin cascarón
	Desarrollo de pulmones y patas posterior al nacimiento
	Piel húmeda
	Dedos sin garras
Reptiles	Huevos con líquido que está contenido dentro de cascarones ásperos
	Nacen con pulmones y patas.
	Piel escamosa
	Dedos con garras

2. Saca una conclusión sobre cómo la adaptación dio como resultado la habilidad de los reptiles para vivir en medio ambientes diferentes a los de los anfibios. Incluye fundamentos del pasaje y de la tabla en tu respuesta.

_____

_____

_____

_____

_____

_____

_____

_____

_____

_____

_____

_____

INSTRUCCIONES: Estudia la gráfica, lee cada pregunta y elige la **mejor** respuesta.

La gráfica muestra el crecimiento de una población de seres vivos en un ecosistema de pradera.

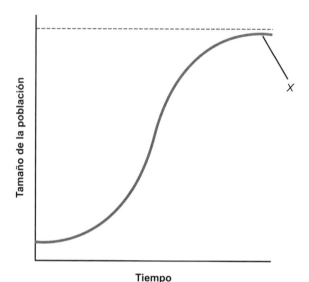

1. ¿Qué ocurrió con la población en el punto *X*?

   A. Empezó a crecer más rápidamente.
   B. Disminuyó de forma repentina.
   C. Dejó de crecer.
   D. Desapareció del ecosistema.

2. ¿Qué enunciado explica la causa **más probable** de lo ocurrido a la población en el punto *X*?

   A. El ecosistema alcanzó la capacidad de carga de la población.
   B. Ingresó un depredador de la población al ecosistema.
   C. Los recursos necesarios para la población se volvieron ilimitados en el ecosistema.
   D. Los miembros adultos de la población no pudieron encontrar parejas.

3. Imagina que el crecimiento de la población sigue la misma curva que se muestra en la gráfica pero que la población en el punto *X* es más pequeña. ¿Qué factor sería la causa **más probable**?

   A. la introducción de una enfermedad
   B. un aumento en el número de descendientes
   C. una provisión ilimitada de comida
   D. menos recursos disponibles

INSTRUCCIONES: Estudia la información y la ilustración, lee cada pregunta y elige la **mejor** respuesta.

El aparato digestivo cumple la importante tarea de extraer los nutrientes de la comida para que sean absorbidos por la sangre y llevados a las células del cuerpo. El proceso de la digestión convierte la comida en partes más pequeñas para que el cuerpo pueda usarla para obtener energía. La ilustración muestra las partes del cuerpo que participan en la digestión.

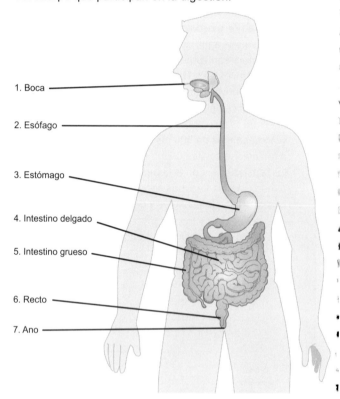

1. Boca
2. Esófago
3. Estómago
4. Intestino delgado
5. Intestino grueso
6. Recto
7. Ano

4. A partir de la información, ¿qué debe ocurrir antes de que la comida se mezcle con los jugos digestivos en el estómago?

   A. El cuerpo debe absorber los nutrientes de la comida.
   B. Los desechos deben acumularse en el intestino grueso.
   C. Los desechos deben salir por el recto.
   D. La comida debe pasar por el esófago.

5. ¿En qué parte del aparato digestivo la sangre absorbe los nutrientes?

   A. en la boca
   B. en el esófago
   C. en el intestino delgado
   D. en el recto

INSTRUCCIONES: Estudia la tabla, lee cada pregunta y elige la **mejor** respuesta.

ORGANISMOS DE UN ECOSISTEMA DE LAGUNA DE MAREA

Especie	Dieta primaria
Gusano de almeja	Zooplancton
Espartina	N/A
Gaviota argéntea	Almeja de río, eperlano
Bígaro	Espartina
Halcón peregrino	Gaviota argéntea, garceta blanca, becasina piquicorta
Fitoplancton	N/A
Becasina piquicorta	Gusano de almeja, bígaro
Garceta blanca	Eperlano
Almeja de río	Fitoplancton
Eperlano	Zooplancton
Zooplancton	Fitoplancton

6. A partir de la información de la tabla, ¿qué cadena alimenticia simple es **más probable** que ocurra en el ecosistema?

   A. gaviota argéntea → almeja de río → fitoplancton
   B. espartina → bígaro → becasina piquicorta
   C. halcón peregrino → gaviota argéntea → garceta blanca
   D. espartina → zooplancton → gusano de almeja

7. ¿Cuál es un efecto probable de eliminar la espartina del ecosistema representado en la tabla?

   A. Las poblaciones de bígaro y de becasina piquicorta disminuirían.
   B. Todos los consumidores serían eliminados del ecosistema.
   C. Las poblaciones de fitoplancton crecerían.
   D. Los halcones peregrinos tendrían mayores recursos para alimentarse.

INSTRUCCIONES: Lee el pasaje y la pregunta y luego marca el lugar adecuado del diagrama para responder.

La mitosis es una forma en la que el núcleo de la célula se divide durante el proceso de división de la célula. Las fases de la mitosis son la profase, la metafase, la anafase y la telofase. La citocinesis es la parte del proceso de división celular por el cual el citoplasma de la célula progenitora se divide.

8. La citocinesis ocurre simultáneamente con la mitosis en dos fases de la mitosis. Marca con una X la fase de la mitosis durante la cual se completa la citocinesis.

MITOSIS

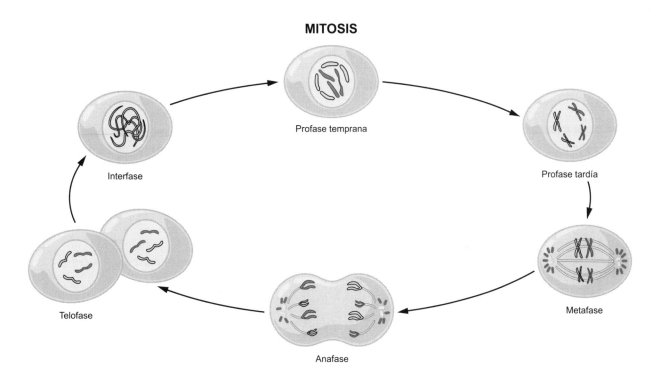

Interfase · Profase temprana · Profase tardía · Metafase · Anafase · Telofase

INSTRUCCIONES: Lee el pasaje y la pregunta y elige la **mejor** respuesta.

Las relaciones simbióticas existen entre muchas especies en un ecosistema. Las tres categorías de relaciones simbióticas son el mutualismo, el comensalismo y el parasitismo. Un ejemplo de mutualismo es la relación entre las abejas y las flores. De las flores, las abejas obtienen el néctar como alimento. Las abejas también llevan polen de flor en flor y así permiten que las plantas se reproduzcan. Las mariposas virrey y monarca tienen una relación de comensalismo. La mariposa virrey imita el patrón de color de la monarca porque las monarcas contienen glucósido cardiotónico, que las hace desagradables para los pájaros. Los pájaros evitan a las mariposas monarca y, por defecto, a las virrey. Las pulgas se consideran parásitos de perros, gatos y otros animales. Las pulgas pican la piel de los animales y chupan su sangre como alimento.

9. ¿Qué enunciado contrasta con precisión el mutualismo y el comensalismo?

    A. Las dos especies se benefician en el mutualismo, mientras que solo una especie se beneficia en el comensalismo.
    B. Ninguna especie se beneficia en el mutualismo, mientras que una especie se beneficia en el comensalismo.
    C. Una especie se beneficia en el mutualismo, mientras que las dos especies se benefician en el comensalismo.
    D. Las dos especies se benefician en el mutualismo, mientras que una especie se beneficia y daña a la otra especie en el comensalismo.

INSTRUCCIONES: Lee el pasaje. Luego lee la pregunta y escribe tu respuesta en el recuadro.

La fibrosis quística es una enfermedad genética de las personas que hace que se segreguen grandes cantidades de mucosidad en los pulmones. Las personas que tienen dos alelos normales del gen de la fibrosis quística no tienen esta enfermedad. Tampoco la tienen las personas que tienen un alelo normal y un alelo mutante del gen. Sin embargo, las personas que tienen dos alelos mutantes del gen tienen fibrosis quística.

10. ¿Qué alelo del gen de la fibrosis quística es recesivo?

    [ ]

INSTRUCCIONES: Estudia la información y la tabla, lee cada pregunta y elige la **mejor** respuesta.

Las principales fuentes de calorías de la dieta de una persona son los carbohidratos, las proteínas y las grasas. Estos nutrientes se consideran macronutrientes. Los carbohidratos y las proteínas aportan cuatro calorías por gramo. Las grasas aportan nueve calorías por gramo. La tabla muestra las proporciones de macronutrientes recomendadas por edad a partir del porcentaje de la ingesta total de calorías.

Grupo etario	Carbohidrato	Proteína	Grasa
Niños pequeños (1 a 3 años)	45–65%	5–20%	30–40%
Niños más grandes y adolescentes (4 a 18 años)	45–65%	10–30%	25–35%
Adultos (19 años en adelante)	45–65%	10–35%	20–35%

Fuente: Centro de Políticas y Promoción de la Nutrición del Departamento de Agricultura de los Estados Unidos

11. ¿Qué porcentaje de la ingesta de calorías de un adulto deben ser proteínas?

    A. 10 por ciento a 30 por ciento
    B. 10 por ciento a 35 por ciento
    C. 20 por ciento a 35 por ciento
    D. 45 por ciento a 65 por ciento

12. ¿Qué enunciado describe una recomendación sugerida por la información de la tabla?

    A. Un niño pequeño debe consumir un porcentaje mayor de calorías provenientes de grasas que de carbohidratos.
    B. Un niño más grande o un adolescente debe consumir un porcentaje mayor de calorías provenientes de proteínas que de carbohidratos.
    C. Las personas de todos los grupos etarios deben consumir la menor cantidad de calorías provenientes de grasas como sea posible.
    D. Los carbohidratos deben representar un porcentaje más alto de la ingesta total de calorías de un adulto que las grasas.

13. ¿Qué conclusión se puede sacar a partir de la información de la tabla?

    A. Los adultos queman la grasa más rápido que los niños.
    B. El cuerpo humano necesita grasa para crecer.
    C. Una persona debe ingerir el mismo número de calorías provenientes de carbohidratos a lo largo de su vida.
    D. Las grasas proporcionan más nutrientes que los carbohidratos o las proteínas.

INSTRUCCIONES: Estudia la información y la tabla, lee cada pregunta y elige la **mejor** respuesta.

Diferentes plantas y animales viven en diferentes comunidades ecológicas. En general, las plantas y los animales de una comunidad ecológica específica tienen adaptaciones que les permiten sobrevivir en el clima de esa área. Como alternativa, un animal podría migrar dentro y fuera de un área, dependiendo del rango de condiciones que el animal pueda tolerar. La temperatura y la cantidad de precipitaciones son dos de los factores climáticos más importantes a los que los seres vivos se deben adaptar. La tabla brinda información sobre las plantas y los animales de dos tipos de regiones climáticas.

	Bosque boreal	Tundra
Rango promedio anual de temperatura	-40 °C a 20 °C	-40 °C a 18 °C
Precipitación promedio anual en centímetros (cm)	30 cm a 90 cm	15 cm a 25 cm
Descripción general del clima	Inviernos largos y fríos; veranos cortos y frescos	Inviernos muy largos y fríos; veranos cortos y frescos
Animales comunes	Alce americano, coyote, lince, alce, puercoespín, liebre de patas blancas	Caribú, ratón de Noruega, buey almizclero, perdiz blanca, zorro ártico, lobo, oso polar
Plantas comunes	Árboles de hojas perennes, musgos	Musgos, diversas flores y arbustos

14. ¿Qué inferencia se puede hacer sobre las semejanzas de los animales que viven en los bosques boreales y las tundras?

   A. Tienen adaptaciones que les permiten sobrevivir en un clima frío.
   B. Todos necesitan la misma cantidad de agua para sobrevivir.
   C. Todos usan árboles altos para obtener alimento y refugio.
   D. Ninguno puede sobrevivir sin largos períodos de clima cálido.

15. ¿Qué enunciado describe la migración como una adaptación?

   A. El buey almizclero tiene una capa inferior de pelo densa e impermeable y capas externas de pelo largo y áspero.
   B. La perdiz blanca tiene el plumaje de color café en verano y blanco en invierno.
   C. Los arbustos pequeños preservan el calor creciendo cerca del suelo.
   D. El caribú vive en la tundra durante el período de crecimiento y en el bosque boreal durante el invierno.

INSTRUCCIONES: Estudia la información, lee cada pregunta y elige la **mejor** respuesta.

En las plantas de chícharos, la semilla amarilla es un carácter dominante y la semilla verde es un carácter recesivo. Esto significa que el color verde de la semilla ocurre solo si un descendiente recibe el alelo del carácter recesivo de sus dos progenitores. El cuadro de Punnett muestra los genotipos potenciales para el color de la semilla en la descendencia de una cruza entre dos plantas de chícharos en particular.

Y = alelo de semilla amarilla
y = alelo de semilla verde

16. ¿Qué enunciado debe ser verdadero sobre los genotipos de las plantas progenitoras para el carácter del color de la semilla?

   A. Ninguno de los progenitores es portador del alelo recesivo.
   B. Los dos progenitores portan el alelo recesivo.
   C. Solo uno de los progenitores porta el alelo dominante.
   D. Solo un progenitor porta el alelo recesivo.

17. ¿Qué enunciado debe ser verdadero sobre los fenotipos de las plantas progenitoras para el carácter del color de la semilla?

   A. Los dos producen semillas amarillas.
   B. Los dos producen semillas verdes.
   C. Uno produce semillas verdes y el otro produce semillas amarillas.
   D. Cada uno produce semillas verdes y amarillas.

18. ¿Cuál es la probabilidad de que las plantas produzcan un descendiente con semillas verdes?

   A. $\frac{1}{8}$

   B. $\frac{1}{4}$

   C. $\frac{1}{2}$

   D. $\frac{3}{4}$

INSTRUCCIONES: Lee el pasaje y la pregunta y elige la **mejor** respuesta.

El lobo rojo, que fue un gran depredador en todo el sureste de los Estados Unidos, estaba prácticamente desaparecido debido a la pérdida de su hábitat y a la persecución del hombre. Por ello, en 1973 se estableció un programa para la crianza controlada en el Zoológico y Acuario Point Defiance para conservar a los lobos rojos restantes y aumentar su número. El éxito del programa de crianza condujo a la reintroducción de los lobos rojos en el Refugio Nacional de Vida Salvaje del Río Alligator en Carolina del Norte en 1987. Ahora, los lobos rojos viven en un área de cinco condados en el noreste de Carolina del Norte y, aunque el número ha aumentado, las muertes causadas por las personas, como los disparos y los choques con los vehículos, pueden amenazar su supervivencia. El lobo rojo es una de las especies en mayor peligro de extinción en nuestro planeta.

Créditos: Servicio de Pesca y Vida Silvestre de los Estados Unidos; folleto LOBOS ROJOS, fws.gov, fecha de acceso 2013

19. ¿Qué detalle del pasaje respalda la conclusión de que la disminución drástica del número de lobos rojos fue a causa de las acciones de las personas?

   A. Los lobos rojos son una de las especies en mayor peligro de extinción del mundo.
   B. Se lanzó un programa para la crianza de lobos rojos.
   C. Los lobos rojos fueron prácticamente eliminados a causa de la pérdida del hábitat y la persecución de las personas.
   D. Las muertes causadas por las personas, como choques con vehículos, representan una amenaza actual para los lobos rojos.

INSTRUCCIONES: Lee el pasaje y la pregunta y elige la **mejor** respuesta.

Para estar saludable, el cuerpo humano trabaja para mantener la homeostasis. Los sistemas de retroacción del cuerpo hacen que reaccione a las condiciones de fluctuación interna cambiando de varias maneras. El propósito de estos cambios es asegurar que las condiciones del cuerpo permanezcan estables.

20. ¿Qué frase es **más semejante** a **homeostasis** en significado?

   A. habilidad para reaccionar con rapidez
   B. tendencia a un estado de equilibrio
   C. capacidad de fluctuación
   D. condición de estar saludable

INSTRUCCIONES: Lee el pasaje y la pregunta y elige la **mejor** respuesta.

Para que ocurra la selección natural, se necesitan tres factores: variabilidad genética, supervivencia diferencial y heredabilidad. Considera un ejemplo de una población de insectos en la cual algunos son de color café, que coincide con la corteza del árbol en el que vive, y otros son verdes. Cada generación sucesiva de insectos tiene más insectos de color café que verdes. Los insectos de color café tienen más probabilidades de sobrevivir porque están camuflados; entonces, el carácter del color café es naturalmente seleccionado.

21. ¿Por qué es necesaria la heredabilidad para que se produzca la selección natural?

   A. Deben existir diferencias en los caracteres de una población de individuos.
   B. La descendencia debe recibir un alelo diferente del carácter de color de cada progenitor.
   C. Los individuos deben tener un carácter que los ayude a sobrevivir y reproducirse en su medio ambiente.
   D. Los organismos deben poder transmitir un carácter beneficioso a las futuras generaciones.

INSTRUCCIONES: Estudia la ilustración, lee la pregunta y elige la **mejor** respuesta.

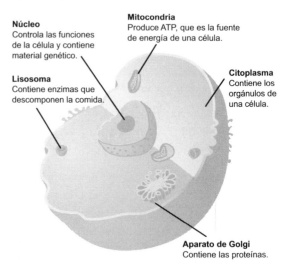

Núcleo
Controla las funciones de la célula y contiene material genético.

Mitocondria
Produce ATP, que es la fuente de energía de una célula.

Citoplasma
Contiene los orgánulos de una célula.

Lisosoma
Contiene enzimas que descomponen la comida.

Aparato de Golgi
Contiene las proteínas.

Los procesos que deben realizar las células son digerir la comida, producir energía y reproducirse.

22. ¿Qué parte de una célula participa en el proceso celular de producción de energía?

   A. el núcleo
   B. el citoplasma
   C. el aparato de Golgi
   D. la mitocondria

INSTRUCCIONES: Lee el pasaje y la pregunta. Luego usa las opciones de arrastrar y soltar para completar el diagrama.

Un cladograma organiza organismos con caracteres similares. Es una herramienta útil para comprender cómo se relacionan los organismos a través de ancestros comunes. Los cladogramas pueden referirse a un breve lapso de tiempo y a diferencias menores o a un período de millones de años y cambios mayores.

23. El cladograma muestra cómo los animales se separaron en algunos puntos de inflexión de la evolución. Determina si cada opción de arrastrar y soltar representa una característica derivada del cladograma. Luego anota el nombre de cada animal en el lugar adecuado del cladograma.

Opciones de arrastrar y soltar

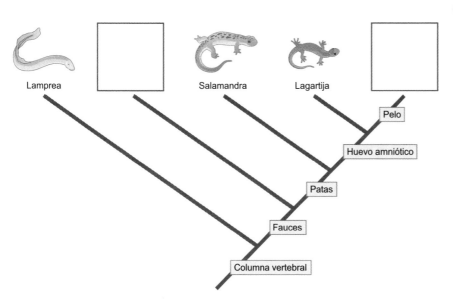

Conejo

Paloma

Tiburón

INSTRUCCIONES: Lee el pasaje y la pregunta y elige la **mejor** respuesta.

La fiebre del dengue es una enfermedad producida por uno de cuatro virus de transmisión sanguínea relacionados. Las personas lo contraen por la picadura de los mosquitos. Esta forma de transmisión se conoce como contacto indirecto porque no hay contacto directo de persona a persona. La fiebre del dengue es más predominante en las regiones tropicales y subtropicales que tienen clima cálido y precipitaciones adecuadas, condiciones ideales para que los mosquitos se desarrollen. Una persona con fiebre del dengue tiene temperatura alta y puede sentir fatiga, dolores, náuseas y vómitos. Usar repelente para mosquitos, prendas de protección y reducir el hábitat de los mosquitos son precauciones que ayudan a las personas a evitar que contraigan la fiebre del dengue.

24. ¿Qué enunciado es una generalización válida que se puede hacer a partir de la información del pasaje?

A. Las recomendaciones para controlar la propagación de la fiebre del dengue incluyen reducir el riesgo de las picaduras de mosquito.

B. Las enfermedades provocadas por los virus de transmisión sanguínea tienen más probabilidades de ocurrir en regiones tropicales o subtropicales.

C. Una persona que tiene fiebre del dengue debe buscar atención médica.

D. Las enfermedades que se transmiten por contacto indirecto son más peligrosas que aquellas que se transmiten por contacto directo.

INSTRUCCIONES: Lee el pasaje y estudia la ilustración. Luego lee el pasaje incompleto a continuación. Usa información del primer pasaje para completar el segundo. En cada ejercicio con menú desplegable, elige la opción que **mejor** complete la oración.

Los nuevos caracteres ocurren en una población a lo largo del tiempo debido a las mutaciones. Una mutación se produce por un error que ocurre durante la replicación del ADN y cambia un gen. Cuando una célula se divide para formar células nuevas, el ADN que contienen los cromosomas de la célula se replica. En la replicación del ADN, se forma una nueva cadena de ADN compuesta por nuevos nucleótidos que tienen bases que se emparejan con las bases de la cadena de ADN existente. El proceso de la replicación del ADN se muestra en la ilustración.

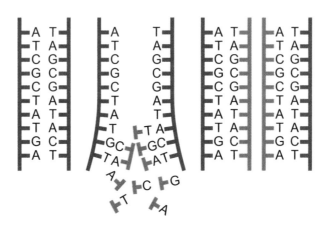

25. El proceso de la replicación del ADN comienza cuando las dos cadenas
de ADN se desenrollan de su doble hélice y luego se separan. Luego,
| 25. Menú desplegable 1 | individuales se unen a los nucleótidos
de una cadena de ADN existente. Esta unión es muy específica. La adenina
(A) solo se une a la timina (T), y la citosina (C) solo se une a la guanina (G).
A veces, se produce un error durante la replicación del ADN, lo que provoca
| 25. Menú desplegable 2 | . Un ejemplo de esto sería el emparejamiento
de la base del nucleótido | 25. Menú desplegable 3 | . Las mutaciones
pueden producirse por la mitosis o la meiosis. Una mutación que se forma
durante la meiosis podría crear un gen con | 25. Menú desplegable 4 |
que se puede transmitir a la descendencia.

**Opciones de respuesta
del menú desplegable**

25.1 A. las dobles hélices
     B. las cadenas
     C. los nucleótidos
     D. las adeninas

25.2 A. un gen
     B. una replicación
     C. una mutación
     D. un emparejamiento
        de bases

25.3 A. C-A
     B. C-G
     C. A-T
     D. T-A

25.4 A. un nuevo nucleótido
     B. un nuevo carácter
     C. una nueva célula
     D. un nuevo alelo

INSTRUCCIONES: Lee el pasaje y la pregunta y elige la **mejor** respuesta.

La desertificación es la degradación de los ecosistemas de tierras secas debido a las actividades de las personas y el cambio climático. Con el tiempo, la cubierta que forman los árboles y las plantas desaparece por el uso excesivo para pastoreo y las prácticas no sustentables de cultivo. La erosión del viento y el agua arrastra el mantillo dejando atrás polvo y arena. La desertificación cambia los ecosistemas de forma drástica, y muchos animales y plantas no pueden sobrevivir en el nuevo medio ambiente.

26. Una inferencia respaldada por el pasaje es que la desertificación causa

A. un aumento de la producción de los cultivos.
B. una pérdida de biodiversidad.
C. la llegada de especies invasoras.
D. un aumento de las inundaciones.

INSTRUCCIONES: Lee el pasaje y estudia la ilustración. Luego lee la pregunta y escribe tu respuesta en las líneas. Completar esta tarea puede llevarte 10 minutos aproximadamente.

La teoría de la evolución sugiere que la amplia variedad de especies que existe en la actualidad provino de un ancestro común. Todos los organismos dan prueba del cambio evolutivo. Parte de la evidencia es más visible cuando un organismo es un embrión en desarrollo. Durante su desarrollo, los embriones de muchos organismos atraviesan etapas que se parecen a las etapas embrionicas de sus ancestros. Los científicos estudian estas semejanzas para determinar cómo pueden estar relacionadas las especies. La ilustración muestra el embrión de un pollo y el de un gorila.

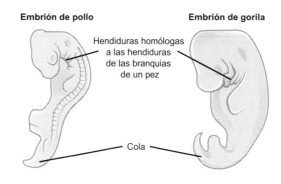

Embrión de pollo **Embrión de gorila**

Hendiduras homólogas a las hendiduras de las branquias de un pez

Cola

27. A partir del pasaje y la ilustración, ¿qué evidencia existe que respalde la idea de que los pollos y los gorilas tienen un ancestro común?

_____

_____

_____

_____

_____

_____

_____

_____

_____

_____

_____

_____

INSTRUCCIONES: Lee el pasaje y la pregunta y elige la **mejor** respuesta.

En los organismos pluricelulares, las células se diferencian durante la reproducción para producir células especializadas. Las células especializadas trabajan en conjunto para formar tejidos. Los tejidos colaboran para formar órganos. Los órganos colaboran para formar sistemas del cuerpo. De este modo, los niveles de organización de un organismo pluricelular se tornan cada vez más complejos.

28. ¿Qué enunciado explica cómo un órgano y un sistema del cuerpo son semejantes?

A. Su organización es menos compleja que la de los tejidos pero más compleja que la de las células.

B. Los dos están formados por tejidos que están formados por células.

C. Representan los niveles de organización menos complejos de un organismo.

D. Los dos están formados por células que no se diferencian.

GED® SENDEROS

Danica Patrick

Después de obtener su certificado GED®, ganar una carrera de la IndyCar y obtener la pole position en las 500 millas de Daytona, la carrera de Danica Patrick está a toda marcha.
©Taylor Hill/Getty Images Entertainment/ Getty Images

Desde temprana edad, a Danica Patrick la atrajo la velocidad. Patrick, que hoy está entre los pilotos de carreras más conocidos, desarrolló su interés por el automovilismo conduciendo kartings cuando era niña. A los 16 años, Patrick quiso dedicarse al automovilismo. Dejó la escuela secundaria, obtuvo su certificado GED® y se mudó a Inglaterra, donde corrió en varias categorías de automóviles monoplaza. Patrick firmó con Rahal Letterman Racing en 2002 y terminó tercera en el campeonato *Atlantic Toyota* dos años después.

En mayo de 2005, Patrick se convirtió en la cuarta mujer en correr las 500 millas de Indianápolis y ganó el premio de novata del año de la *Indy Racing League*. En 2008, con su victoria en las 300 millas de Japón, Patrick se convirtió en la primera mujer en ganar una carrera en la historia del *IndyCar*. Al año siguiente, Patrick terminó tercera en las 500 millas de Indianápolis, el puesto más alto alcanzado por una piloto mujer. Patrick sabe que la ciencia y la tecnología, desde las estrategias con el combustible hasta las corrientes de aire, juegan un papel muy importante en su éxito en el automovilismo: "La tecnología brinda a los equipos de boxes y a los estrategas la información que necesitan para tomar decisiones en fracciones de segundo que pueden hacer la diferencia entre ganar y perder una carrera".

En 2012, Patrick empezó a competir en la categoría *NASCAR Nationwide* y la *Sprint Cup*. En 2013, se convirtió en la primera piloto mujer en obtener la *pole position* en la carrera más importante de la *NASCAR*, las 500 millas de Daytona. Ha aparecido en revistas nacionales y en varios anuncios y ha sido presentadora de varios programas de televisión.

RESUMEN DE LA CARRERA PROFESIONAL: *Danica Patrick*

- Publicó su autobiografía *Danica: cruzar la línea (Danica: Crossing the line)* en 2006.
- Fue la primera piloto mujer en ganar una carrera del *IndyCar* con una victoria en las 300 millas de Japón en 2008.
- Fue la primera piloto mujer en obtener la *pole position* en las 500 millas de Daytona en 2013, registrando una vuelta a más de 196 millas por hora.

Ciencias físicas

Unidad 2:
Ciencias físicas

Desde cuando cocinamos y horneamos hasta cuando desarrollamos nuevas tecnologías y develamos los secretos del universo, las ciencias físicas guían todos nuestros pasos. A menudo, las ciencias físicas están divididas en química (el estudio de la materia) y física (el estudio de la relación entre la materia y la energía).

Las ciencias físicas son muy importantes en la Prueba de Ciencias GED®, en la que representan el 40 por ciento de las preguntas. Al igual que el resto de la Prueba de Ciencias GED®, las preguntas de ciencias físicas evaluarán tu destreza para interpretar con éxito pasajes y elementos visuales. En la Unidad 2, la introducción de ciertas destrezas y el refuerzo de otras, en combinación con contenido esencial de ciencias, te ayudará a prepararte para la Prueba de Ciencias GED®.

Contenido

UNIDAD 2

©monkeybusinessimages/iStockPhoto.com

Distintos trabajadores, desde químicos hasta físicos e ingenieros, usan las ciencias físicas en sus trabajos todos los días.

LECCIÓN
1

Comprender los modelos científicos

TEMAS DE CIENCIAS: P.c.1
PRÁCTICA DE CIENCIAS: SP.1.a, SP.1.b, SP.1.c, SP.7.a

UNIDAD 2

1 Aprende la destreza

Los **modelos científicos** ayudan a aclarar temas complejos. Pueden representar objetos que son muy grandes o muy pequeños para ser vistos en su tamaño real. También pueden representar procesos que ocurren muy lentamente o muy rápidamente para ser observados de forma directa. **Comprender los modelos científicos** te ayuda a ver estructuras de objetos o interpretar sucesos de los procesos para comprender mejor varios temas científicos.

Algunos modelos científicos son modelos ilustrados, que pueden ser bidimensionales o tridimensionales. Como otras representaciones gráficas, un modelo ilustrado puede tener partes como un título, una clave y rótulos. Los modelos científicos también se pueden expresar como grupos de símbolos o como ecuaciones matemáticas.

2 Practica la destreza

Al practicar la destreza de comprender los modelos científicos, mejorarás tus capacidades de estudio y evaluación, especialmente en relación con la Prueba de Ciencias GED®. Estudia la información que aparece a continuación. Luego responde la pregunta.

ESTRUCTURA DE LA MATERIA

La materia es lo que compone el universo que podemos observar. Los elementos como el hidrógeno, el helio y el hierro son materia. El aire, el agua y el suelo son materia. Los seres vivos son materia. Los objetos manufacturados son materia.

a Para comprender un modelo científico, primero lee cualquier texto relacionado con el modelo. Luego analiza el modelo para comprender lo que representa.

La materia está compuesta por átomos que están compuestos por protones, neutrones y electrones. Los protones y los neutrones forman el núcleo, o la pequeña región central, de un átomo. El núcleo está rodeado de una región más grande donde se ubican los electrones.

Un elemento es materia compuesta por un solo tipo de átomo. Cada elemento tiene un número único de protones en sus átomos. El hidrógeno es el elemento más simple. El núcleo de un átomo de hidrógeno tiene un protón. En el modelo ilustrado se muestran un átomo de hidrógeno y un átomo de helio.

b Los modelos ilustrados no muestran las cosas como son en realidad. Por razones prácticas, las ubicaciones de los electrones en el modelo están representadas con anillos. Sin embargo, en realidad, los electrones están en una nube alrededor del núcleo del átomo.

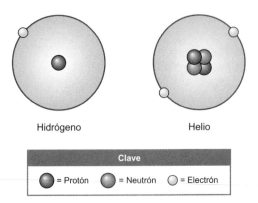

Hidrógeno   Helio

Clave		
● = Protón	● = Neutrón	○ = Electrón

TEMAS

Cada elemento tiene un símbolo. Por ejemplo, el símbolo del hidrógeno es H. El símbolo del helio es He. En una fórmula química, estos símbolos se usan para representar las formas en que se combinan los átomos para formar un tipo de materia.

1. A partir del modelo, ¿qué enunciado describe un átomo de helio?

   A. Un átomo de helio tiene más protones que electrones.
   B. El núcleo de un átomo de helio contiene protones, neutrones y electrones.
   C. El número de protones de un átomo de helio es cuatro.
   D. Un átomo de helio tiene un protón más que un átomo de hidrógeno.

Lección 1 | Comprender los modelos científicos

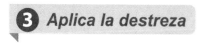

INSTRUCCIONES: Estudia la información y el modelo, lee cada pregunta y elige la **mejor** respuesta.

MOLÉCULAS

La mayor parte de la materia es un conjunto de átomos unidos a través del proceso de enlace químico. Una forma en que los átomos se unen es compartiendo electrones. Un enlace formado al compartir electrones es un enlace covalente. Cuando dos o más átomos comparten sus electrones en enlaces covalentes, forman una molécula. En el modelo ilustrado se muestra el proceso de dos átomos de hidrógeno que se unen para formar una molécula de hidrógeno.

Átomos individuales

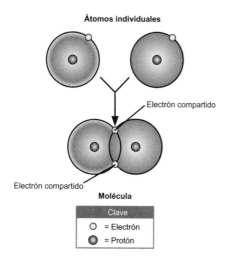

Electrón compartido

Electrón compartido

Molécula

Clave	
○	= Electrón
◉	= Protón

2. A partir del modelo ilustrado, ¿qué ocurre con los electrones cuando dos átomos forman un enlace covalente?

   A. El número de electrones no varía.
   B. El número total de electrones se duplica.
   C. La mitad de los electrones se convierten en protones.
   D. Los electrones se destruyen.

3. ¿Por qué es evidente que los átomos representados en el modelo son átomos de hidrógeno?

   A. Hay un núcleo en el centro de cada átomo.
   B. Cada átomo tiene un solo protón.
   C. En cada átomo, el electrón se mueve alrededor del núcleo.
   D. Solo los átomos de hidrógeno se unen para formar moléculas.

INSTRUCCIONES: Estudia la información y el modelo, lee cada pregunta y elige la **mejor** respuesta.

COMPUESTOS QUÍMICOS

Un elemento está compuesto por un solo tipo de átomo. Un compuesto está formado por diferentes tipos de átomos. Los compuestos que contienen enlaces covalentes son compuestos covalentes. El amoniaco es un compuesto covalente formado por átomos de nitrógeno y de hidrógeno. El modelo representa una molécula de amoniaco.

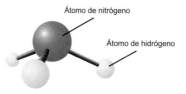

Átomo de nitrógeno

Átomo de hidrógeno

4. ¿Qué átomos componen la molécula de amoniaco?

   A. un átomo de nitrógeno y un átomo de hidrógeno
   B. tres átomos de hidrógeno
   C. cuatro átomos de amoniaco
   D. un átomo de nitrógeno y tres átomos de hidrógeno

INSTRUCCIONES: Estudia la información y el modelo, lee la pregunta y elige la **mejor** respuesta.

FÓRMULAS QUÍMICAS Y ESTRUCTURALES

Una fórmula química nos indica el número de átomos de cada tipo que hay en una molécula. La fórmula química de la molécula de hidrógeno es H_2. La H es el símbolo del hidrógeno; el 2 representa los dos átomos de hidrógeno que componen la molécula. Una fórmula estructural es un modelo de una fórmula química. Las fórmulas estructurales ayudan a mostrar las estructuras de las moléculas. La fórmula estructural que aparece a continuación corresponde al etano, un compuesto que se halla en el gas natural y está compuesto por hidrógeno (H) y carbono (C).

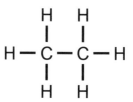

5. A partir de la fórmula estructural, ¿cuál es la fórmula química del etano?

   A. CH_3
   B. C_2H_6
   C. H_2C_6
   D. C_2H_4

Interpretar elementos visuales complejos

TEMAS DE CIENCIAS: P.c.2
PRÁCTICA DE CIENCIAS: SP.1.a, SP.1.b, SP.1.c, SP.3.b, SP.6.c, SP.7.a

1 Aprende la destreza

Las ilustraciones, las gráficas y los diagramas son elementos visuales que muestran las relaciones entre datos, ideas, objetos o sucesos. Los **elementos visuales complejos** muestran más detalles que las ilustraciones, gráficas o diagramas simples. Al **interpretar elementos visuales complejos**, recuerda que en ellos se puede mostrar más de una idea o tipo de información.

2 Practica la destreza

Al practicar la destreza de interpretar elementos visuales complejos, mejorarás tus capacidades de estudio y evaluación, especialmente en relación con la Prueba de Ciencias GED®. Estudia el elemento visual complejo y la información que aparecen a continuación. Luego responde la pregunta.

a Al estudiar un elemento visual complejo, lee primero el título y los subtítulos para descubrir la idea principal. En este ejemplo, el título y los subtítulos indican que el espacio entre las moléculas es importante para definir los estados de la materia.

b Las ilustraciones que salen de las ilustraciones principales de este elemento visual representan vistas ampliadas de las moléculas de agua. Úsalas para aprender la relación entre un estado de la materia y la disposición de las partículas en ella.

ESTADO DE LA MATERIA Y ESPACIO INTERMOLECULAR

Sólido	Líquido	Gaseoso
Hielo	Agua líquida	Vapor de agua

moléculas muy comprimidas dispuestas de forma ordenada

moléculas juntas dispuestas de manera aleatoria

moléculas muy separadas dispuestas de forma aleatoria

La materia se presenta en diferentes estados. Los estados básicos de la materia son sólido, líquido y gaseoso. La cantidad de espacio entre las partículas de una sustancia y los movimientos de esas partículas se relacionan con el estado de la sustancia. El elemento visual ofrece información sobre el espacio intermolecular en diferentes estados de la materia.

1. A partir del elemento visual, ¿en qué se parece el espacio entre las moléculas en los sólidos, los líquidos y los gases?

    A. Los gases tienen el menor espacio entre las moléculas.
    B. Los líquidos tienen el mayor espacio entre las moléculas.
    C. Los sólidos tienen el menor espacio entre las moléculas.
    D. Las moléculas tienen el mismo espacio entre sí en todos los estados de la materia.

USAR LA LÓGICA

Usa la lógica para inferir las relaciones representadas en un elemento visual complejo a partir de la disposición de la información. Aquí, los estados de la materia se muestran en orden de menor a mayor espacio entre moléculas.

UNIDAD 2

3 *Aplica la destreza*

INSTRUCCIONES: Lee el pasaje y estudia el diagrama. Luego, lee cada pregunta y escribe tus respuestas en los recuadros.

CAMBIOS DE ESTADO

Las partículas en movimiento de la materia hacen que esta tenga energía. Cuando cambia la energía de la materia, esta puede experimentar un cambio de estado. Un ejemplo conocido de materia que cambia de estado es el agua (un líquido) que se convierte en hielo (un sólido) o en vapor de agua (un gas). En el diagrama se muestra cómo los cambios en la cantidad de energía de un sistema de materia influyen en el estado de la materia.

**RELACIÓN ENTRE
LA ENERGÍA Y EL ESTADO**

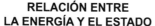
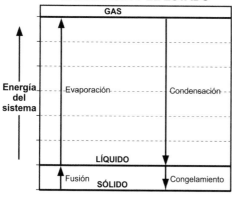

2. Según el diagrama, para fundir un sólido y convertirlo en líquido o para evaporar un líquido y convertirlo en gas, ¿se debe agregar o liberar energía?

3. Si se le quita suficiente energía a un líquido, ¿qué cambio de estado se produce?

4. Cuanta más energía hay en la materia, más rápidamente se mueven sus partículas. A partir del diagrama, ¿en qué estado de la materia se mueven más rápidamente las moléculas?

INSTRUCCIONES: Estudia la información y la gráfica, lee la pregunta y elige la **mejor** respuesta.

CURVAS DE CALENTAMIENTO

En general, cuando se agrega calor a un sólido, el sólido se puede fundir, transformándose en un líquido. Cuando se agrega calor a un líquido, el líquido puede hervir y evaporarse hasta convertirse en un gas.

Una curva de calentamiento ofrece información sobre cómo cambia la temperatura de una sustancia cuando se le agrega calor. La curva de calentamiento de la derecha indica cómo cambia la temperatura del agua, en grados Celsius (°C), a medida que se agrega energía al agua. Una curva de calentamiento se puede usar para identificar el punto de fusión o de ebullición de una sustancia. El punto de fusión es la temperatura a la que se funde una sustancia. El punto de ebullición es la temperatura a la que hierve una sustancia.

CURVA DE CALENTAMIENTO DEL AGUA

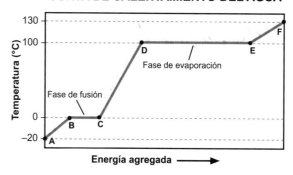

5. Los puntos de fusión y congelamiento ocurren a la misma temperatura, entonces el agua líquida se congela y se convierte en agua a

A. −20 °C.

B. 0 °C.

C. 100 °C.

D. 130 °C.

UNIDAD 2

Interpretar tablas complejas

TEMAS DE CIENCIAS: P.c.2
PRÁCTICA DE CIENCIAS: SP.1.a, SP.1.b, SP.1.c, SP.3.a, SP.3.b, SP.6.a, SP.7.a

UNIDAD 2

1 Aprende la destreza

Una tabla es una herramienta gráfica usada para mostrar información de una forma organizada y concentrada. Una tabla que incluye varias partes o partes organizadas de una forma única es una **tabla compleja**. Por ejemplo, una tabla que tiene varias columnas y filas es compleja y ofrece una cantidad de información mucho mayor que una tabla simple con dos columnas y unas pocas filas.

Para **interpretar una tabla compleja**, debes leer con atención los títulos de las columnas para asegurarte de que sabes exactamente el tipo de información que contiene la tabla. Es posible que también tengas que examinar información que está fuera de las columnas y las filas, como una clave o notas al pie de la tabla que brindan detalles adicionales.

2 Practica la destreza

Al practicar la destreza de interpretar tablas complejas, mejorarás tus capacidades de estudio y evaluación, especialmente en relación con la Prueba de Ciencias GED®. Estudia la información y la tabla compleja que aparecen a continuación. Luego responde la pregunta.

PROPIEDADES DE LA MATERIA

Cada elemento tiene propiedades, o características, únicas. Como cada elemento tiene ciertas propiedades, los compuestos formados por elementos tienen ciertas propiedades. Por ejemplo, el punto de fusión y el punto de ebullición son propiedades. Cada compuesto tiene sus propios puntos de fusión y ebullición.

a El título indica que el propósito de esta tabla es identificar puntos de ebullición de algunos compuestos. Sin embargo, los títulos de las columnas te indican que la tabla también da otra información.

PUNTOS DE EBULLICIÓN DE COMPUESTOS SELECCIONADOS

Compuesto	Fórmula	Tipo de compuesto	Punto de ebullición (°C)
Cloruro de sodio	NaCl	Iónico	1,413
Fluoruro de hidrógeno	HF	Covalente	20
Ácido sulfhídrico	H_2S	Covalente	−61
Yoduro de calcio	CaI_2	Iónico	1,100
Fluoruro de magnesio	MgF_2	Iónico	2,239

b Típicamente, todas las entradas de una columna de una tabla dan un cierto tipo de información. Las entradas individuales de cada fila están relacionadas con la entrada en la primera columna desde la izquierda.

c Es posible que en una tabla compleja se usen abreviaturas comunes sin identificar esas abreviaturas en una clave. En esta tabla se usa una abreviatura para indicar que el punto de ebullición está en grados Celsius (°C).

CONSEJOS PARA REALIZAR LA PRUEBA

Es posible que tengas que usar distintas partes de una tabla para responder una pregunta. Aquí, tienes que observar dos columnas de datos para hallar el punto de ebullición más alto y la fórmula química del compuesto que corresponde a él.

1. A partir de la información de la tabla, ¿qué compuesto hierve a la temperatura más alta?

A. NaCl
B. HF
C. CaI_2
D. MgF_2

⭐ Ítem en foco: **PUNTO CLAVE**

INSTRUCCIONES: Lee el pasaje y la pregunta y marca el lugar o los lugares adecuados de la tabla para responder.

PROPIEDADES FÍSICAS

Las propiedades de la materia pueden ser propiedades físicas o químicas. Una propiedad física se puede observar o medir sin cambiar la composición química de la materia. Algunos ejemplos son el color, el punto de ebullición y la capacidad de conducir calor. Los elementos se pueden agrupar según las propiedades físicas compartidas. Por ejemplo, ciertas propiedades distinguen a los metales de otros elementos. La mayoría de los metales se pueden estirar para convertirlos en alambre o se pueden aplanar para convertirlos en una lámina y la mayoría de ellos, en estado sólido o líquido, conducen la electricidad y el calor.

2. Un científico investiga las propiedades de algunas sustancias para determinar cuáles son metales y anota sus observaciones en una tabla. De la misma forma en que lo haría el científico, dibuja una *X* en el lugar adecuado de la tabla para identificar cualquier sustancia que sea un metal.

INVESTIGACIÓN DE CUATRO SUSTANCIAS

Sustancia	Propiedades	¿Metal? Sí	¿Metal? No
A	Claro; no conduce la electricidad ni el calor.		
B	Gris; conduce la electricidad y el calor.		
C	Gris; conduce la electricidad y el calor.		
D	Amarillo; se quiebra con facilidad; no conduce la electricidad.		

UNIDAD 2

INSTRUCCIONES: Estudia la información y la tabla, lee la pregunta y elige la **mejor** respuesta.

PROPIEDADES EXTENSIVAS E INTENSIVAS

Las propiedades físicas pueden ser extensivas o intensivas y muchas propiedades físicas se pueden medir. La masa y el volumen son propiedades extensivas. La masa es una medida de la cantidad de materia que tiene un objeto. El volumen es una medida de cuánto espacio ocupa una cantidad de materia. La densidad es una propiedad intensiva. Es una medida de cuánta materia hay en un volumen determinado. En la tabla se dan ejemplos de propiedades extensivas e intensivas.

TIPOS DE PROPIEDADES FÍSICAS

Propiedades extensivas*	Propiedades intensivas**
Masa, volumen, longitud	Color, sabor, punto de fusión, punto de ebullición, densidad, lustre, dureza

*propiedades que cambian según el tamaño de la muestra
**propiedades que no cambian según el tamaño de la muestra

3. ¿Qué propiedad cambia con el tamaño de la muestra?

A. la dureza
B. el punto de fusión
C. la longitud
D. el sabor

INSTRUCCIONES: Estudia la información y la tabla, lee la pregunta y elige la **mejor** respuesta.

PROPIEDADES QUÍMICAS

Una propiedad química se observa solo cuando se produce un cambio químico en la materia. Los cambios químicos requieren una reacción química. En las reacciones químicas, las partículas de las sustancias se reordenan para formar nuevas sustancias. Por el contrario, un cambio físico es un cambio que no resulta en la formación de una nueva sustancia.

CAMBIOS QUÍMICOS Y FÍSICOS

Material	Cambio	Observación
Vela	Fundida Quemada	La vela sólida se convirtió en cera líquida. La vela pareció desaparecer.
Plata	Derretida Deslustrada	La plata sólida se convirtió en plata líquida. La plata desarrolló una capa de color oscuro.
Papel	Rasgado Quemado	Un pedazo grande de papel se convirtió en pedazos más pequeños. El papel se convirtió en cenizas y humo.

4. A partir de la información del pasaje y la tabla, ¿qué enunciado fundamenta la conclusión de que, cuando la plata desarrolla una capa de color oscuro, se produce una reacción química?

A. La plata sólida puede convertirse en plata líquida.
B. La capa oscura es una nueva sustancia.
C. La plata se puede derretir o deslustrar.
D. No se formaron nuevas sustancias.

Comprender las ecuaciones químicas

TEMAS DE CIENCIAS: P.a.2, P.c.3
PRÁCTICA DE CIENCIAS: SP.1.a, SP.1.b, SP.1.c, SP.7.a

1 Aprende la destreza

En las **ecuaciones químicas** se usan palabras, símbolos u otros componentes para representar reacciones químicas. Las partes de una ecuación química identifican los elementos o componentes involucrados en una reacción en particular.

Cuando **comprendes las ecuaciones químicas**, puedes identificar las sustancias que están involucradas en las reacciones químicas. También puedes distinguir distintos tipos de reacciones químicas. La comprensión de las ecuaciones químicas también refuerza tu entendimiento de un importante concepto científico: la conservación de la masa.

2 Practica la destreza

Al practicar la destreza de comprender las ecuaciones químicas, mejorarás tus capacidades de estudio y evaluación, especialmente en relación con la Prueba de Ciencias GED®. Lee el pasaje que aparece a continuación. Luego responde la pregunta.

REACCIONES QUÍMICAS

En las reacciones químicas, las sustancias se combinan para formar nuevas sustancias. Las sustancias que se combinan son los reactantes. Las sustancias que se forman son los productos. Asimismo, se puede absorber energía (reacción endotérmica) o liberar energía (reacción exotérmica). Las nuevas sustancias se producen durante las reacciones químicas porque los átomos que conforman los reactantes se unen de maneras nuevas. Este cambio en las maneras en que se unen los átomos cambia la composición química de la materia involucrada.

a Aquí, la misma ecuación química está representada con palabras, símbolos y modelos. Los reactantes están siempre a la izquierda, el producto está siempre a la derecha y una flecha que significa "da" separa los dos lados.

Muchas sustancias reaccionan químicamente entre sí para formar nuevas sustancias. Por ejemplo, muchos elementos reaccionan para producir compuestos. Muchos compuestos reaccionan para producir otros compuestos. Una reacción química se puede representar de las siguientes maneras:

b La versión con símbolos muestra las fórmulas químicas de los reactantes y el producto. La versión en la que se usan modelos se explica a través de una clave.

Magnesio	+	Oxígeno	→	Óxido de magnesio
$2Mg$	+	O_2	→	$2MgO$

Clave	
●	Átomo de magnesio (Mg)
○	Átomo de oxígeno (O)
○—○	Molécula de oxígeno (O_2)
●—○	Molécula de óxido de magnesio (MgO)

1. ¿Qué enunciado describe la reacción química representada por las tres versiones de la ecuación química?

A. El óxido de magnesio es un reactante en la reacción.
B. El magnesio es un producto de la reacción.
C. El oxígeno es un producto de la reacción.
D. El óxido de magnesio es el producto de la reacción.

INSTRUCCIONES: Estudia la información y el diagrama, lee la pregunta y elige la **mejor** respuesta.

LEY DE CONSERVACIÓN DE LA MASA Y ECUACIONES QUÍMICAS EQUILIBRADAS

Durante una reacción química, la disposición de los átomos en la materia involucrada cambia. Sin embargo, el número total de átomos de cada tipo no cambia. Este concepto científico es la ley de conservación de la masa.

Una ecuación química equilibrada refleja la ley de conservación de la masa y brinda información cuantitativa precisa sobre una reacción química. No solo dice la manera en que los átomos se reordenan durante la reacción, sino las cantidades relativas de las sustancias que componen los reactantes y los productos.

Una ecuación está equilibrada cuando el número de átomos de cada tipo en un lado es igual al número de átomos de cada tipo en el otro lado. En el diagrama se identifican las partes de una ecuación química equilibrada. La ecuación representa la reacción del metano (CH_4) y el oxígeno (O_2) para producir dióxido de carbono (CO_2) y agua (H_2O).

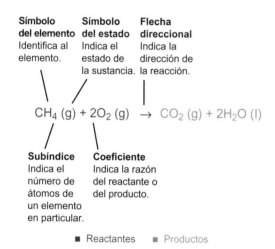

2. ¿Qué enunciado expresa información provista por la ecuación?

   A. Los reactantes son un gas y un líquido.
   B. La proporción de moléculas de dióxido de carbono a moléculas de agua producidas es 1:2.
   C. Los productos contienen menos átomos de hidrógeno que los reactantes.
   D. Los productos representados pueden reaccionar entre sí para formar los reactantes representados.

INSTRUCCIONES: Lee el pasaje y la pregunta y elige la **mejor** respuesta.

TIPOS DE REACTANTES

Se producen diferentes tipos de reacciones químicas. En síntesis, dos o más reactantes se combinan para formar un solo producto. La ecuación general para este tipo de reacción es A + B → AB. En la descomposición, un solo reactante forma dos o más productos (AB → A + B). En una sustitución simple, un elemento reemplaza a otro en un compuesto (AB + C → AC + B). En una sustitución compuesta, dos reactantes forman dos nuevos productos (AB + CD → AD + CB).

3. En la ecuación general de una reacción de sustitución simple, ¿qué representa AC?

   A. un átomo
   B. un elemento
   C. un reactante
   D. un producto

INSTRUCCIONES: Lee el pasaje y la pregunta y elige la **mejor** respuesta.

REACTANTES LIMITANTES

Dependiendo de la cantidad de cada reactante involucrado en una reacción química, puede existir un reactante limitante. Un reactante limitante limita la cantidad de producto que se puede formar porque la reacción se detiene cuando se consume todo el reactante limitante. Observa la ecuación que representa la reacción del benceno (C_6H_6) y el oxígeno (O_2) para producir dióxido de carbono (CO_2) y agua (H_2O):

$$2C_6H_6 + 15O_2 \rightarrow 12CO_2 + 6H_2O$$

Como en cualquier reacción, dependiendo de las cantidades de ciertas sustancias involucradas, se puede limitar la reacción representada por la ecuación.

4. ¿Qué enunciado describe el papel potencial de un reactante limitante en la reacción representada por la ecuación?

   A. La cantidad de dióxido de carbono puede limitar la cantidad de benceno que se puede formar.
   B. El dióxido de carbono o el agua pueden limitar la cantidad de producto que se puede formar.
   C. El benceno o el oxígeno pueden limitar la cantidad de producto que se puede formar.
   D. Siempre que se combinen benceno y oxígeno, la reacción tendrá un factor limitante.

UNIDAD 2

Predecir resultados

TEMAS DE CIENCIAS: P.c.4
PRÁCTICA DE CIENCIAS: SP.1.a, SP.1.b, SP.1.c, SP.3.b, SP.3.c, SP.3.d, SP.7.a

❶ Aprende la destreza

Un **resultado** es lo que se obtiene cuando alguien manipula factores en una investigación científica. En otras palabras, el investigador pregunta: "¿Qué sucederá si hago esto?". La respuesta es el resultado. Un resultado también puede ser el efecto que se observa cuando se aplican ciertos factores a una situación.

Los científicos usan su base de conocimientos para predecir qué sucederá cuando mezclen materiales o cuando hagan que se produzcan ciertos sucesos. Si aprendes temas de ciencias, como las propiedades químicas de las sustancias y las variables que afectan esas propiedades, tú también podrás **predecir resultados**.

❷ Practica la destreza

Al practicar la destreza de predecir resultados, mejorarás tus capacidades de estudio y evaluación, especialmente en relación con la Prueba de Ciencias GED®. Lee el pasaje que aparece a continuación. Luego responde la pregunta.

SOLUCIONES

Una solución se forma cuando al menos una sustancia se disuelve en otra sustancia. Una sustancia que se disuelve es un soluto. Una sustancia en la cual se disuelve un soluto es un solvente.

Para que una mezcla de sustancias sea una solución, debe ser homogénea. Una mezcla es homogénea si las moléculas de las sustancias que componen la mezcla están distribuidas de manera uniforme en ella. Como una solución es una mezcla homogénea, todas las muestras de una solución contienen los mismos porcentajes de soluto y de solvente y, por lo tanto, tienen las mismas propiedades. El aire es un ejemplo conocido de solución. El oxígeno y otros gases se disuelven en nitrógeno para formar el aire. Cualquier muestra de aire contiene los mismos porcentajes de oxígeno, nitrógeno y demás gases involucrados que cualquier otra muestra de aire.

ⓐ Los científicos analizan patrones en observaciones y datos para hacer generalizaciones. Puedes predecir resultados usando generalizaciones establecidas o analizando patrones tú mismo.

Algunos compuestos químicos son más solubles, o susceptibles de ser disueltos, que otros. Las reglas de solubilidad proporcionan información sobre qué compuestos son solubles o insolubles en agua. Por ejemplo, los compuestos que se forman a partir de los metales alcalinos, como el litio, el sodio y el potasio, son solubles. Se clasifica una sustancia como soluble si más de 0.1 gramo (g) de la sustancia se disuelve en 100 mililitros (ml) de solvente.

ⓑ Las reglas de solubilidad son generalizaciones que se pueden usar para predecir resultados.

1. El cloruro de sodio es un compuesto que se forma a partir de la unión iónica de sodio y cloro. ¿Qué resultado se puede predecir cuando se mezcla 0.5 g de cloruro de sodio con 100 ml de agua?

    A. La sustancia que se produce no será una solución.
    B. Se formará un nuevo compuesto químico.
    C. El cloruro de sodio se disolverá en el agua para formar una solución.
    D. Las diferentes partes de la sustancia que se formó tendrán diferentes propiedades.

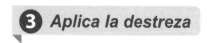

INSTRUCCIONES: Lee el pasaje y la pregunta y elige la **mejor** respuesta.

CONCENTRACIÓN Y SATURACIÓN

Una solución se puede describir por su concentración o cantidad relativa de soluto. Una solución diluida contiene una razón relativamente más pequeña de soluto a solvente. Una solución concentrada contiene una razón relativamente más grande de soluto a solvente. A medida que se disuelve más soluto en un solvente, una solución se torna más concentrada. En algún momento, no se disolverá más soluto. La solubilidad es la cantidad de soluto que se puede disolver en una cantidad dada de solvente a una temperatura específica. La saturación es el punto en el cual no se puede disolver más soluto a la temperatura a la que se está disolviendo.

2. Un estudiante disuelve 32 g de sacarosa (azúcar de mesa) en 750 ml de agua. Luego agrega 250 ml de agua a la solución. ¿Qué resultado se puede predecir?

   A. La solución será más concentrada.
   B. La solución será más diluida.
   C. La solución será saturada.
   D. La concentración no tendrá cambios.

INSTRUCCIONES: Estudia la gráfica, lee la pregunta y elige la **mejor** respuesta.

EFECTO DE LA TEMPERATURA SOBRE LAS SOLUBILIDADES DE LA SAL

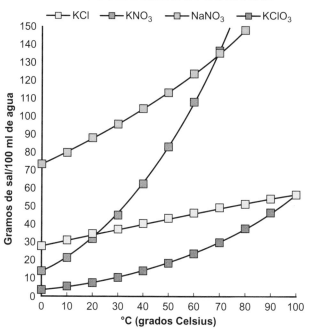

3. Una solución saturada de clorato de potasio ($KClO_3$) disuelta en agua se calienta de 0 °C a 100 °C. ¿Qué resultado se puede predecir?

   A. La solución ya no será saturada.
   B. La solubilidad no cambiará.
   C. La razón de soluto a solvente cambiará.
   D. La solución se tornará más concentrada.

INSTRUCCIONES: Lee el pasaje. Luego lee cada pregunta y elige la **mejor** respuesta.

CATEGORÍAS DE SOLUCIONES

Las soluciones se forman de maneras diferentes, dependiendo de los solutos y solventes involucrados. Las soluciones se pueden categorizar a partir de lo que sucede cuando el soluto se disuelve.

Algunos solutos conservan su estructura molecular cuando se disuelven en soluciones acuosas (soluciones para las cuales el solvente es el agua). Por ejemplo, cuando la sacarosa se disuelve en agua, las uniones entre las moléculas de sacarosa, que son relativamente débiles, se rompen y las moléculas individuales de sacarosa se unen con las moléculas de agua.

Otros solutos se disocian en iones, o se ionizan, en soluciones acuosas. Por ejemplo, cuando el cloruro de sodio de la sal (NaCl) se disuelve en agua, las uniones iónicas del compuesto se rompen y los iones individuales (Na^+ y Cl^-) se liberan en la solución. Los ácidos, las bases y las sales son compuestos que se ionizan cuando se disuelven en agua. Los ácidos se ionizan para formar H^+ (iones de hidrógeno) y las bases se ionizan para formar partículas que se unen con H^+. Un ácido o una base fuerte se ionizan por completo; un ácido o base débil se ioniza solo parcialmente.

4. El ácido clorhídrico es un ácido fuerte. Se esperaría que

   A. sea insoluble en agua.
   B. se ionice completamente en la solución.
   C. conserve su estructura molecular en la solución.
   D. se disocie parcialmente en iones en la solución.

5. ¿Qué ecuación representa el resultado al que se llega cuando se disuelve un ácido en agua?

   A. $LiBr \rightarrow Li^+ + Br^-$
   B. $NaOH \rightarrow Na^+ + OH^-$
   C. $KI \rightarrow K^+ + I^-$
   D. $HBr \rightarrow H^+ + Br^-$

Calcular para interpretar resultados

TEMAS DE CIENCIAS: P.b.1
PRÁCTICA DE CIENCIAS: SP.1.a, SP.1.b, SP.1.c, SP.7.b, SP.8.b

UNIDAD 2

1 Aprende la destreza

Los textos científicos suelen incluir elementos gráficos (o visuales) con valores numéricos. Estos valores numéricos se pueden usar para hallar otros valores. Por ejemplo, un diagrama que incluye valores para el tiempo que le lleva a una persona viajar una distancia específica se puede usar para calcular la rapidez de esa persona.

A partir de la información que brindan, los elementos visuales con valores numéricos se pueden usar para hallar valores como la rapidez, la velocidad o la aceleración. Cuando usas este proceso, lo que haces es **calcular para interpretar resultados**.

2 Practica la destreza

Al practicar la destreza de calcular para interpretar resultados, mejorarás tus capacidades de estudio y evaluación, especialmente en relación con la Prueba de Ciencias GED®. Estudia la información y el diagrama que aparecen a continuación. Luego responde la pregunta.

DISTANCIA, RAPIDEZ Y DESPLAZAMIENTO

La distancia, la rapidez y el desplazamiento son cantidades que se usan para describir el movimiento de los objetos. La distancia es una medida del espacio entre dos posiciones. La rapidez es una medida de cuán rápidamente se mueve un objeto. La rapidez promedio se calcula dividiendo la distancia que se movió el objeto entre el tiempo que requirió para el movimiento. El desplazamiento describe el cambio neto de la posición de un objeto, tanto en distancia como en dirección.

a Este texto brinda información sobre cálculos. Afirma que para calcular la rapidez promedio, se divide la distancia entre el tiempo: $s = \frac{d}{t}$.

Una persona que viaja a diario entre su hogar y su trabajo usa todos los días una motoneta para recorrer 4 millas. Recorre una ruta recta hacia el este para ir a su trabajo y una ruta directa a su hogar para regresar. El siguiente diagrama puede ayudarte a determinar su rapidez promedio durante su viaje de ida al trabajo.

b Para responder la pregunta, debes calcular para interpretar un resultado. Para calcular la rapidez, usa datos del diagrama con el fin de hallar números para la distancia y el tiempo.

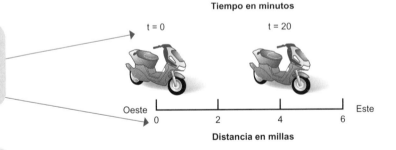

Tiempo en minutos

t = 0   t = 20

Oeste   Este

0   2   4   6

Distancia en millas

TECNOLOGÍA PARA LA PRUEBA

Para acceder a una calculadora en pantalla mientras realizas la Prueba de GED®, haz clic en el botón de la calculadora, ubicado en la parte superior izquierda de la pantalla. Para obtener cálculos de ejemplo, haz clic en el botón Referencias de la calculadora, en la parte superior derecha.

1. ¿Cuál es la rapidez promedio de esta persona expresada en millas por hora (mi/h) durante su viaje de ida al trabajo?

A. 4 mi/h
B. 6 mi/h
C. 12 mi/h
D. 20 mi/h

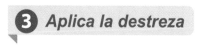
③ Aplica la destreza

INSTRUCCIONES: Estudia la información y el diagrama, lee cada pregunta y elige la **mejor** respuesta.

RAPIDEZ Y VELOCIDAD

La rapidez promedio se puede calcular dividiendo la distancia recorrida entre el tiempo que se necesitó para recorrer esa distancia. La dirección del viaje no es importante para calcular la rapidez. Sin embargo, la dirección es importante para calcular la velocidad. La velocidad de un objeto es su desplazamiento total dividido entre la cantidad de tiempo que el objeto está en movimiento. Por lo tanto, si el movimiento de un objeto lo devuelve a su punto de partida, tiene una velocidad promedio de cero aunque haya viajado a una elevada rapidez todo el tiempo.

La velocidad es una medida de la tasa a la cual un objeto cambia su posición. No alcanza con decir que un objeto viaja a 60 mi/h. La velocidad se expresa en unidades de rapidez y dirección, como 60 mi/h hacia el Oeste. La única excepción a esto es cuando la velocidad es cero. En este caso, no se especifica la dirección.

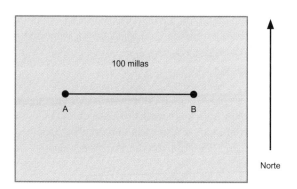

2. Un ave viaja desde el punto A hasta el punto B en 5 horas. ¿Cuáles son su rapidez y velocidad aproximadas?

   A. rapidez: 5 mi/h; velocidad: 5 mi/h hacia el Norte
   B. rapidez: 10 mi/h; velocidad: 10 mi/h hacia el Este
   C. rapidez: 20 mi/h; velocidad: 20 mi/h hacia el Este
   D. rapidez: 50 mi/h; velocidad: 50 mi/h hacia el Norte

3. Un ave viaja desde el punto A hasta el punto B y luego regresa desde el punto B hasta el punto A. el viaje dura 10 horas. ¿Cuál es velocidad promedio del ave durante todo el viaje?

   A. 0 mi/h
   B. 10 mi/h hacia el Oeste
   C. 20 mi/h
   D. 50 mi/h hacia el Norte

INSTRUCCIONES: Estudia la información y la gráfica, lee cada pregunta y elige la **mejor** respuesta.

ACELERACIÓN

La aceleración es un valor que se usa para describir movimiento. Es un cambio en la velocidad de un objeto a lo largo del tiempo. La fórmula de la aceleración, entonces, es $\frac{d/t}{t}$, donde d es la distancia y t es el tiempo. La aceleración puede ser negativa (como cuando algo disminuye su rapidez) o positiva (como cuando algo aumenta su rapidez).

En la gráfica que aparece a continuación, se marcó el cambio en la velocidad de un objeto con el transcurso del tiempo. A partir de la información que brinda la gráfica, la aceleración del objeto durante intervalos específicos se puede calcular y expresar en metros por segundo por segundo (m/s/s), que es lo mismo que metros por segundo al cuadrado (m/s^2).

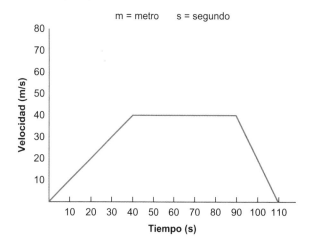

4. ¿Qué enunciado describe la aceleración del objeto entre los 0 y los 40 segundos?

   A. Aumenta a una tasa uniforme.
   B. Es constante.
   C. Disminuye a una tasa uniforme.
   D. Aumenta y luego disminuye.

5. ¿Qué sucede con el movimiento del objeto a los 90 segundos?

   A. La velocidad constante se convierte en aceleración positiva.
   B. La velocidad se detiene y luego aumenta rápidamente.
   C. La velocidad en aumento se convierte en aceleración.
   D. La velocidad constante se convierte en aceleración negativa.

Comprender los diagramas vectoriales

TEMAS DE CIENCIAS: P.b.2
PRÁCTICA DE CIENCIAS: SP.1.a, SP.1.b, SP.1.c, SP.7.a, SP.7.b

1 Aprende la destreza

Los vectores son cantidades que tienen sentido y magnitud, como las fuerzas. En los **diagramas vectoriales**, las flechas muestran el sentido y la magnitud, o fuerza, de esas cantidades. **Comprender los diagramas vectoriales** te permite representar y analizar la magnitud y el sentido de las fuerzas.

2 Practica la destreza

Al practicar la destreza de interpretar diagramas vectoriales, mejorarás tus capacidades de estudio y evaluación, especialmente en relación con la Prueba de Ciencias GED®. Estudia la información y el diagrama que aparecen a continuación. Luego responde la pregunta.

LA PRIMERA LEY DE NEWTON Y LOS VECTORES

a El pasaje explica qué son las fuerzas y cómo se miden. Las fuerzas son vectores porque tienen magnitud y sentido.

Una fuerza es un impulso o una tracción que se ejerce sobre un objeto, que se produce como resultado de su interacción con otro objeto. Una fuerza puede iniciar, detener o cambiar la rapidez o el sentido del movimiento del objeto. En el siglo XVII, Isaac Newton desarrolló tres leyes del movimiento que explican cómo las fuerzas afectan los movimientos de los objetos. La primera ley del movimiento de Newton establece que un objeto en reposo tiende a permanecer en reposo y que un objeto en movimiento tiende a permanecer en movimiento, a menos que actúe sobre él una fuerza desequilibrada. Una fuerza se puede medir en newtons (N) y se la describe por su magnitud y su sentido, como en "10 N hacia abajo".

Los diagramas vectoriales se pueden usar para mostrar la magnitud y el sentido de las fuerzas. En el diagrama se muestran cuatro objetos de igual masa en reposo y una fuerza actuando sobre cada uno de ellos. Una de las fuerzas es una fuerza de tracción; las otras son fuerzas de empuje.

b La pregunta te pide que hagas suposiciones sobre las intensidades de las fuerzas que se muestran. En los diagramas vectoriales, cuanto más larga o gruesa es la flecha, mayor magnitud tiene la fuerza.

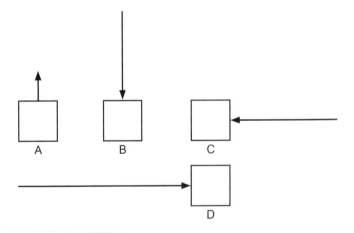

1. Las magnitudes de las fuerzas que se muestran en el diagrama son 2 N, 7 N, 9 N y 15 N. ¿Qué fuerza tiene una magnitud de 7 N?

   A. Fuerza A
   B. Fuerza B
   C. Fuerza C
   D. Fuerza D

INSTRUCCIONES: Estudia la información y el diagrama, lee cada pregunta y elige la **mejor** respuesta.

LA SEGUNDA LEY DE NEWTON Y LOS VECTORES

La segunda ley del movimiento de Newton establece que la fuerza neta ejercida sobre un objeto es igual a la masa del objeto multiplicada por la aceleración del objeto. Esto se puede escribir como $F = ma$, donde F representa la fuerza neta, m representa la masa del objeto y a representa la aceleración del objeto. El siguiente diagrama representa la segunda ley del movimiento y muestra la masa del objeto en kilogramos (kg) y su aceleración en metros por segundo al cuadrado (m/s^2).

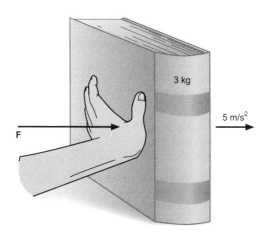

2. En el diagrama se muestra una fuerza aplicada hacia la derecha. ¿Cuánta fuerza se está aplicando?

    A. 0.6 N
    B. 3 N
    C. 8 N
    D. 15 N

3. Si una persona aplicara la misma fuerza para mover un libro que tiene una masa mayor, ¿cómo cambiarían en el diagrama las flechas que representan los vectores de fuerza y aceleración?

    A. La flecha que muestra la fuerza sería más corta y la flecha que muestra la aceleración sería más larga.
    B. La flecha que muestra la fuerza no cambiaría y la flecha que muestra la aceleración sería más corta.
    C. La flecha que muestra la fuerza no cambiaría y la flecha que muestra la aceleración sería más larga.
    D. La flecha que muestra la fuerza sería más larga y la flecha que muestra la aceleración sería más corta.

INSTRUCCIONES: Estudia la información y el diagrama, lee cada pregunta y elige la **mejor** respuesta.

LA TERCERA LEY DE NEWTON Y LOS VECTORES

La tercera ley del movimiento de Newton establece que por cada fuerza hay una fuerza igual y opuesta. Por ejemplo, cuando una persona se para sobre el piso, el peso de la persona empuja hacia abajo. Para sostener el peso, el piso empuja hacia arriba, ejerciendo una fuerza igual y opuesta sobre los pies de la persona.

En el diagrama que aparece a continuación, la persona tiene una masa de 50 kg. La fuerza que ejerce sobre el piso es igual a su peso. Cerca de la superficie de la Tierra, el peso de un objeto es igual a su masa en kilogramos multiplicada por 9.8. En consecuencia, la fuerza que ejerce la persona es 50 kg × 9.8, ó 490 N.

4. ¿Cuál es el valor de F_n?

    A. 9.8 N
    B. 19.6 N
    C. 50 N
    D. 490 N

5. ¿Cuál es el valor de F_n para una persona que tiene una masa de 65 kg?

    A. 9.8 N
    B. 65 N
    C. 637 N
    D. 1,274 N

Aplicar leyes científicas

TEMAS DE CIENCIAS: P.b.1, P.b.2
PRÁCTICA DE CIENCIAS: SP.1.a, SP.1.b, SP.1.c, SP.6.c, SP.7.a, SP.7.b, SP.8.b

1 Aprende la destreza

Una **ley científica** es un enunciado que describe cómo se comportan la materia y la energía. En las ciencias físicas, la mayoría de las leyes se pueden expresar como ecuaciones matemáticas. Por ejemplo, la segunda ley del movimiento de Newton describe la relación entre fuerza, masa y aceleración. La ecuación de esta ley es: $F = ma$.

Al **aplicar una ley científica**, identificas situaciones que ilustran la ley. Entonces, puedes usar la ley científica para hacer predicciones sobre esas situaciones.

2 Practica la destreza

Al practicar la destreza de aplicar leyes científicas, mejorarás tus capacidades de estudio y evaluación, especialmente en relación con la Prueba de Ciencias GED®. Estudia la información y el diagrama que aparecen a continuación. Luego responde la pregunta.

LEY DE LA GRAVITACIÓN UNIVERSAL

a Cuando leas sobre leyes científicas, ten en cuenta lo que ya sabes sobre esas leyes.

b El pasaje brinda información necesaria para responder preguntas sobre la relación entre la gravedad y la distancia.

La ley de la gravitación universal establece que <u>la fuerza de gravedad entre dos objetos es directamente proporcional al producto de sus masas e inversamente proporcional al cuadrado de la distancia entre sus centros</u>. Entonces, cuanta más masa tienen dos objetos en total, mayor es la fuerza gravitacional entre ellos. Cuanto mayor es la distancia entre dos objetos, menor es la fuerza gravitacional entre ellos. La fuerza de la gravedad es lo mismo que "peso", que no es lo mismo que la masa. La masa de un objeto es la cantidad de materia que el objeto contiene. En los cálculos de fuerza gravitacional, la masa de un objeto no cambia, pero sí su peso.

En el diagrama se muestra la distancia en kilómetros (km) entre un cohete y el centro de la Tierra en distintos momentos (antes del despegue y algún tiempo después del despegue). La masa del cohete permanece igual, pero su peso (la medida de la gravedad de la Tierra que actúa sobre el cohete) cambia.

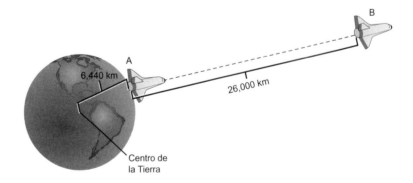

A
6,440 km
26,000 km
B
Centro de la Tierra

1. ¿Qué enunciado describe la fuerza de la gravedad de la Tierra sobre el cohete en el diagrama?

    A. En el punto B ya no existe.
    B. Es menor en el punto A que en el punto B.
    C. Es mayor en el punto A que en el punto B.
    D. Es la misma en el punto A y en el punto B.

UNIDAD 2

★ Ítem en foco: **ARRASTRAR Y SOLTAR**

INSTRUCCIONES: Lee el pasaje y la pregunta. Luego usa las opciones de arrastrar y soltar para unir cada situación con la ley que se aplica a ella.

APLICAR LAS LEYES DE NEWTON

La ley de la gravitación universal de Newton establece que todos los objetos se atraen mutuamente debido a una fuerza que está relacionada directamente con sus masas e inversamente con las distancias que hay entre ellos. Newton también formuló tres leyes universales del movimiento. La primera ley del movimiento de Newton establece que todos los objetos en reposo permanecen en reposo a menos que actúe sobre ellos una fuerza externa. Por el contrario, todos los objetos en movimiento mantienen el mismo movimiento a menos que una fuerza externa actúe sobre ellos. La segunda ley del movimiento de Newton establece que el cambio en el momento lineal de un cuerpo depende de la intensidad y el sentido de la fuerza que actúa sobre él. De manera que cuanto mayor es la masa de un objeto, más fuerza se debe aplicar para alterar su rapidez o su sentido. La tercera ley de Newton establece que para toda acción hay una reacción igual y opuesta. Por lo tanto, para toda fuerza, hay una fuerza de reacción igual que actúa en el sentido opuesto.

2. Aplica las leyes de Newton a situaciones del mundo real. Determina qué opción de arrastrar y soltar se aplica a cada situación. Luego anota el nombre de cada ley en el recuadro adecuado.

Situación A. Los astronautas que orbitan la Tierra millas por encima de su superficie, en la Estación Espacial Internacional, pueden rebotar en la cabina en un estado de ingravidez que sería imposible en la Tierra.	
Situación B. Un cohete enciende sus motores y crea una gran fuerza hacia abajo contra la superficie de la Tierra. Finalmente, despega hacia la atmósfera.	
Situación C. Dos hermanas, una de 5 años y la otra de 14 años, patean pelotas del mismo tamaño. La pelota de la niña de 5 años rueda aproximadamente 10 pies. La pelota de la de 14 años vuela por el aire y cae a 40 pies de distancia.	
Situación D. Una caja ubicada en el asiento del acompañante de un carro vuela directamente hacia el tablero cuando el carro se detiene de repente.	

Opciones de arrastrar y soltar

primera ley del movimiento
segunda ley del movimiento
tercera ley del movimiento
ley de la gravitación universal

UNIDAD 2

INSTRUCCIONES: Lee el pasaje y la pregunta y elige la **mejor** respuesta.

LEY DE CONSERVACIÓN DEL MOMENTO LINEAL

El momento lineal se puede calcular con la ecuación $p = mv$, donde p es el momento lineal, m es la masa y v es la velocidad. La ley de conservación del momento lineal establece que el momento lineal de un sistema es constante si ninguna fuerza externa actúa sobre él. Esto significa que el momento lineal total permanece igual cuando dos cuerpos colisionan.

Consideremos dos carritos de supermercado. Se empuja un carrito lleno con una masa de 35 kilogramos (kg) hacia el Este a 2 metros por segundo (m/s.). Se empuja un carrito vacío con una masa de 10 kg hacia el Oeste a 3 m/s.

Según la formula $p=mv$, el momento lineal del carrito lleno es (35 kg) • (+2 m/s), o +70 kg • m/s (el signo de la suma significa que se está moviendo hacia el Este). El momento lineal del carrito vacío es (10 kg) • (−3 m/s), o −30 kg • m/s (el signo de la resta significa que se está moviendo hacia el Oeste). La suma de las cantidades da el momento lineal total del sistema (ambos carritos), que es +40 kg • m/s.

3. Si el momento lineal del carrito lleno después de la colisión es +26.25 kg • m/s, ¿cuál es el momento lineal del carrito vacío después de la colisión?

A. 26.25 kg • m/s hacia el Oeste

B. 13.75 kg • m/s hacia el Este

C. 26.25 kg • m/s hacia el Este

D. 1.375 kg • m/s hacia el Oeste

Acceder a los conocimientos previos

TEMAS DE CIENCIAS: P.b.3
PRÁCTICA DE CIENCIAS: SP.1.a, SP.1.b, SP.1.c, SP.7.a, SP.7.b

UNIDAD 2

1 Aprende la destreza

Los **conocimientos previos** son los conocimientos que ya tienes sobre un tema. Puedes adquirir conocimientos sobre un tema a través del aprendizaje formal y las experiencias personales. Como todo lo que ves y lo que haces involucra a las ciencias, es probable que sepas más de lo que crees sobre ciencias. Al **acceder a tus conocimientos previos** relacionados con un tema de ciencias, aprendes nueva información sobre el tema más fácilmente.

2 Practica la destreza

Al practicar la destreza de acceder a los conocimientos previos, mejorarás tus capacidades de estudio y evaluación, especialmente en relación con la Prueba de Ciencias GED®. Estudia la información y el diagrama que aparecen a continuación. Luego responde la pregunta.

a Lee el título para identificar el tema del texto y luego considera lo que sabes sobre el tema. ¿Qué aprendiste sobre las fuerzas? ¿De qué manera has usado máquinas para realizar un trabajo?

→ TRABAJO, FUERZAS Y MÁQUINAS

En ciencias, se realiza un trabajo cuando una fuerza mueve un objeto. No se realiza trabajo si un objeto no se mueve, aunque se aplique una fuerza. Las máquinas facilitan el trabajo al cambiar la magnitud o el sentido de la fuerza que se necesita para realizar el trabajo.

Una máquina simple es una herramienta básica que se usa para facilitar un trabajo. Cuando se usa una máquina simple, la fuerza de entrada es menor que la fuerza de salida o se mueve en otro sentido. La fuerza de entrada es la fuerza que se ejerce sobre la máquina simple. La fuerza de salida es la fuerza que ejerce la máquina simple. Los seis tipos de máquinas simples son: palanca, cuña, plano inclinado, polea, tornillo y rueda y eje. En el diagrama se muestra cómo se puede usar una palanca para levantar una caja.

b Los temas de ciencias están interrelacionados. Has aprendido cómo en los diagramas vectoriales se usan flechas para mostrar la magnitud y el sentido de las fuerzas. Usa este conocimiento para comprender el contenido de ciencias que aquí se presenta.

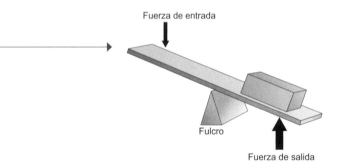

Fuerza de entrada

Fulcro

Fuerza de salida

CONSEJOS PARA REALIZAR LA PRUEBA

Tu capacidad para responder cualquier pregunta sobre ciencias correctamente aumenta si accedes a los conocimientos previos relacionados con las ciencias. Es probable que también tengas que usar tus conocimientos de otras áreas, como las matemáticas.

1. ¿Qué enunciado describe la ventaja de usar una palanca para mover un objeto?

   A. El sentido de la fuerza es el mismo cuando se usan los brazos que cuando se usa una palanca.
   B. La magnitud de la fuerza de entrada es igual a la magnitud de la fuerza de salida.
   C. Una palanca cambia la magnitud y el sentido de la fuerza aplicada.
   D. No se necesita trabajo para mover el objeto sobre la palanca.

★ Ítem en foco: **PUNTO CLAVE**

INSTRUCCIONES: Lee la información y la pregunta. Luego marca el lugar o los lugares adecuados del diagrama para responder.

USAR UNA CUÑA

Una cuña es un tipo de máquina simple. Las cuñas se usan comúnmente para separar objetos. La cabeza de un hacha es una cuña. La fuerza de entrada que se aplica a la base de una cuña se distribuye a lo largo de sus lados angulares. Cuando se aplica una fuerza a un hacha, los lados de la hoja del hacha empujan hacia afuera sobre la madera. La fuerza que se ejerce hacia afuera hace que la madera se divida.

2. ¿Dónde se produce la fuerza de salida cuando se usa una cuña? En el diagrama, marca con una *X* cualquier flecha vectorial que represente una fuerza de salida.

UNIDAD 2

INSTRUCCIONES: Lee el pasaje y la pregunta y elige la **mejor** respuesta.

MEDIR EL TRABAJO

Se realiza trabajo cuando una fuerza mueve un objeto. La cantidad de trabajo que se realiza depende de la magnitud de la fuerza usada para mover el objeto y de la distancia sobre la cual se aplica la fuerza. El valor de la cantidad de trabajo que se realiza se expresa en metros por newton, o julios, y se calcula usando la siguiente ecuación:

$$W = Fd$$
W: trabajo (en metros por newton, o julios)
F: fuerza (en newtons)
d: distancia (en metros)

3. ¿Qué enunciado explica una relación entre la cantidad de trabajo producido y la fuerza aplicada?

A. Una fuerza mayor da como resultado menos trabajo si no cambia la distancia sobre la cual se aplica la fuerza.
B. El valor de la cantidad de trabajo realizado no tiene relación con la distancia sobre la cual se aplica la fuerza.
C. Se realiza la misma cantidad de trabajo cuando se usan fuerzas para mover cajas cuyos pesos son diferentes a través de la misma distancia.
D. Si un objeto no se mueve cuando se aplica una fuerza, el valor del trabajo realizado es cero.

INSTRUCCIONES: Lee el pasaje. Luego lee cada pregunta y elige la **mejor** respuesta.

VENTAJA MECÁNICA Y POTENCIA

La ventaja mecánica, o VM, es la cantidad de trabajo que una máquina facilita. Es una razón de la magnitud de la fuerza de salida a la magnitud de la fuerza de entrada. La potencia describe la tasa a la que se realiza el trabajo. Expresado en vatios, es una razón de la cantidad de trabajo realizado al tiempo empleado para realizar el trabajo. La ventaja mecánica y la potencia se calculan usando las siguientes ecuaciones:

$$VM = \frac{fuerza\ de\ salida}{fuerza\ de\ entrada} \qquad potencia = \frac{trabajo}{tiempo}$$

4. La fuerza de salida de una máquina simple en particular es 100 newtons (N). La máquina brinda una ventaja mecánica de 4. ¿Cuál es la fuerza de entrada?

A. 25 N
B. 100 N
C. 104 N
D. 400 N

5. Un montacargas automático realiza un trabajo de 19,600 julios para levantar 4 metros una carga de 500 kilogramos. La tarea lleva 10 segundos. ¿Cuánta potencia ejerce el montacargas?

A. 1,960 vatios
B. 2,000 vatios
C. 4,900 vatios
D. 19,600 vatios

Relacionar sucesos microscópicos y sucesos observables

UNIDAD 2

① Aprende la destreza

En las ciencias, los sucesos que se pueden observar directamente se relacionan con los sucesos que no se pueden observar directamente. Por ejemplo, la energía y su transferencia se pueden observar como movimiento, luz, sonido, calor y campos eléctricos y magnéticos. Sin embargo, estos sucesos observables (macroscópicos) son el resultado de comportamientos e interacciones que tienen lugar a un nivel que no se puede observar (microscópico) en las partículas de la materia.

Relacionar sucesos microscópicos y sucesos observables te permite comprender cómo se perciben los sucesos microscópicos en el nivel observable.

② Practica la destreza

Al practicar la destreza de relacionar sucesos microscópicos y sucesos observables, mejorarás tus capacidades de estudio y evaluación, especialmente en relación con la Prueba de Ciencias GED®. Estudia la información y la ilustración que aparecen a continuación. Luego responde la pregunta.

ENERGÍA CINÉTICA Y ENERGÍA TÉRMICA

a *Microscópico* se refiere a algo que es tan pequeño que no se puede observar directamente. *Macroscópico* se refiere a algo más grande que se puede observar directamente.

Toda la materia tiene energía cinética (energía de movimiento) interna porque las moléculas y los átomos (e incluso las partículas subatómicas) que la componen están en constante movimiento. Aunque este movimiento es un suceso <u>microscópico</u>, se lo puede detectar <u>macroscópicamente</u> como energía térmica, o calor. También se puede medir con un termómetro.

Un termómetro mide la energía cinética promedio de las partículas en una muestra de materia. Cuanto más rápidamente se mueven las partículas, mayor es la temperatura. La energía térmica es la energía cinética total de las partículas en una muestra de materia. Como más materia significa más partículas, una muestra más grande de materia tiene más energía térmica que una muestra más pequeña a la misma temperatura.

b La expansión del líquido del termómetro es un suceso macroscópico vinculado con la energía cinética de partículas microscópicas tanto en el termómetro como en el agua.

En la ilustración se muestran dos recipientes con agua. Ambos termómetros marcan 80 grados Celsius (°C).

250 ml	500 ml
A	B

TEMAS

La temperatura y el calor no son lo mismo. El calor es energía térmica. La temperatura es una medida de la energía cinética promedio de las partículas de una sustancia.

1. ¿Qué enunciado describe la energía del agua que está en los recipientes?

   A. Ambos recipientes tienen la misma cantidad de energía térmica.
   B. El recipiente A tiene más energía térmica que el recipiente B.
   C. El recipiente B tiene una temperatura mayor que el recipiente A.
   D. El recipiente B tiene más energía térmica que el recipiente A.

Aplica la destreza

⭐ Ítem en foco: PUNTO CLAVE

INSTRUCCIONES: Lee el pasaje y la pregunta. Luego marca los lugares adecuados del diagrama para responder.

TRANSFERENCIA DE CALOR

El calor se transfiere entre objetos o sistemas que tienen temperaturas diferentes. El calor se mueve desde la materia más caliente hacia la materia más fría hasta que ambas alcanzan la misma temperatura; es decir, hasta que establecen un equilibrio térmico.

El flujo de calor se produce por tres medios: conducción, convección y radiación. La conducción se produce cuando objetos con temperaturas diferentes entran en contacto entre sí y el calor fluye desde el objeto caliente hacia el objeto frío. La convección se produce en los gases y los líquidos, cuando grupos de partículas más calientes se mueven libremente y transportan calor hacia las áreas más frías. La radiación se produce cuando la energía se transporta desde una fuente mediante ondas, llamadas ondas electromagnéticas, sin la necesidad de contacto o corrientes.

2. El diagrama de la olla con agua sobre una cocina eléctrica muestra los tres tipos de transferencia de energía. En cada grupo de flechas del diagrama, marca *D* para conducción, *V* para convección o *R* para radiación.

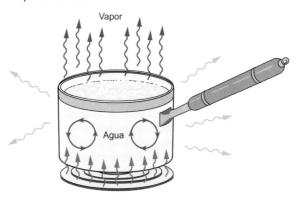

INSTRUCCIONES: Lee el pasaje y la pregunta y elige la **mejor** respuesta.

CONDUCCIÓN

La transferencia de calor, o energía térmica, desde objetos o sustancias que están en contacto entre sí se produce cuando las partículas de la sustancia más caliente, que se mueven rápidamente, colisionan con las partículas de la sustancia más fría, que se mueven más lentamente. Esto causa que las partículas más lentas se aceleren. Con el tiempo, esto resulta en un equilibrio (es decir que las sustancias están a la misma temperatura) cuando las partículas de ambas sustancias se mueven aproximadamente a la misma velocidad.

Cuanto más densa es una sustancia, más fácilmente colisionan sus partículas entre sí. Se dice que esas sustancias densas son buenas conductoras de calor. En consecuencia, los sólidos suelen ser mejores conductores de calor que los líquidos. Entre los sólidos, los metales, que tienen partículas compactas dispuestas muy cerca unas de otras en estructuras cristalinas, son, en general, mejores conductores de calor que los no metales. Es decir, las partículas que vibran transfieren su movimiento (y su energía térmica) más fácilmente a través de los metales que a través de la mayoría de las demás sustancias.

3. Imagina que dos objetos del mismo tamaño y forma, uno de madera y el otro de aluminio, han estado en una habitación durante el tiempo suficiente para alcanzar la temperatura ambiente, que es aproximadamente 70 grados Fahrenheit (°F). Una estudiante, que tiene una temperatura corporal normal de alrededor de 99 °F, levanta ambos objetos. ¿Qué enunciado describe cómo se percibe el objeto?

A. La madera se percibe más fría que el metal porque la madera no conduce el calor tan rápidamente como el metal; en consecuencia, la energía térmica de la madera se transfiere más lentamente a la mano.

B. La madera se percibe más caliente que el metal porque el metal es mejor conductor de calor; en consecuencia, el metal transfiere el calor de su mano más rápidamente que la madera.

C. La madera y el metal se perciben casi de la misma manera porque ambos están a la misma temperatura.

D. El metal se percibe más caliente que la temperatura ambiente porque es un buen conductor de calor; por lo tanto, transfiere su energía térmica a la mano de la estudiante más rápidamente que la madera.

UNIDAD 2

Interpretar observaciones

TEMAS DE CIENCIAS: P.a.3
PRÁCTICA DE CIENCIAS: SP.1.a, SP.1.b, SP.1.c, SP.3.b, SP.3.c, SP.7.a

❶ Aprende la destreza

El primer paso en el método científico es observar o usar los sentidos para percibir algo. Los pasos siguientes están relacionados con intentar explicar el significado de lo que se observa. Por ejemplo, después de observar cómo se comportan los objetos en la naturaleza y en las investigaciones científicas, los científicos han hecho varias interpretaciones sobre la energía. A medida que amplías tu comprensión de los temas de ciencias, puedes **interpretar observaciones** propias o hechas por otras personas.

❷ Practica la destreza

Al practicar la destreza de interpretar observaciones, mejorarás tus capacidades de estudio y evaluación, especialmente en relación con la Prueba de Ciencias GED®. Estudia la información y la gráfica que aparecen a continuación. Luego responde la pregunta.

ENERGÍA POTENCIAL Y ENERGÍA CINÉTICA

ⓐ En un sistema cerrado, no se puede crear ni destruir energía, pero esta puede transformarse de una forma en otra. La cantidad total de energía de un sistema siempre es la misma.

Los científicos han observado que toda la energía se almacena como energía potencial o está en movimiento como energía cinética. Con frecuencia, la energía potencial se asocia a la energía de posición. Por ejemplo, se dice que una piedra sobre la superficie de la Tierra está almacenando energía. Si levantas la piedra respecto de la superficie de la Tierra, incrementas su energía potencial. Si dejas caer la piedra, la energía potencial se transforma en energía de movimiento, o energía cinética. La energía mecánica es la suma de la energía potencial y la energía cinética de un sistema.

ⓑ Las observaciones suelen registrarse en gráficas. En general, el eje de la x de una gráfica como esta representa el tiempo, aun cuando no esté rotulado. Por lo tanto, en esta gráfica se muestra cómo se transforma la energía con el tiempo.

En la gráfica se muestra cómo cambia la energía cuando un carro de juguete se mueve desde la parte superior de una rampa empinada (punto 25) hasta la base (punto 0). La energía potencial y la energía cinética del juguete se muestran en varios puntos a lo largo de la rampa. El nivel más alto de la energía potencial se produce en el punto 25.

CONSEJOS PARA REALIZAR LA PRUEBA

Aunque muchas preguntas sobre ciencias físicas requieren el uso de cálculos matemáticos, la Prueba de GED® también incluye preguntas sobre ciencias físicas que implican interpretar observaciones sin usar las matemáticas.

(Gráfica: eje vertical "Punto en la rampa" con valores 0, 5, 10, 15, 20, 25. Curva "Cinética" creciente y curva "Potencial" decreciente (discontinua).) **ⓑ**

1. ¿Qué interpretación está respaldada por los datos de la gráfica?

   A. A medida que disminuye la energía potencial, la energía cinética aumenta a la misma tasa.

   B. Un objeto puede tener energía potencial o energía cinética, pero no ambas.

   C. Un aumento en la energía potencial causa un aumento en la energía cinética.

   D. A medida que la energía potencial disminuye, la energía cinética disminuye a la misma tasa.

INSTRUCCIONES: Estudia la información y el diagrama, lee la pregunta y elige la **mejor** respuesta.

LA ENERGÍA EN UNA TURBINA EÓLICA

La cantidad total de energía de un sistema es la suma de la energía potencial y la energía cinética del sistema. Considera una máquina, como una turbina eólica. Un molino tradicional usa la energía cinética del viento para realizar un trabajo, como bombear agua o moler granos. Una turbina eólica lleva al proceso un paso más adelante: convierte la energía cinética en energía eléctrica, como se muestra en el diagrama.

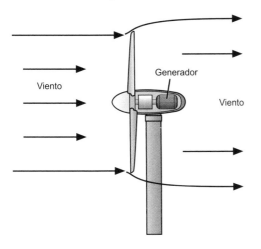

2. El diagrama representa una observación de una turbina eólica en presencia de viento. ¿Qué sucede con la energía del viento a medida que pasa a través de la turbina?

A. La energía cinética del viento es mayor antes de golpear contra las aspas que después de golpear contra las aspas.
B. La energía potencial del viento es la misma antes y después de golpear contra las aspas.
C. La energía cinética del viento es mayor después de golpear contra las aspas que antes de golpear contra las aspas.
D. La turbina eólica transforma la energía potencial del viento en energía cinética.

INSTRUCCIONES: Estudia la información y el diagrama, lee cada pregunta y elige la **mejor** respuesta.

CÓMO FUNCIONAN LAS BATERÍAS

En una batería no recargable, se almacena energía potencial en forma de energía química. Reacciones químicas que se producen dentro de la batería hacen que los electrones se amontonen en la cubierta de zinc. Esa energía potencial se transforma en energía eléctrica una vez que se completa un circuito entre la varilla de carbono (positiva) y la cubierta de zinc (negativa). La energía eléctrica que se produce como resultado se puede transformar en otras formas de energía, como se muestra en el diagrama. A medida que la pasta química de la batería reacciona con los metales en la batería, los metales finalmente se descomponen y la batería "muere".

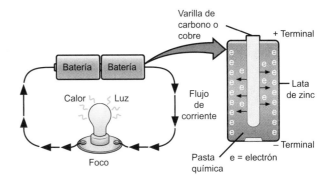

3. ¿Qué enunciado describe lo que sucede con la energía almacenada de la batería en este sistema?

A. Se transforma de energía eléctrica, térmica y luminosa en energía química.
B. Se transforma de energía química en energía eléctrica, luminosa y térmica.
C. Se transforma de energía luminosa y térmica en energía química y eléctrica.
D. Se transforma de energía eléctrica en energía térmica, luminosa y química.

4. ¿Qué sucedería con la energía de este sistema si se desconectara el cable de un terminal de la batería?

A. La energía eléctrica se transformaría en energía potencial.
B. La energía luminosa y térmica se transformaría en energía química.
C. La energía dejaría de transformarse de energía química potencial en otras formas de energía.
D. La energía dejaría de transformarse de energía química cinética en otras formas de energía.

Relacionar contenidos con distintos formatos

TEMAS DE CIENCIAS: P.a.5
PRÁCTICA DE CIENCIAS: SP.1.a, SP.1.b, SP.1.c, SP.3.b, SP.6.a, SP.6.c, SP.7.a

UNIDAD 2

1 Aprende la destreza

Los temas de ciencias se comprenden más fácilmente cuando están representados con elementos visuales, como ilustraciones, gráficas y tablas. Con frecuencia, cuando se usan distintos formatos para presentar temas, el texto y los elementos visuales abordan contenido diferente pero relacionado. Saber cómo **relacionar contenidos con distintos formatos** te ayudará a comprender la información que se presenta.

2 Practica la destreza

Al practicar la destreza de relacionar contenidos con distintos formatos, mejorarás tus capacidades de estudio y evaluación, especialmente en relación con la Prueba de Ciencias GED®. Estudia la información y el diagrama que aparecen a continuación. Luego responde la pregunta.

ONDAS TRANSVERSALES

a Observa que tanto el texto como el diagrama abordan solo las ondas transversales. No se explican otros tipos de ondas.

Cuando las ondas viajan a través de las sustancias, hacen que las partículas vibren. En las ondas transversales, las partículas vibran de manera perpendicular a la dirección en la cual se está moviendo la onda. En el diagrama se muestra cómo las partículas se alejan de su posición de reposo cuando la onda transversal pasa a través de una sustancia. Las crestas y las depresiones son los puntos donde las partículas están más alejadas de su posición de reposo. La distancia desde un punto al siguiente punto idéntico se conoce como longitud de onda. **b**

b Cuando veas rótulos en un diagrama, también busca esas palabras en el texto. El texto puede ofrecer explicaciones adicionales que pueden ayudar a aclarar los rótulos.

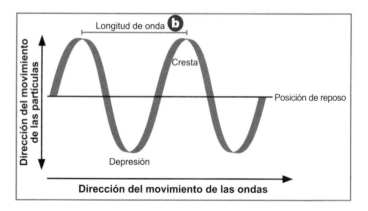

TEMAS

Las ondas son patrones de movimiento que se repiten y transportan energía. Ciertos tipos de onda deben moverse a través de un medio (materia).

1. ¿Qué enunciado está respaldado por la información que se presenta?

A. La longitud de onda de una onda transversal se puede medir únicamente de cresta a cresta.

B. Cuanto más grandes son las crestas y las depresiones de una onda transversal, más se alejan las partículas de su posición de reposo.

C. Las ondas transversales hacen que las partículas se muevan en la misma dirección que la onda.

D. La longitud de onda de una onda transversal mide cuánto se alejan las partículas de su posición de reposo.

⭐ Ítem en foco: **ARRASTRAR Y SOLTAR**

INSTRUCCIONES: Lee el pasaje y la pregunta. Luego usa las opciones de arrastrar y soltar para rotular el diagrama.

ONDAS TRANSVERSALES Y ONDAS LONGITUDINALES

Las ondas son transversales, como las ondas de luz, o longitudinales, como las ondas sonoras. Ambos tipos de ondas tienen longitud de onda, amplitud y frecuencia. La longitud de onda de una onda transversal es la distancia entre dos crestas o dos depresiones. La amplitud de una onda transversal es la altura de una cresta o la profundidad de una depresión. La frecuencia de una onda transversal es la cantidad de crestas o depresiones que pasan por un punto fijo en un segundo. Las ondas longitudinales necesitan un medio a través del cual viajar. En vez de crestas y depresiones, las ondas longitudinales tienen compresiones, donde las partículas del medio se juntan, y rarefacciones, donde las partículas se dispersan. La longitud de onda de una onda longitudinal es la distancia entre dos compresiones. La amplitud es cuánto se comprime el medio. La frecuencia es el número de compresiones que pasan por un punto fijo en un segundo.

2. Identifica los tipos de ondas que se muestran en el diagrama y la parte no rotulada de cada onda. Anota cada rótulo de las opciones de arrastrar y soltar en el lugar adecuado del diagrama.

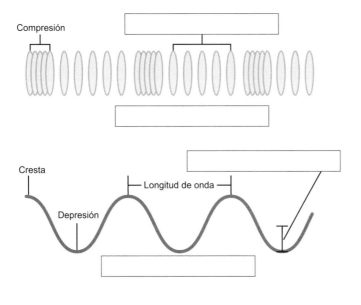

Opciones de arrastrar y soltar

Onda longitudinal
Onda transversal
Rarefacción
Amplitud

INSTRUCCIONES: Estudia la lista y la ilustración, lee el pasaje y elige la **mejor** respuesta.

ONDAS EM
- rayos gamma
- rayos X
- ultravioleta
- luz visible
- infrarrojo
- microondas
- ondas de radio

LUZ VISIBLE

3. Los seres humanos solo podemos ver un tipo de radiación electromagnética (EM) y vemos estas ondas como colores. ¿Qué tipo de radiación EM vemos?

   A. rayos gamma
   B. rayos X
   C. radiación ultravioleta
   D. luz visible

UNIDAD 2

Sacar conclusiones de fuentes mixtas

TEMAS DE CIENCIAS: P.a.4
PRÁCTICA DE CIENCIAS: SP.1.a, SP.1.b, SP.1.c, SP.3.b, SP.4.a, SP.5.a

UNIDAD 2

① Aprende la destreza

Cuando sacas conclusiones, elaboras explicaciones u opiniones. Al **sacar conclusiones de fuentes mixtas**, usas información que aparece en ilustraciones, tablas, gráficas y diferentes tipos de textos para expresar enunciados que expliquen todas tus observaciones y los hechos que se presentan.

② Practica la destreza

Al practicar la destreza de sacar conclusiones de fuentes mixtas, mejorarás tus capacidades de estudio y evaluación, especialmente en relación con la Prueba de Ciencias GED®. Lee el pasaje y estudia el diagrama. Luego responde la pregunta.

FUENTES DE ENERGÍA

Las plantas almacenan la energía que toman del sol cuando producen alimento durante la fotosíntesis. Para comenzar el proceso, las plantas toman el dióxido de carbono del aire a través de sus hojas y agua del suelo a través de sus raíces. La energía del sol genera reacciones químicas que combinan estas sustancias para producir azúcares simples, como la glucosa, dentro de los tejidos de las plantas. La energía del sol se almacena en las uniones químicas de los azúcares. Cuando se usa, la energía almacenada se convierte en otras formas útiles.

a Recuerda usar información de todas las fuentes disponibles para sacar conclusiones. Por ejemplo, aquí puedes usar el diagrama de flujo para identificar la fuente de carbón y luego consultar el pasaje para determinar la fuente de la energía del carbón.

FORMACIÓN DE CARBÓN

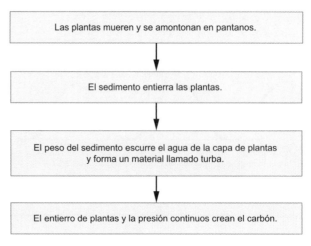

Las plantas mueren y se amontonan en pantanos.

↓

El sedimento entierra las plantas.

↓

El peso del sedimento escurre el agua de la capa de plantas y forma un material llamado turba.

↓

El entierro de plantas y la presión continuos crean el carbón.

USAR LA LÓGICA

En un diagrama de flujo se enumeran los pasos más importantes de un proceso. Usa la lógica e información de otras fuentes para determinar qué podría ocurrir antes del primer paso.

1. A partir del pasaje y el diagrama de flujo, ¿cuál es la fuente de la energía presente en el carbón?

   A. la turba
   B. el sol
   C. el sedimento
   D. la presión

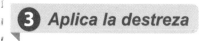

INSTRUCCIONES: Lee el pasaje y estudia el grupo de gráficas. Luego lee cada pregunta y elige la **mejor** respuesta.

LA LEY DE AIRE LIMPIO

La quema de combustibles fósiles para producir energía genera contaminación del aire. Esta contaminación puede tener efectos nocivos para la salud de las personas, las plantas y los animales. Para abordar este problema, el gobierno creó la Ley de Aire Limpio (CAA, por sus siglas en inglés) de 1970, la cual fija niveles máximos para varios contaminantes. Mediante la CAA también se creó una red nacional de control de la calidad del aire para llevar un registro de dichos niveles. Cuando los contaminantes detectados en un estado superan los estándares nacionales, el estado debe presentar un plan para bajar esos niveles. En las gráficas que aparecen a continuación se muestra la tendencia nacional de cuatro contaminantes del aire importantes a partir de 1980, cuando se inició el control de la calidad del aire. En cada gráfica, la línea negra muestra el nivel promedio en partes por millón (ppm) o microgramos por metro cúbico (µg/m³). La banda de color muestra el 80 por ciento medio de la distribución de datos.

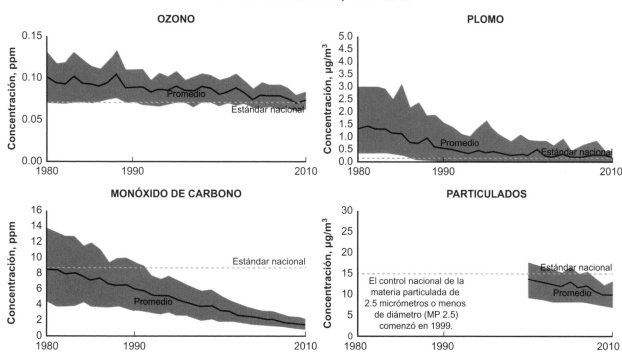

CALIDAD DEL AIRE, 1980–2010

2. ¿Para qué contaminantes del aire algunos estados tuvieron que presentar planes de reducción de la contaminación en 2010, tomando como base los niveles promedio?

A. ozono y particulados
B. monóxido de carbono y particulados
C. plomo y particulados
D. ozono y plomo

3. ¿Qué conclusión se puede sacar a partir del pasaje y los datos presentados?

A. El programa nacional de control de la calidad del aire cuesta más dinero que en el pasado.
B. El plomo es el problema más importante relacionado con la calidad del aire en los Estados Unidos.
C. Es probable que la CAA haya llevado a una reducción en los problemas de salud relacionados con la contaminación del aire.
D. En los Estados Unidos ya no se controlarán los contaminantes identificados en las gráficas.

Comprender las técnicas de investigación

TEMAS DE CIENCIAS: P.a.4, P.b.2, P.c.1
PRÁCTICA DE CIENCIAS: SP.2.a, SP.2.b, SP.2.d, SP.2.e, SP.3.b, SP.3.d, SP.7.a, SP.8.a, SP.8.b

UNIDAD 2

① Aprende la destreza

La experimentación científica se basa en el método científico e involucra **técnicas de investigación** establecidas. Una investigación casi siempre comienza con una pregunta relacionada a una observación. Usando los conocimientos previos, los científicos tratan de responder la pregunta con una hipótesis. Los pasos que siguen incluyen el diseño y la realización de una investigación que pone a prueba la hipótesis y el análisis e interpretación de los datos.

Cuando **comprendes las técnicas de investigación**, puedes diseñar y realizar investigaciones científicas. Lo más importante en la práctica es que mejoras tu comprensión de las ciencias en general al poder identificar hipótesis, variables y fuentes de error en las investigaciones, y tu comprensión de las maneras de interpretar datos.

② Practica la destreza

Al practicar la destreza de comprender las técnicas de investigación, mejorarás tus capacidades de estudio y evaluación, especialmente en relación con la Prueba de Ciencias GED®. Lee el pasaje que aparece a continuación. Luego responde la pregunta.

a Una hipótesis es un intento de explicar una observación. No se puede probar que una hipótesis es verdadera, pero se la puede respaldar. Si una hipótesis es respaldada varias veces por la investigación, pasa a ser aceptada como válida en la comunidad científica y, con el tiempo, puede ser considerada una teoría o ley científica.

b Los datos generados a partir de una investigación deben ser analizados e interpretados. Si los datos validan la hipótesis, se pueden usar para hacer predicciones.

PRÁCTICAS DE CONTENIDOS

El método científico está compuesto por una serie de pasos lógicos, donde cada uno depende del paso previo. Por ejemplo, no puedes sacar conclusiones sin antes analizar los resultados.

INVESTIGAR LA ESTRUCTURA ATÓMICA

El objetivo de una investigación científica es poner a prueba una hipótesis. Después de realizar una investigación, un investigador analiza e interpreta los datos de las pruebas para decidir si la hipótesis tiene fundamento. Si el análisis muestra que la hipótesis es incorrecta o solo parcialmente correcta, el investigador busca errores en el diseño de la investigación o modifica la hipótesis y vuelve a ponerla a prueba. Este proceso continúa hasta que se demuestra que las investigaciones que otros científicos pueden reproducir respaldan la hipótesis.

Una de las primeras investigaciones sobre la estructura de la materia ilustra el uso del método científico y técnicas de investigación efectivas. A comienzos del siglo XX, los científicos no sabían que los átomos contenían la mayor parte de su masa y toda la carga positiva dentro del núcleo. Creían que la carga positiva y la masa estaban distribuidas uniformemente en todo el átomo. El físico Ernest Rutherford diseñó una investigación para poner a prueba esta hipótesis. Irradió átomos de helio que había hecho que tuvieran carga positiva quitándoles sus electrones a través de una lámina de oro. Como, a partir de la hipótesis, pensaba que las cargas positivas y la masa estaban distribuidas uniformemente en todo el oro, esperaba que las partículas con carga positiva lo atravesaran. Pero algunas partículas rebotaron y se movieron en la dirección opuesta, como si una masa cargada positivamente la hubiera repelido.

1. Después de analizar los resultados de la investigación, ¿qué debería haber hecho Rutherford?

   A. modificar los resultados para que respaldaran la hipótesis original
   B. modificar la hipótesis para establecer que los átomos tienen núcleos con carga positiva
   C. abandonar la investigación porque los resultados no respaldaban la hipótesis original
   D. suponer que los átomos no tienen cargas eléctricas

INSTRUCCIONES: Lee el pasaje. Luego lee cada pregunta y elige la **mejor** respuesta.

INVESTIGAR LA FUERZA

Un investigador diseña una investigación en la que medirá la cantidad de fuerza que se necesita para mover objetos de diferentes masas a través de una distancia específica dentro de un determinado intervalo de tiempo. Al diseñar la investigación, el investigador toma en cuenta la idea de que una investigación válida es controlada; es decir, que mantiene constantes todas las variables, excepto dos: una variable independiente, que se cambia de manera intencional, y una variable dependiente, que reacciona a esos cambios.

2. ¿Qué hipótesis es **más probable** que esté poniendo a prueba el científico en esta investigación?

   A. El trabajo es igual a la fuerza por el desplazamiento.
   B. Para cada fuerza hay una fuerza igual y opuesta.
   C. La fuerza es igual a la masa por la aceleración.
   D. La aceleración provocada por la gravedad en la Tierra es 9.8 metros por segundo al cuadrado (m/s^2).

3. En el diseño de esta investigación, ¿qué factor es la variable dependiente?

   A. la masa del objeto
   B. la cantidad de fuerza aplicada
   C. la fuerza opuesta de fricción
   D. la distancia que se desplaza el objeto

4. ¿Qué factor es la variable independiente?

   A. la masa del objeto
   B. la cantidad de fuerza aplicada
   C. la fuerza opuesta de fricción
   D. la distancia que se desplaza el objeto

INSTRUCCIONES: Lee el pasaje y la pregunta y elige la **mejor** respuesta.

INVESTIGAR LA CALIDAD DEL AIRE

A partir de los niveles de monóxido de carbono causados por los escapes de los carros que hay en el ambiente, un ambientalista tiene la hipótesis de que la calidad del aire en su vecindario no es saludable. Él realiza una investigación para hallar la concentración media, o promedio, de monóxido de carbono en el aire, en la intersección cercana al edificio donde vive. Usando un dispositivo móvil y la tecnología disponible, reúne mediciones de las concentraciones de monóxido de carbono en el aire en ese lugar cada dos horas durante un período de doce horas. Registra las siguientes cifras: 9.1 partes por millón (ppm), 15.0 ppm, 11.1 ppm, 11.5 ppm, 12.8 ppm y 14.2 ppm.

5. ¿Cuál es la media del conjunto de datos del ambientalista?

   A. 11.1
   B. 12.3
   C. 15.0
   D. 73.7

INSTRUCCIONES: Lee el pasaje y la pregunta y elige la **mejor** respuesta.

INVESTIGAR LA GRAVEDAD

Una estudiante quiere investigar la aceleración que provoca la fuerza de gravedad. Ella construye una rampa y usa dos tapas de frascos que contienen arandelas de metal como los objetos que serán sometidos a la fuerza de la gravedad. Ella sabe por las leyes de Newton que si se sueltan simultáneamente en la parte superior de la rampa, las tapas deberían llegar a la parte inferior de la rampa al mismo tiempo, independientemente de cuántas arandelas más tiene una tapa respecto de la otra. Sin embargo, esto no es lo que observa en su investigación. En todas las pruebas que realiza, la tapa que tiene más arandelas llega primero a la parte inferior de la rampa.

6. ¿Qué enunciado describe la fuente de error **más probable** de esta investigación?

   A. No se controló adecuadamente la fuerza de fricción.
   B. No se estandarizó la masa de las arandelas.
   C. La rampa era muy empinada, lo que hizo que las velocidades fueran demasiado grandes.
   D. Las tapas no tenían masa suficiente.

Evaluar la información científica

TEMAS DE CIENCIAS: P.c.2, P.c.4
PRÁCTICA DE CIENCIAS: SP.1.a, SP.1.b, SP.1.c, SP.2.b, SP.2.c, SP.3.b, SP.4.a, SP.7.a

UNIDAD 2

1 Aprende la destreza

La información científica está presente en todos lados, no solamente en las revistas científicas, sino también en la televisión, en los diarios, en Internet, etc. Sin embargo, la información científica es tan buena como la investigación científica que la produjo. Al **evaluar la información científica**, analizas las conclusiones de una investigación y decides si son válidas a partir de cómo se obtuvieron.

2 Practica la destreza

Al practicar la destreza de evaluar la información científica, mejorarás tus capacidades de estudio y evaluación, especialmente en relación con la Prueba de Ciencias GED®. Lee el pasaje que aparece a continuación. Luego responde la pregunta.

VALIDEZ DE LA HIPÓTESIS

a Algunas preguntas no se pueden responder con el método científico. Esto es especialmente así para las preguntas que comienzan con "por qué". La ciencia se trata más de abordar preguntas que comienzan con "cómo".

b Una buena hipótesis es aquella que se puede poner a prueba y que se puede refutar. Es decir, tiene que estar sujeta a escrutinio. Tiene que estar abierta a la pregunta: ¿Qué evidencia falsará la hipótesis?

Con frecuencia, las investigaciones científicas comienzan con una observación. Luego, la observación lleva a una pregunta. No todas las preguntas se pueden responder por medio de una investigación científica. Las preguntas que se pueden responder por medio del método científico son aquellas que se pueden responder bajo la forma de una hipótesis que se puede poner a prueba. Para formular una hipótesis que se puede poner a prueba, los científicos hacen una estimación fundamentada sobre las relaciones de causa y efecto. Las causas y los efectos se llaman variables; la causa también se llama variable independiente y el efecto se conoce como variable dependiente. En una investigación bien diseñada, se reúnen, registran y analizan los datos sobre las variables independiente y dependiente. Si la hipótesis es validada por los datos, los resultados se pueden usar para hacer predicciones confiables.

c Una hipótesis que se puede poner a prueba identifica algo que se puede medir. Por ejemplo, la cantidad de sal que se agrega a una muestra de agua y la temperatura a la que se congela el agua son variables que se pueden medir.

CONSEJOS PARA REALIZAR LA PRUEBA

Antes de responder una pregunta o de tratar de resolver un problema, lee atentamente la pregunta. Luego intenta responder la pregunta sin leer las opciones de respuesta. Por último, halla la respuesta correcta a tu pregunta.

1. Henry observó que el agua salada se congela a una temperatura menor que el agua dulce. Esta observación lo llevó a preguntarse: "¿El aumento en la cantidad de sal en el agua salada disminuye el punto de congelación del agua?". ¿Qué enunciado es una hipótesis que se puede poner a prueba y que podría formularse a partir de la observación y de la pregunta de Henry?

A. Agregar sal al agua salada eleva su punto de congelación.
B. Agregar sal al agua salada baja su punto de congelación.
C. Agregar sal al agua salada afecta el punto de congelación del agua.
D. Agregar sal al agua salada no tiene un efecto significativo sobre el punto de congelación del agua.

Aplica la destreza

★ Ítem en foco: **MENÚ DESPLEGABLE**

INSTRUCCIONES: Lee el pasaje titulado "El efecto del pH sobre la vida silvestre" y estudia el diagrama. Luego lee el pasaje incompleto a continuación. Usa información del primer pasaje y del diagrama para completar el segundo. En cada ejercicio con menú desplegable, elige la opción que **mejor** complete la oración.

EL EFECTO DEL PH SOBRE LA VIDA SILVESTRE

Toda la materia tiene propiedades químicas, entre las que está la cualidad de acidez o basicidad (alcalinidad). Los ácidos son compuestos que liberan iones de hidrógeno (H^+) cuando se disuelven en agua. Las bases son compuestos que liberan iones hidróxidos (OH^-) cuando se disuelven en agua. La escala de pH se usa para medir la concentración de iones de hidrógeno que hay en una solución. Un pH de 0 a 6 indica acidez, 7 indica neutralidad y de 8 a 14 indica basicidad.

Una investigación del gobierno mostró que algunos líquidos comunes son lo suficientemente ácidos como para ser tóxicos para la vida silvestre, incluso en bajas concentraciones. Los resultados de esta investigación se muestran en el diagrama.

Opciones de respuesta del menú desplegable

2.1 A. tienen un pH menor que 7 y son, en consecuencia, ácidos
B. tienen un pH mayor que 7 y son, en consecuencia, bases
C. tienen un pH cercano a 7 y son, en consecuencia, casi neutros
D. liberaron iones hidróxidos en el agua

2.2 A. identificó los niveles de pH de varias sustancias
B. demostró que la leche no es una amenaza para la vida silvestre
C. se ha repetido varias veces
D. midió los efectos de la acidez en varias especies

2.3 A. las bacterias
B. los mohos
C. las cachipollas
D. las truchas

2.4 A. los efectos de la lluvia ácida en las cadenas alimenticias
B. los efectos de la elevada acidez en el sistema digestivo humano
C. el posible papel del jugo de tomate como fuente de nutrientes para organismos acuáticos
D. un análisis de las preferencias alimenticias de los renacuajos

Efectos ambientales	Valor del pH	Ejemplos
Solamente sobreviven varias especies de bacterias (1.0).	pH = 2	Jugo de limón (2.0) Vinagre (2.2)
Solamente sobreviven algunos mohos y varias especies de bacterias (2.0).	pH = 3	Jugo de manzana (3.0)
Todos los peces mueren (4.2).	pH = 4	Jugo de tomate (4.5)
Los huevos de rana, los renacuajos, los cangrejos de río y las chahipollas mueren (5.5).	pH = 5	
Las truchas arcoíris comienzan a morir (6.0).	pH = 6	Leche (6.6)

Más ácido (↑)

2. La información científica dada a conocer por el gobierno se puede usar para comprender los efectos del pH en la vida silvestre. Todos los líquidos puestos a prueba en la investigación [2. Menú desplegable 1]. Una conclusión lógica de los datos del texto es que la mayoría de los líquidos puestos a prueba amenazan la vida acuática. Una fortaleza del estudio que ayuda a validar esta conclusión es que [2. Menú desplegable 2]. Según los datos de la prueba, [2. Menú desplegable 3] toleran menos la acidez. Los resultados de la prueba serían más relevantes en un estudio de seguimiento sobre [2. Menú desplegable 4].

UNIDAD 2

INSTRUCCIONES: Estudia la información y la gráfica, lee cada pregunta y elige la **mejor** respuesta.

La tabla periódica es una lista organizada de todos los elementos. Cada recuadro de la tabla periódica presenta información sobre los átomos que componen un elemento. Por ejemplo, cada átomo del elemento "X" en el recuadro de ejemplo que aparece a continuación tiene un número atómico "A" y una masa atómica promedio "Z". El número atómico es el número de protones por átomo. La masa atómica es el número promedio de protones y neutrones de los átomos del elemento.

Ejemplo

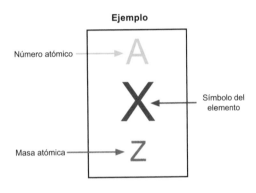

Número atómico

Símbolo del elemento

Masa atómica

Silicio

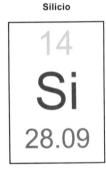

1. ¿Qué información sobre el silicio brinda el fragmento de la tabla periódica?

    A. Un átomo de silicio tiene 14 protones.
    B. Hay un promedio de 14 protones en cada átomo de silicio.
    C. Hay 28.09 protones en cada átomo de silicio.
    D. Cada átomo de silicio tiene 28.09 neutrones.

2. ¿Por qué la masa atómica es un promedio?

    A. El número de neutrones es variable.
    B. El número de protones es variable.
    C. La masa de los electrones es variable.
    D. La masa de los protones es variable.

INSTRUCCIONES: Lee el pasaje y la pregunta y elige la **mejor** respuesta.

El trabajo es directamente proporcional a la fuerza y la distancia, de modo que disminuir la fuerza y aumentar la distancia (o al revés) da como resultado la misma cantidad de trabajo. De esto se tratan las máquinas simples. La cantidad de trabajo que se necesita para levantar un objeto, por ejemplo, es la misma si se lo levanta directamente o se lo transporta por una rampa. El uso de la rampa requiere más distancia, pero menos fuerza. Una rampa es un tipo de máquina simple.

Las máquinas simples permiten que una fuerza más pequeña supere a una fuerza más grande. Esa diferencia en fuerza se llama ventaja mecánica, o VM. La ecuación para calcular la ventaja mecánica es:

$$VM = \frac{\textbf{fuerza de salida}}{\textbf{fuerza de entrada}}$$

3. Una polea es una máquina simple. Un sistema de poleas se instala en una fábrica para permitir que un trabajador levante cajones pesados. Si el trabajador ejerce una fuerza de 600 newtons (N) sobre el sistema de la polea para levantar un cajón que pesa 1,800 N, ¿cuál es la ventaja mecánica del sistema de polea?

    A. 18
    B. 6
    C. 3
    D. 0.3

INSTRUCCIONES: Estudia el modelo, lee la pregunta y elige la **mejor** respuesta.

Molécula de dióxido de carbono

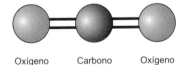

Oxígeno   Carbono   Oxígeno

4. El modelo indica que una molécula de dióxido de carbono se forma cuando

    A. un átomo de carbono pierde electrones y dos átomos de oxígeno ganan electrones.
    B. dos átomos de oxígeno pierden electrones y un átomo de carbono gana electrones.
    C. un átomo de carbono y dos átomos de oxígeno comparten electrones.
    D. un átomo de carbono se une a dos átomos de oxígeno por medio de enlaces.

INSTRUCCIONES: Estudia la información y la tabla. Luego lee la pregunta y escribe tus respuestas en las líneas. Completar esta tarea puede llevarte 10 minutos aproximadamente.

Alisha encontró dos polvos sin rótulo en el laboratorio. Está segura de que uno de los polvos es sulfato de cobre y el otro es cloruro de sodio, pero no sabe cuál es cuál. Lo que sí sabe es que, al mezclarlo con agua, el sulfato de cobre experimenta una reacción química, cosa que no sucede con el cloruro de sodio. Decide realizar una investigación para determinar las identidades de los polvos. En la tabla de la derecha se brinda información sobre la investigación.

	A	B
Materiales	Vaso de precipitados 10 mililitros (ml) de agua 0.5 gramos (g) del polvo A	Vaso de precipitados 10 ml de agua 0.5 g del polvo B
Procedimientos	colocar el agua en el vaso de precipitados agregar el polvo al agua revolver el agua 10 veces	colocar el agua en el vaso de precipitados agregar el polvo al agua revolver el agua 10 veces
Observaciones	Cuando se agrega el polvo al agua y se lo revuelve, desaparece rápidamente.	Cuando se agrega el polvo al agua, el agua se torna azul y el vaso de precipitados se calienta.

5. ¿Cuál de los polvos es sulfato de cobre y cuál es cloruro de sodio? Incluye información de apoyo del pasaje y de la tabla en tu respuesta.

_____

_____

_____

_____

_____

_____

_____

_____

_____

_____

_____

_____

INSTRUCCIONES: Lee el pasaje y la pregunta y elige la **mejor** respuesta.

Durante una reacción química, se puede liberar o absorber energía. Una reacción química exotérmica produce energía térmica, o calor. Durante una reacción química exotérmica, la energía química se transforma en energía térmica. Una reacción química endotérmica absorbe energía térmica. Durante una reacción endotérmica, se absorbe calor del ambiente para producir la reacción. La energía térmica se transforma en energía química.

6. ¿Qué suceso demuestra una reacción endotérmica?

A. Durante un campamento familiar, un papá y sus hijas disfrutan de una fogata.

B. Un estudiante combina ácido cítrico y bicarbonato en una bolsa de plástico y la bolsa se enfría.

C. Un trabajador de la construcción usa calentadores para las manos mientras toma un descanso.

D. Un estudiante combina azúcar, agua y ácido sulfúrico en un vaso de precipitados y la reacción produce calor, vapor y olor.

INSTRUCCIONES: Lee el pasaje. Luego lee cada pregunta y elige la **mejor** respuesta.

Una estudiante de una clase de ciencias realiza una investigación para poner a prueba el flujo de calor. Ella crea puntos de cera de vela del mismo tamaño, coloca los puntos de cera a distancias iguales sobre una varilla de cobre y luego inserta un extremo de la varilla en una llama. Ella observa que los puntos de cera se derriten en orden del más cercano a la fuente de calor al más alejado de la fuente de calor. Su observación respalda su hipótesis.

7. ¿Qué hipótesis es **más probable** que esté poniendo a prueba la estudiante?

   A. El calor fluye de las partes más calientes de un sólido hacia las partes más frías de un sólido.
   B. El calor fluye de las partes más calientes de un objeto de metal hacia las partes más frías de un objeto de metal.
   C. El cobre es mejor conductor de calor que otros metales.
   D. Producir una transferencia de calor mediante la radiación es un método efectivo para derretir objetos.

8. Otro estudiante intenta repetir la investigación. Él también usa cera de una vela y una varilla de cobre, pero observa que un punto de cera parece comenzar a derretirse antes que un punto de cera que está más cerca de la llama. ¿Cuál podría ser el origen del error en esta investigación?

   A. La llama produce más calor más adelante en la investigación.
   B. La varilla de cobre es más larga que la usada en la primera investigación.
   C. Los dos puntos son de diferentes tipos de cera.
   D. Los puntos no tienen el mismo tamaño.

9. ¿Cuál de los diseños de investigación sería mejor para poner a prueba diferencias en la conductividad de distintos metales?

   A. insertar dos varillas de igual tamaño (una de cobre y la otra de aluminio) en la llama durante el mismo tiempo y observar la diferencia en sus temperaturas
   B. insertar dos varillas de cobre de diferente grosor en la llama durante el mismo tiempo y observar la diferencia en sus temperaturas
   C. insertar dos varillas de igual tamaño (una de cobre y la otra de vidrio) en la llama durante el mismo tiempo y observar la diferencia en sus temperaturas
   D. colocar puntos de cera sobre una varilla de cobre y una varilla de aluminio, insertar las varillas en la llama y observar si los puntos de cera se derriten en orden en cada varilla

INSTRUCCIONES: Lee el pasaje. Luego lee cada pregunta y elige la **mejor** respuesta.

Cuando se toca con una pluma el triyoduro de nitrógeno (NI_3) seco, explota y despide una nube violeta de yodo (I_2).

10. ¿Qué enunciado describe evidencia de que esto es una reacción química?

    A. Se toca el triyoduro de nitrógeno con una pluma.
    B. El triyoduro de nitrógeno explota y despide una nube violeta.
    C. El triyoduro de nitrógeno está compuesto por dos elementos distintos.
    D. El triyoduro de nitrógeno conserva su composición química.

11. ¿Qué ecuación química representa la reacción descripta?

    A. $I_2 + N_2 + O_2 \rightarrow 2NI_3$
    B. $N_2 + 3I_2 \rightarrow 2NI_3$
    C. $NI_3 \rightarrow N_2 + I_2 + O_2$
    D. $2NI_3 \rightarrow N_2 + 3I_2$

12. ¿Qué tipo de reacción se describe?

    A. la descomposición
    B. la síntesis
    C. la sustitución simple
    D. la sustitución doble

INSTRUCCIONES: Lee el pasaje y la pregunta y elige la **mejor** respuesta.

Un estudiante sabe que la solubilidad generalmente aumenta a medida que aumenta la temperatura. Quiere aprender más sobre la solubilidad y la saturación y planea los pasos para realizar una investigación. Dividirá en partes iguales 100 ml de una solución de nitrato de potasio (KNO_3) disuelto en agua entre el vaso de precipitados A y el vaso de precipitados B. Luego, calentará la solución del vaso de precipitados A a 20 grados Celsius (°C) y la solución del vaso de precipitados B a 60 °C.

13. ¿Qué predicción se puede hacer sobre las diferencias entre la solución del vaso de precipitados B y la solución del vaso de precipitados A al final de la investigación?

    A. Tendrá mayor solubilidad.
    B. Contendrá más KNO_3.
    C. No se disolverá más KNO_3 en ella.
    D. Su temperatura será más baja.

INSTRUCCIONES: Estudia la información y el diagrama, lee cada pregunta y elige la **mejor** respuesta.

El esquisto bituminoso es roca sedimentaria, o esquisto, que contiene una sustancia llamada querógeno. Al igual que el petróleo, el querógeno es un hidrocarburo, una sustancia compuesta de carbono e hidrógeno. Sin embargo, el querógeno no se cocina completamente en la Tierra como el petróleo. El esquisto bituminoso se puede extraer y se lo puede someter a un proceso llamado retorta, el cual funde el querógeno y lo transforma en un aceite que se puede refinar para convertirlo en productos como el combustible para reactores y el combustible diesel.

FORMACIÓN DEL PETRÓLEO

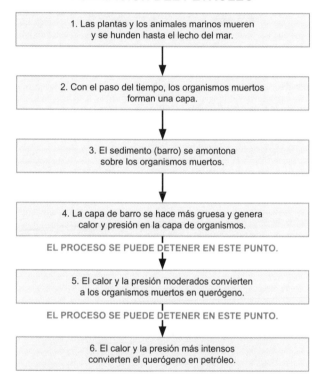

14. El pasaje dice que el querógeno "no se cocina completamente" como el petróleo. ¿Qué significa eso?

A. El querógeno no tiene todos los componentes necesarios para ser petróleo.
B. El querógeno no ha estado en la Tierra el tiempo suficiente como para estar listo para ser usado en una aplicación práctica.
C. El querógeno todavía está en forma sólida cuando se lo extrae.
D. El querógeno no ha sido sometido al calor y la presión necesarios como para convertirse en petróleo.

15. ¿En qué punto del proceso representado en el diagrama de flujo se forma el esquisto bituminoso?

A. en el paso 2
B. en el paso 3
C. en el paso 5
D. en el paso 6

16. ¿Qué es **más probable** que implique el proceso de retorta?

A. calor y presión
B. organismos muertos adicionales
C. fundición y refinamiento
D. esquisto bituminoso y petróleo

INSTRUCCIONES: Lee el pasaje. Luego lee cada pregunta y escribe tu respuesta en el recuadro.

Si la velocidad de un objeto aumenta, su aceleración es positiva. Si su velocidad disminuye, su aceleración es negativa. La aceleración negativa se llama desaceleración. Por ejemplo, cuando se aplican los frenos de un carro, el carro desacelera. El cálculo de la desaceleración es el mismo que el de la aceleración: se resta la velocidad inicial de la velocidad final y se divide ese número entre el tiempo. Si la velocidad del objeto es constante, su aceleración es cero.

17. La velocidad de un carro cambia de 5 metros por segundo (m/s) a 35 m/s en 5 segundos (s). ¿Cuál es la aceleración del carro?

18. Un carro que se mueve a 20 m/s tarda 10 s en detenerse por completo. ¿Cuál es la desaceleración del carro?

19. Un carro se mueve a una velocidad constante de 20 m/s durante 60 s. ¿Cuál es su aceleración en ese período de tiempo?

Las ondas transfieren energía de un lugar a otro sin transferir materia. Una onda mecánica necesita un medio, como el aire o el agua, a través del cual viajar. Las ondas electromagnéticas, como las ondas de radio, no requieren un medio. Pueden viajar a través del espacio vacío. Las ondas también se pueden clasificar en ondas transversales o longitudinales. Una onda transversal puede ser mecánica, como las ondas oceánicas, o electromagnética, como las ondas de radio. Cuando una onda transversal pasa a través de la materia, mueve la materia hacia arriba y hacia abajo o de lado a lado. La materia se mueve en dirección perpendicular a la dirección en la cual viaja la onda. Las ondas longitudinales siempre son ondas mecánicas; es decir, necesitan un medio a través del cual viajar. Cuando una onda longitudinal pasa a través de la materia, hace que ésta se expanda (en las rarefacciones) y se contraiga (en las compresiones). La materia se mueve en dirección paralela a la dirección en la cual viaja la onda.

20. Identifica el movimiento de la materia en una onda transversal. En el diagrama, marca con una X cada flecha que muestre cómo se mueven las partículas en una onda transversal.

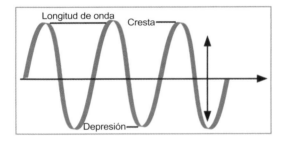

21. Identifica el movimiento de la materia en una onda longitudinal. En el diagrama, marca con una X cada rarefacción.

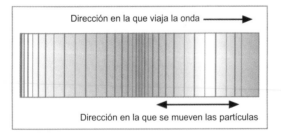

INSTRUCCIONES: Estudia el diagrama. Luego lee el pasaje incompleto a continuación. Usa la información del diagrama para completar el pasaje. En cada ejercicio con menú desplegable, elige la opción que **mejor** complete la oración.

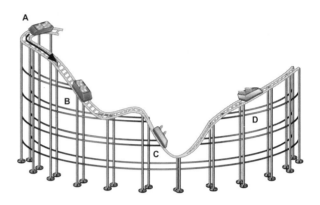

22. Los carros de una montaña rusa, como todos los objetos que se mueven, tienen energía | 22. Menú desplegable 1 | .

El carro de la montaña rusa tiene más energía | 22. Menú desplegable 2 | cuando está en el punto A. A medida que desciende hacia el punto B, la energía del carro | 22. Menú desplegable 3 | .

El carro tiene la menor cantidad de energía potencial y la mayor cantidad de energía cinética en el punto | 22. Menú desplegable 4 | .

Opciones de respuesta del menú desplegable

22.1 A. cinética
     B. química
     C. térmica
     D. eléctrica

22.2 A. química
     B. mecánica
     C. potencial
     D. cinética

22.3 A. se pierde en el momento lineal
     B. se transforma de cinética en potencial
     C. se transforma en energía gravitacional
     D. se transforma de potencial en cinética

22.4 A. A
     B. B
     C. C
     D. D

Cuando el dióxido de carbono (CO_2) se encuentra en estado sólido, se llama hielo seco. A diferencia del hielo común, que es el estado sólido del agua, el hielo seco no se derrite en un líquido a temperatura ambiente y presión atmosférica estándar. La temperatura ambiente es 20 °C y la presión estándar es 1 atmósfera (atm). En cambio, pasa directamente a una fase gaseosa, como se indica en el diagrama de fases. La niebla que emana de un bloque de hielo seco es, en realidad, vapor de agua que se condensó alrededor del gas CO_2 frío que emana.

DIAGRAMA DE FASES DEL CO_2

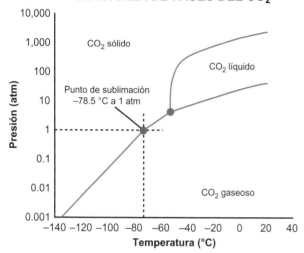

23. ¿Qué conclusión es respaldada por la información que se presenta?

    A. El hielo seco se evapora en vapor de agua.
    B. El hielo seco se sublima a temperatura ambiente y presión estándar.
    C. El hielo seco experimenta un cambio químico para convertirse en niebla.
    D. El hielo seco se derrite a temperatura ambiente y presión estándar.

24. ¿A qué combinación de presión atmosférica y temperatura el dióxido de carbono es líquido?

    A. 0.1 atm y −100 °C
    B. 1 atm y −80 °C
    C. 10 atm y −60 °C
    D. 100 atm y −20 °C

INSTRUCCIONES: Lee el pasaje y la pregunta. Luego usa las opciones de arrastrar y soltar para completar la tabla.

El calor, o energía térmica, es una forma de energía cinética que se produce debido a sucesos que ocurren a una escala que no podemos ver. A medida que el calor se transfiere de sistema a sistema o de objeto a objeto, el movimiento de las partículas que forman el objeto o el sistema se acelera o se frena, dependiendo de si el calor se transfiere hacia adentro o hacia afuera. La energía cinética promedio de todas las partículas en una sustancia se puede medir en forma de temperatura usando un termómetro. La energía cinética total de un objeto o sistema es mayor si hay más partículas. Es decir, a la misma temperatura, una muestra de agua de 100 ml tiene más energía cinética que una muestra de agua de 50 ml.

25. Determina si cada opción de arrastrar y soltar describe una condición que se relaciona con un aumento o disminución de la energía cinética de un objeto o un sistema. Luego anota cada descripción en la columna correcta de la tabla.

Aumento de la energía cinética	Disminución de la energía cinética

Opciones de arrastrar y soltar

Las partículas se aceleran.
La temperatura baja.
El calor se transfiere hacia adentro.
El volumen aumenta.
Las partículas se frenan.
El calor se transfiere hacia afuera.
El volumen se reduce.
La temperatura se eleva.

INSTRUCCIONES: Estudia la información y el diagrama, lee la pregunta y elige la **mejor** respuesta.

Dos personas que tiran de cuerdas están moviendo una caja por el piso. La fuerza de fricción es opuesta al movimiento de la caja. El diagrama muestra las tres fuerzas que actúan sobre la caja.

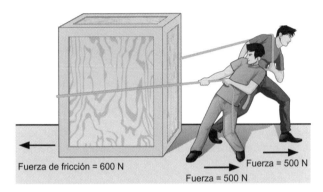

Fuerza de fricción = 600 N

Fuerza = 500 N

Fuerza = 500 N

26. ¿Cuál es la magnitud de la fuerza neta que actúa sobre la caja?

   A. 400 N
   B. 800 N
   C. 1,600 N
   D. 2,000 N

INSTRUCCIONES: Lee el pasaje. Luego lee cada pregunta y elige la **mejor** respuesta.

Una estudiante que aprende sobre las leyes del movimiento de Newton comienza una investigación para poner a prueba la relación entre la longitud de la cuerda de un péndulo y la frecuencia de oscilación del péndulo. La oscilación es la fuerza hacia adelante y hacia atrás. Ella construye péndulos atando una arandela de metal a un extremo de trozos de cuerda de diferentes longitudes. Su hipótesis es que una cuerda más corta dará como resultado una mayor frecuencia de oscilación.

27. ¿Cuál es la variable dependiente en la investigación?

   A. la longitud de la cuerda
   B. la masa del péndulo
   C. la frecuencia de oscilación
   D. el ángulo de oscilación

28. ¿Cuál es la variable independiente en la investigación?

   A. la longitud de la cuerda
   B. la masa del péndulo
   C. la frecuencia de oscilación
   D. el ángulo de oscilación

INSTRUCCIONES: Estudia la información y el diagrama, lee cada pregunta y elige la **mejor** respuesta.

La energía no se puede crear ni destruir; solamente se puede convertir de un tipo de energía a otro. La energía eléctrica se genera en las centrales de energía a través de una serie de transformaciones de energía. En una central de energía a carbón, el proceso comienza con la energía química almacenada en el carbón. Luego, el carbón se quema en una caldera para producir vapor. El vapor acciona las paletas de una turbina. La turbina acciona el generador que produce electricidad.

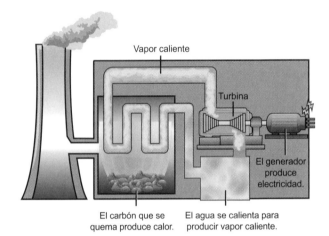

Vapor caliente

Turbina

El generador produce electricidad.

El carbón que se quema produce calor.

El agua se calienta para producir vapor caliente.

29. ¿Qué tipo de energía representa la acción de la turbina?

   A. química
   B. térmica
   C. cinética
   D. eléctrica

30. ¿Qué secuencia describe la cadena de transformaciones de energía en una central de energía a carbón?

   A. química → térmica → mecánica → eléctrica
   B. térmica → química → mecánica → eléctrica
   C. mecánica → química → térmica → eléctrica
   D. térmica → mecánica → química → eléctrica

INSTRUCCIONES: Lee el pasaje. Luego lee cada pregunta y escribe tu respuesta en el recuadro.

La ley de conservación del momento lineal establece que el momento lineal total de un sistema cerrado es constante si no actúa sobre él una fuerza externa. Esto significa que no se gana ni se pierde momento lineal cuando dos cuerpos colisionan entre sí. El momento lineal se calcula usando la ecuación $p = mv$, donde p es el momento lineal, m es la masa y v es la velocidad. El momento lineal se expresa en unidades de masa por velocidad, como kilogramos (kg) por metros por segundo, y sentido. Por ejemplo, "10 kg • m/s hacia abajo" es una expresión de momento lineal.

31. ¿Cuál es el momento lineal de un objeto de 100 kg que se mueve a 25 m/s hacia el Este?

32. El mismo objeto se encuentra con un objeto inmóvil de 20 kg y colisiona con él. La colisión detiene al primer objeto y hace que el segundo se mueva. ¿Cuál es la velocidad del segundo objeto después de la colisión?

INSTRUCCIONES: Lee el pasaje. Luego lee cada pregunta y elige la **mejor** respuesta.

La rapidez promedio se halla dividiendo la distancia total entre el tiempo. La velocidad promedio se halla dividiendo el desplazamiento total entre el tiempo. Si una persona camina 300 metros (m) hacia el Este y luego regresa al punto de partida por el mismo camino, la distancia total es igual a 600 m. El desplazamiento total es igual a 0 m.

33. Si el viaje completo llevó 10 minutos, ¿cuál fue la rapidez promedio en m/s?

    A. 0 m/s
    B. 1 m/s
    C. 6 m/s
    D. 60 m/s

34. Si el viaje completo llevó 10 minutos, ¿cuál fue la velocidad promedio?

    A. 0 m/s
    B. 1 m/s hacia el Este
    C. 6 m/s hacia el Oeste
    D. 60 m/s

INSTRUCCIONES: Estudia la información y el diagrama, lee la pregunta y elige la **mejor** respuesta.

Según la primera ley del movimiento de Newton, un objeto en reposo permanece en reposo y un objeto en movimiento permanece en movimiento con la misma rapidez y en el mismo sentido a menos que actúe sobre él una fuerza desequilibrada.

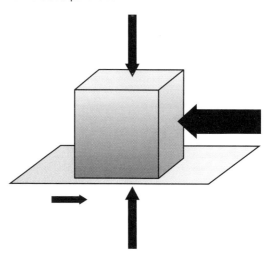

35. ¿Qué enunciado describe el movimiento de la caja cuando las fuerzas representadas en el diagrama actúan sobre ella?

    A. La caja se moverá hacia abajo.
    B. La caja se moverá hacia la izquierda.
    C. La caja se moverá hacia la derecha.
    D. La caja se moverá hacia arriba.

INSTRUCCIONES: Lee el pasaje y la pregunta y elige la **mejor** respuesta.

Científicos ambientalistas que investigan los niveles de radiación en arroyos y estanques dentro de un rango de un kilómetro alrededor del sitio donde se almacenan materiales relacionados con la energía nuclear recolectaron siete muestras de agua. Usaron equipos para contar el número de partículas radiactivas emitidas por cada muestra en microroentgens por hora (μR/h). Registraron las siguientes mediciones de las siete muestras: 500.0 μR/h, 520.0 μR/h, 420.0 μR/h, 475.0 μR/h, 410.0 μR/h, 510.0 μR/h y 445.0 μR/h.

36. ¿Cuál es la media del conjunto de datos de los científicos, redondeada al número natural más próximo?

    A. 3,280 μR/h
    B. 520 μR/h
    C. 475 μR/h
    D. 469 μR/h

F. Story Musgrave

La vida —y la carrera— de F. Story Musgrave tomaron vuelo después de que él obtuvo su certificado GED®. Entre otros logros, Musgrave fue el único astronauta que voló en misiones en los cinco transbordadores espaciales.
©Paul Kizzle/AP Images

FStory Musgrave quería alcanzar las estrellas. Por eso, en 1953, Musgrave dejó su educación en suspenso y abandonó la Escuela St. Mark de Massachusetts para unirse al ejército. Como miembro del Cuerpo de Marines de los Estados Unidos, Musgrave se desempeñó como técnico en aviación y jefe de tripulación de aeronaves, y obtuvo su certificado GED®. Esto le sirvió como trampolín para los muchos éxitos que vendrían luego.

Tras finalizar su compromiso militar, Musgrave obtuvo el primero de muchos títulos universitarios; este fue en matemáticas y estadística en la Universidad de Syracuse (N. Y.), en 1958. Luego, obtuvo otro título de grado y tres títulos de maestría, todos en diferentes áreas de estudio. Además, obtuvo un doctorado en medicina.

Sin embargo, de muchas maneras, la carrera de Musgrave recién había comenzado a tomar vuelo. En 1967, fue seleccionado por la NASA como científico astronauta. Con el tiempo, Musgrave participó en el diseño y el desarrollo de trajes espaciales y otras características relacionadas con el programa del transbordador espacial. Musgrave llegó por primera vez al espacio en 1983, en el transbordador *Challenger*. Más tarde, se convirtió en el único astronauta que viajó en misiones en los cinco transbordadores espaciales. Musgrave desempeñó numerosas funciones en las misiones, incluidos varios famosos paseos espaciales. Se ganó el apodo de "Dr. Detalle" por sus esfuerzos disciplinados. Tal como él observó: "Quieres que la misión se realice, entonces apuntas a lograr la perfección. Apuntas a perfeccionar tu arte de trabajar en el espacio".

En total, Musgrave voló 17,700 horas en 160 tipos diferentes de aeronaves civiles y militares. Es un gran paracaidista y ha realizado más de 500 saltos. Se retiró de la NASA en 1997, después de 30 años de servicio.

RESUMEN DE LA CARRERA PROFESIONAL: *F. Story Musgrave*

- Sirvió con los Marines de los Estados Unidos en Corea, Japón y Hawái.

- Obtuvo un total de seis títulos universitarios.

- Voló en el primer viaje del transbordador *Challenger*.

- Realizó tres paseos espaciales durante la misión *Endeavour* para reparar el telescopio espacial Hubble.

Ciencias de la Tierra y del espacio

Unidad 3:
Ciencias de la Tierra y del espacio

Todos los días, aunque no te des cuenta, estudias las ciencias de la Tierra y del espacio. Los pronósticos del tiempo, los informes sobre los cambios climáticos, las historias sobre la energía renovable, todos ellos brindan información sobre el mundo que nos rodea, cómo el mundo nos afecta y cómo nosotros afectamos a ese mundo.

Las ciencias de la Tierra y del espacio también desempeñan un papel importante en la Prueba de Ciencias GED®, que conforman el 20 por ciento de las preguntas. Al igual que con otras áreas de la Prueba de Ciencias GED®, las preguntas de ciencias de la Tierra y del espacio evaluarán tu habilidad de leer y analizar diferentes tipos de textos y gráficas. La Unidad 3 destaca la interpretación de teorías científicas, patrones y otros contenidos esenciales que te ayudarán a prepararte para la Prueba de Ciencias GED®.

Contenido

UNIDAD 3

©shotbydave/iStockPhoto.com

El conocimiento de las ciencias de la Tierra y del espacio permite a los trabajadores aprovechar nuevas fuentes de energía que pueden tener un impacto significativo en el mundo.

Comprender las teorías científicas

TEMAS DE CIENCIAS: ES.b.4, ES.c.1
PRÁCTICA DE CIENCIAS: SP.1.a, SP.1.b, SP.1.c, SP.3.a, SP.3.b, SP.4.a, SP.7.a

❶ Aprende la destreza

Las personas suelen usar la palabra *teoría* para referirse a una suposición. Sin embargo, una **teoría científica** es una explicación que está respaldada por todos los datos disponibles. Una teoría suele resumir una o más hipótesis que están respaldadas por muchas observaciones, conocimiento e investigaciones repetidas. Para **comprender las teorías científicas**, examina la evidencia que las respalda.

Una teoría científica no es solo un enunciado que describe algo que sucede en el mundo natural. Una teoría también contiene una explicación de por qué o cómo algo sucede.

❷ Practica la destreza

Al practicar la destreza de comprender las teorías científicas, mejorarás tus capacidades de estudio y evaluación, especialmente en relación con la Prueba de Ciencias GED®. Lee el pasaje que aparece a continuación. Luego responde la pregunta.

a Una teoría científica está respaldada por evidencia. Por ejemplo, la teoría de que el Big Bang fue el comienzo del universo está respaldada por las observaciones de Hubble.

b Una teoría científica, generalmente, es una gran idea que puede explicar un número de acontecimientos relacionados. Aquí, la idea del Big Bang brinda una explicación común para varios fenómenos científicos.

LA TEORÍA DEL BIG BANG

En 1929, el astrónomo Edwin Hubble observó que las galaxias del universo que rodean nuestra galaxia, la Vía Láctea, se están alejando velozmente de nosotros. Este modelo de universo en expansión fue importante para desarrollar la teoría del Big Bang.

La teoría del Big Bang establece que toda la materia y la energía que existen alguna vez estuvieron dentro de una masa caliente y densa de unos pocos milímetros de ancho. Hace aproximadamente 14 mil millones de años, una explosión enorme hizo volar ese material en todas las direcciones. Esta explosión, conocida como el Big Bang, fue el comienzo del universo tal como lo conocemos.

Existen tres evidencias principales que respaldan la teoría del Big Bang. Primero, si el universo comenzó como una masa pequeña que explotó, las galaxias que se formaron después de esa explosión estarían alejándose unas de otras. Parece ser que este fenómeno existe. Además, los científicos calcularon que, dada la manera en que se formaron los primeros átomos, el 25 por ciento de la masa del universo debería ser helio. Descubrieron que esta circunstancia también es verdadera. Por último, en la década de 1940, los científicos predijeron que el Big Bang debería haber dejado atrás radiactividad natural a través del universo. Esta radiactividad natural cósmica se detectó en la década de 1960.

USAR LA LÓGICA

Compara las opciones de respuesta con lo que has aprendido acerca de la evidencia que respalda la teoría del Big Bang. Evalúa qué opciones concuerdan con esa evidencia y cuáles parecen contradecirla.

1. A partir de la teoría del Big Bang, ¿cuál de los enunciados describe el aspecto del universo?

   A. La Vía Láctea es el centro del universo.
   B. Las galaxias pronto comenzarán a acercarse unas a otras.
   C. Las galaxias están más alejadas unas de otras ahora que hace 50 años.
   D. Ocurrirá un segundo Big Bang en algunos miles de millones de años.

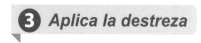

INSTRUCCIONES: Estudia la información y la gráfica, lee cada pregunta y elige la **mejor** respuesta.

EL TRABAJO DE EDWIN HUBBLE

Cuando los astrónomos observaban las galaxias distantes hace 100 años, no podían verlas con gran detalle. Sin embargo, podían identificar las longitudes de onda de la energía que cada galaxia emitía. Esta firma espectral daba a los astrónomos información sobre la composición y los movimientos de las galaxias. Por ejemplo, los astrónomos determinaron que, si una galaxia se acercaba a nosotros, su energía se movería hacia el extremo azul del espectro electromagnético. Si se alejara, su energía se movería hacia el extremo rojo. En la década de 1920, Edwin Hubble observó que todas las galaxias parecían moverse hacia el rojo. Como resultado, concluyó que se estaban alejando de la Tierra.

La gráfica representa los descubrimientos de Hubble. Muestra la relación entre las distancias de otras galaxias de la nuestra en megapársecs (Mpc) y la velocidad a la que se mueven en kilómetros por segundo (km/s).

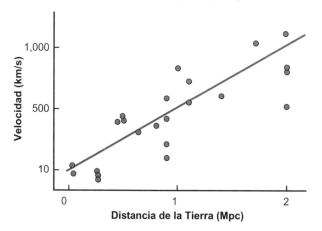

2. ¿Qué enunciado expresa la relación que se muestra en la gráfica?

   A. Todas las galaxias del universo se mueven a la misma velocidad.
   B. Cuanto más cerca una galaxia está de la Tierra, más rápido se mueve.
   C. Cuanto más lejos una galaxia está de la Tierra, más rápido se mueve.
   D. La velocidad de una galaxia depende de su masa.

3. ¿De qué manera la observación de Hubble de las galaxias que se mueven hacia el rojo respalda la teoría del Big Bang?

   A. El Big Bang habría hecho volar a las galaxias lejos unas de otras.
   B. El movimiento hacia el rojo significa que las galaxias todavía están calientes por la explosión del Big Bang.
   C. La observación sugiere que las galaxias tienen aproximadamente 14 mil millones de años.
   D. El movimiento hacia el rojo prueba que todas las galaxias se están acercando unas a otras.

INSTRUCCIONES: Estudia la información y el mapa, lee la pregunta y elige la **mejor** respuesta.

LA TEORÍA DE LAS PLACAS TECTÓNICAS

La teoría de las placas tectónicas explica la estructura de la corteza terrestre y la manera en que esa estructura afecta los accidentes geográficos de la Tierra. Según esta teoría, la superficie externa de la Tierra, o litosfera, está compuesta por varios bloques enormes de roca llamados placas tectónicas. Las placas tectónicas encajan como las piezas de un rompecabezas, tal como se muestra en el mapa. Las placas se empujan unas contra otras en sus bordes y se mueven de tres maneras diferentes. En el lugar donde se empujan en los bordes convergentes, las placas pueden formar cordilleras altas y fosas oceánicas profundas. En el lugar donde se separan unas de otras en los bordes divergentes, forman valles de rift profundos y dorsales en el medio del suelo oceánico. En los lugares donde se desplazan una al lado de la otra en los bordes transformantes, son comunes los terremotos; la corteza terrestre se deforma y se crean colinas, y se rompe debido a las fallas.

4. ¿Qué explica la teoría de las placas tectónicas?

   A. la composición de cada una de las capas de la Tierra
   B. la estructura de la superficie de la Tierra
   C. la densidad de la corteza terrestre
   D. la manera en que se formaron los océanos de la Tierra

UNIDAD 3

Resumir material complejo

TEMAS DE CIENCIAS: ES.c.1, ES.c.2
PRÁCTICA DE CIENCIAS: SP.1.a, SP.1.b, SP.1.c, SP.7.a

1 Aprende la destreza

Cuando **resumes material complejo**, identificas y describes los puntos principales. Un resumen no contiene las palabras exactas del material original. En cambio, resumes la información usando tus propias palabras. Un resumen de material complejo da una explicación más simple y más corta de lo que expresa el material.

2 Practica la destreza

Al practicar la destreza de resumir material complejo, mejorarás tus capacidades de estudio y evaluación, especialmente en relación con la Prueba de Ciencias GED®. Estudia la información y la ilustración que aparecen a continuación. Luego responde la pregunta.

LAS GALAXIAS

Cuando las personas de la Tierra miran el cielo en una noche clara, pueden ver miles de estrellas. Sin embargo, son solamente una pequeña fracción de las innumerables estrellas que hay en el universo. Los astrónomos han descubierto que las estrellas del universo están organizadas en grupos enormes llamados galaxias. Los grupos de galaxias forman cúmulos y los grupos de cúmulos forman supercúmulos. Una galaxia típica, como nuestra Vía Láctea, tiene miles de millones de estrellas, así como nubes de gas y polvo, todas unidas por la gravedad. Los científicos piensan que muchas galaxias están rodeadas de materia oscura, una entidad que no podemos ver y que todavía no se comprende completamente. La Vía Láctea es una parte de un cúmulo pequeño llamado Grupo Local. En el Grupo Local se encuentran la Vía Láctea, Andrómeda, Messier 33 y aproximadamente dos docenas de galaxias enanas más pequeñas. Los cúmulos más grandes contienen cientos de galaxias.

a Resumir significa separar la información más relevante (la idea principal y los detalles de apoyo) de la información menos relevante (detalles adicionales). Esta oración tiene detalles interesantes que no corresponden al resumen.

b Los elementos visuales suelen contener información que sería útil en un resumen. El hecho de que hay tres tipos de galaxias no aparece en el texto, pero podría incluirse en un resumen.

TRES TIPOS DE GALAXIAS

Espiral	Elíptica	Irregular
Las galaxias espirales tienen un bulbo central con brazos curvos.	Las galaxias elípticas tienen forma redonda u oval.	Las galaxias irregulares tienen formas que no son simétricas.

USAR LA LÓGICA

Puede ser que la primera oración de un pasaje no siempre contenga su idea principal. Aquí, la idea principal aparece más adelante en el pasaje. Debes leer detenidamente el pasaje completo para identificar la información clave.

1. ¿Qué oración resume **mejor** la información?

A. La Tierra está ubicada en la galaxia Vía Láctea.

B. Hay tres tipos de galaxias: espirales, elípticas e irregulares.

C. El universo está organizado en tres tipos de galaxias compuestas por estrellas, gas, polvo y materia oscura.

D. El Grupo Local contiene la Vía Láctea y varias otras galaxias de distintos tamaños.

UNIDAD 3

INSTRUCCIONES: Estudia la ilustración y la información, lee cada pregunta y elige la **mejor** respuesta.

CORTE TRANSVERSAL DEL SOL

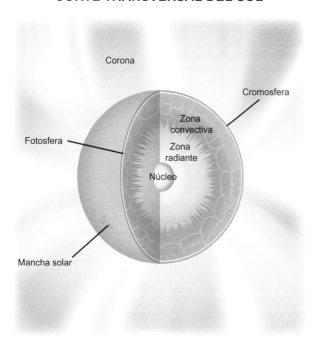

El Sol es una estrella que está en el centro de nuestro sistema solar. En su núcleo, el Sol alcanza una temperatura de 27 millones de grados Fahrenheit, lo suficientemente caliente para lograr la fusión nuclear. La fusión es un proceso en el que los átomos chocan a una alta velocidad y se fusionan. En el centro del Sol, el hidrógeno se fusiona, forma helio y libera una enorme energía que es la que experimentamos en la Tierra en forma de calor y luz. La energía pasa del núcleo a la zona radiante y luego a la zona convectiva. De allí, la energía llega a la superficie del Sol, o fotosfera. Es la fotosfera lo que vemos desde la Tierra como un disco amarillo brillante. La energía se escapa de la fotosfera y viaja hacia la Tierra a la velocidad de la luz: un viaje que toma ocho minutos. Por encima de la fotosfera se encuentran la delgada cromosfera y la corona. La cromosfera y la corona se ven desde la Tierra solo durante un eclipse solar total, como un halo brillante alrededor del disco oscuro del Sol.

2. A partir de la información, ¿cuál sería el **mejor** título para el pasaje?

   A. La temperatura del Sol
   B. Cómo funciona la fusión nuclear
   C. Nuestro sistema solar
   D. La estructura del Sol

3. ¿Qué enunciado resume **mejor** la información del pasaje y la ilustración?

   A. A la energía del Sol le toma muchos años llegar a la Tierra.
   B. La energía del Sol se produce en su núcleo y pasa a través de varias capas antes de llegar a la superficie y viajar a la Tierra.
   C. El Sol usa átomos de hidrógeno como combustible para experimentar la fusión nuclear.
   D. Todos los sistemas solares tienen una estrella, como nuestro Sol, en el centro.

INSTRUCCIONES: Lee el pasaje. Luego lee cada pregunta y elige la **mejor** respuesta.

Los científicos piensan que las estrellas se forman dentro de nubes de gas y polvo, o nebulosas, que están esparcidas dentro de las galaxias. Una parte densa de una nebulosa puede colapsar debido a la gravedad y hacer que el material que está en su centro forme el núcleo caliente de una protoestrella. Con el tiempo, el núcleo pasa a estar lo suficientemente caliente para que ocurra la fusión nuclear y la protoestrella se convierte en una estrella de secuencia principal. Después de millones o, a veces, miles de millones de años, la estrella consume todo su combustible de hidrógeno. Cuando la fusión del hidrógeno se detiene, comienza la fusión de elementos más pesados. Con el tiempo, cuando la fusión en el centro se detiene, la estrella colapsa hacia adentro. Las estrellas de masa promedio, como nuestro Sol, se encogen hasta convertirse en enanas blancas y, finalmente, se apagan. Las estrellas más masivas se calientan hasta llegar a temperaturas altísimas y luego explotan en una supernova llameante que deja atrás una estrella de neutrones o un agujero negro. Los restos de las estrellas que explotan se mezclan con el gas y el polvo que los rodean en la galaxia. Ese material se recicla para transformarse en estrellas y planetas nuevos.

4. ¿Qué punto es el **más** importante para incluir en un resumen del pasaje?

   A. Las estrellas se forman a partir de nubes enormes de gas y polvo.
   B. La fusión nuclear dentro de las estrellas usa hidrógeno como combustible.
   C. Las enanas blancas son estrellas.
   D. Nuestro Sol es una estrella de secuencia principal.

5. ¿Qué título resume **mejor** este pasaje?

   A. La muerte de una estrella
   B. El ciclo de vida de una estrella
   C. La energía de una estrella
   D. El nacimiento de una estrella

Comprender los patrones en las ciencias

TEMAS DE CIENCIAS: ES.c.1, ES.c.2
PRÁCTICA DE CIENCIAS: SP.1.a, SP.1.b, SP.1.c, SP.3.a, SP.3.b, SP.7.a

1 Aprende la destreza

Un **patrón** es algo que ocurre repetidas veces. Por ejemplo, se puede encontrar un patrón en la estructura de un objeto compuesto por elementos repetidos. Se puede encontrar un patrón en una acción que sucede una y otra vez. **Comprender los patrones en las ciencias** es particularmente importante porque te permite reconocer diferentes tipos de patrones cuando ocurren y hacer predicciones y dar explicaciones a partir de ellos.

2 Practica la destreza

Al practicar la destreza de comprender los patrones en las ciencias, mejorarás tus capacidades de estudio y evaluación, especialmente en relación con la Prueba de Ciencias GED®. Estudia la información y los diagramas que aparecen a continuación. Luego responde la pregunta.

EL PATRÓN DIARIO DE LA TIERRA

Uno de los patrones más reconocibles de la naturaleza es el cambio diario del día a la noche y de la noche al día. La Tierra rota, o gira, sobre su eje una vez cada 24 horas. Como resultado, una mitad de la Tierra siempre mira al Sol. En esa mitad del planeta es de día. Mientras tanto, la otra mitad mira hacia el otro lado. En esa mitad del planeta es de noche. En los diagramas, se ilustra la rotación de la Tierra desde dos puntos de vista.

a El día y la noche forman un patrón causado por un tipo de movimiento planetario. En los diagramas, ese movimiento está indicado con flechas.

b Los diagramas también identifican el efecto de ese movimiento: en una mitad de la Tierra hay oscuridad y en la otra mitad hay luz del día.

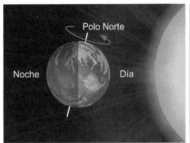
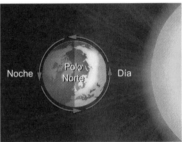

HACER SUPOSICIONES

Comprender los patrones en las ciencias te permite hacer suposiciones acerca de objetos y sucesos y de sus causas y efectos.

1. ¿Qué patrón crea el día y la noche?

A. la fusión nuclear continua en el núcleo del Sol
B. la rotación de la Tierra sobre su eje
C. el aparente movimiento diario del Sol a través del cielo
D. el giro de la Tierra alrededor del Sol

INSTRUCCIONES: Estudia la ilustración y la información, lee cada pregunta y elige la **mejor** respuesta.

PLANETAS INTERIORES Y PLANETAS EXTERIORES

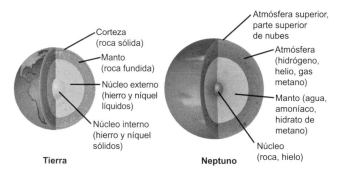

Tierra

Neptuno

Nuestro sistema solar tiene ocho planetas. Los cuatro planetas interiores (Mercurio, Venus, la Tierra y Marte) son cuerpos relativamente pequeños y rocosos. Los cuatro planetas exteriores (Júpiter, Saturno, Urano y Neptuno) son cuerpos gigantes compuestos, en mayor medida, por gases congelados.

La diferencia en la composición de los planetas interiores y exteriores se debe a la distancia del Sol a la que se encontraban los planetas cuando se formaron. Los planetas se formaron a partir de los restos presentes en cada parte del sistema solar después de la formación del Sol. Estos materiales eran diferentes según la distancia del Sol. En las áreas más cálidas más cercanas al Sol, partículas densas con alto contenido de sustancias como hierro y silicatos (compuestos de oxígeno y silicio) se fusionaron, se solidificaron y formaron los planetas rocosos. En las partes exteriores del sistema solar, que son más frías, las sustancias más livianas, como el amoníaco y el metano, se solidificaron hasta convertirse en hielo y formaron grandes partes de los planetas exteriores.

2. ¿Cuál es el factor **más** importante para explicar por qué los planetas interiores y los planetas exteriores se formaron de maneras diferentes?

   A. la diferencia de temperatura entre las partes interiores y exteriores del sistema solar
   B. el tamaño de la galaxia de la Vía Láctea cuando se desarrolló el sistema solar
   C. el hecho de que los planetas interiores tuvieron más tiempo para desarrollarse que los planetas exteriores
   D. la disminución de la temperatura de la parte interior respecto de la parte exterior del sistema solar

3. ¿Qué enunciado describe la diferencia entre los patrones estructurales de los planetas interiores y exteriores?

   A. En los planetas exteriores, el núcleo constituye un porcentaje mayor.
   B. Los planetas interiores tienen muy poca roca.
   C. Los planetas exteriores son más pequeños que los planetas interiores.
   D. Los planetas exteriores están formados por material menos denso en general que los planetas interiores.

INSTRUCCIONES: Estudia el pasaje y la información, lee la pregunta y elige la **mejor** respuesta.

CÓMO SE FORMAN LAS MAREAS

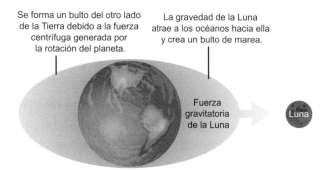

Se forma un bulto del otro lado de la Tierra debido a la fuerza centrífuga generada por la rotación del planeta.

La gravedad de la Luna atrae a los océanos hacia ella y crea un bulto de marea.

Fuerza gravitatoria de la Luna

Luna

La marea es la subida y la bajada diarias del océano a lo largo de las costas de la Tierra. Las mareas son causadas, principalmente, por la fuerza gravitatoria que la Luna ejerce sobre los océanos de la Tierra. En la mayoría de los lugares, se producen dos mareas altas y dos mareas bajas por día. Las mareas altas más altas se llaman mareas vivas. Las mareas bajas más bajas se conocen como mareas muertas.

4. A partir del diagrama y el pasaje, ¿qué es lo que explica el patrón de dos mareas altas y dos mareas bajas por día en la mayor parte de la Tierra?

   A. A medida que la Tierra rota, la gravedad lunar causa dos bultos de agua que producen las mareas altas, mientras que los niveles más bajos de agua en el medio producen las mareas bajas.
   B. La cantidad de agua del océano aumenta durante las mareas alas y disminuye durante las mareas bajas.
   C. Las áreas costeras con grandes elevaciones tienen mareas altas y las áreas costeras con elevaciones bajas tienen mareas bajas.
   D. A medida que el Sol se eleva, su gravedad genera las mareas altas y, a medida que se pone, se producen mareas bajas.

LECCIÓN 4 — Interpretar diagramas tridimensionales

TEMAS DE CIENCIAS: ES.b.4, ES.c.3
PRÁCTICA DE CIENCIAS: SP.1.a, SP.1.b, SP.1.c, SP.3.b, SP.6.c, SP.7.a

UNIDAD 3

1 Aprende la destreza

Al igual que las ilustraciones de sección, muchos **diagramas tridimensionales** muestran parte de un objeto o una estructura cortada para que el interior del objeto quede visible. Generalmente, en estos diagramas se muestran las capas o las relaciones entre las partes interiores de una estructura o un objeto. Para **interpretar diagramas tridimensionales**, presta atención a cómo se relaciona la parte exterior del objeto con las características interiores que se muestran en el diagrama y cómo las características interiores se relacionan entre sí.

2 Practica la destreza

Al practicar la destreza de interpretar diagramas tridimensionales, mejorarás tus capacidades de estudio y evaluación, especialmente en relación con la Prueba de Ciencias GED®. Estudia el diagrama tridimensional que aparece a continuación. Luego responde la pregunta.

LAS CAPAS DE LA TIERRA

Los científicos piensan en la estructura de la Tierra en función de sus capas, tomando como base la composición y la fuerza física. En relación con la característica de la composición, los científicos identifican tres capas de la Tierra. La corteza está compuesta por roca que no es muy densa. El manto está formado por roca sólida más densa y más caliente. El núcleo está formado por hierro y níquel. En relación con la característica de la fuerza física, los científicos identifican las capas de la Tierra de manera diferente, como se muestra en el diagrama.

a Los corchetes se usan para mostrar que un rótulo o una leyenda se aplican a una región del diagrama.

b En los diagramas se suele mostrar una parte fácilmente reconocible de un objeto. En este diagrama se muestran los continentes. Este marco de referencia puede ayudarte a comprender cómo están relacionadas las partes del diagrama.

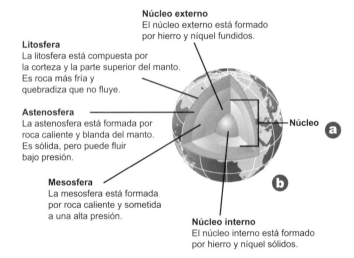

Núcleo externo
El núcleo externo está formado por hierro y níquel fundidos.

Litosfera
La litosfera está compuesta por la corteza y la parte superior del manto. Es roca más fría y quebradiza que no fluye.

Astenosfera
La astenosfera está formada por roca caliente y blanda del manto. Es sólida, pero puede fluir bajo presión.

Mesosfera
La mesosfera está formada por roca caliente y sometida a una alta presión.

Núcleo interno
El núcleo interno está formado por hierro y níquel sólidos.

Núcleo

CONSEJOS PARA REALIZAR LA PRUEBA

Al examinar un diagrama tridimensional en la Prueba de GED®, debes familiarizarte con sus diferentes partes antes de responder cualquier pregunta sobre él.

1. A partir del pasaje y el diagrama, ¿qué enunciado describe las capas de la Tierra?

   A. La litosfera es más gruesa que la corteza.
   B. El núcleo interno es más frío que la corteza.
   C. El manto y el núcleo externo son completamente líquidos.
   D. La listosfera y la astenosfera tienen la misma composición.

INSTRUCCIONES: Estudia la información y el diagrama, lee la pregunta y elige la **mejor** respuesta.

DETERMINAR LA EDAD DE LAS ROCAS

Los científicos usan las observaciones de las rocas, la datación radiométrica y los fósiles para determinar la edad de las capas de roca. En una columna de roca intacta, la capa más antigua está en la parte inferior y la más nueva, en la parte superior. Por lo tanto, puede verse la secuencia de sucesos geológicos en la roca. También se conocen las épocas de la historia de la Tierra en las que vivieron determinadas plantas o animales. Por lo tanto, los fósiles que se encuentran en la roca, como se demuestra en el diagrama, pueden ayudar a calcular aproximadamente la edad de la roca. Con la datación radiométrica, se puede identificar la edad exacta de la roca mediante el uso de isótopos radiactivos. Los isótopos son formas de un elemento con el mismo número de protones pero diferentes números de neutrones. Algunos isótopos decaen, o pierden su radiactividad, a tasas diferentes. Cuando los científicos conocen la cantidad de un isótopo radiactivo de una roca, la tasa conocida de decaimiento del isótopo y la cantidad del isótopo y el producto de su decaimiento en una roca, pueden establecer la edad de la roca con exactitud.

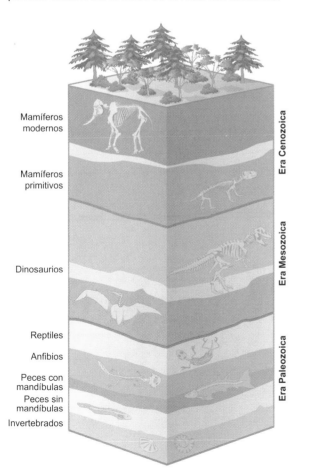

2. A partir del diagrama, ¿en qué momento del tiempo geológico aparecieron los peces sin mandíbulas?

   A. a mediados de la Era Paleozoica
   B. a fines de la Era Paleozoica
   C. a mediados de la Era Mesozoica
   D. a fines de la Era Cenozoica

INSTRUCCIONES: Estudia la información y el diagrama, lee la pregunta y elige la **mejor** respuesta.

EL MOVIMIENTO DE LAS PLACAS TECTÓNICAS

La corteza terrestre se divide en varios bloques grandes llamados placas tectónicas. Las placas tectónicas se desplazan lentamente, aproximadamente a la misma velocidad a la que crecen las uñas. A medida que las placas se desplazan, chocan, se alejan o se rozan unas contra otras. Los movimientos y las interacciones de las placas tectónicas son los responsables de la formación de muchos accidentes geográficos, como las montañas, y de la mayoría de los terremotos y las erupciones volcánicas. En el diagrama se relaciona el movimiento de las placas tectónicas con las capas de la Tierra y la formación de los volcanes.

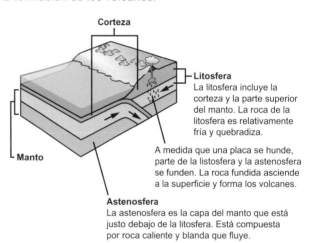

3. A partir del diagrama, ¿qué conclusión se puede sacar acerca de los volcanes?

   A. La formación de los volcanes no está relacionada con el movimiento de las placas.
   B. Los volcanes se forman cuando la litosfera se funde.
   C. La mayoría de los volcanes están lejos del océano.
   D. La roca de un volcán proviene principalmente de la parte más baja del manto.

UNIDAD 3

LECCIÓN 5

Aplicar conceptos científicos

TEMAS DE CIENCIAS: ES.a.3, ES.b.2
PRÁCTICA DE CIENCIAS: SP.1.a, SP.1.b, SP.1.c, SP.3.b, SP.7.a

1 Aprende la destreza

Un **concepto** es una unidad fundamental de comprensión. Puede expresarse como un tema, como "la transferencia de energía entre los organismos", y representar el conjunto de información relacionado con ese tema. O bien, puede ser un enunciado acerca de un aspecto de un tema. El estudio de las ciencias implica obtener conocimientos sobre nuevos conceptos a partir de conceptos conocidos. En otras palabras, para aprender información científica nueva, debes **aplicar conceptos científicos** que ya has aprendido.

2 Practica la destreza

Al practicar la destreza de aplicar conceptos científicos, mejorarás tus capacidades de estudio y evaluación, especialmente en relación con la Prueba de Ciencias GED®. Estudia la información y el diagrama que aparecen a continuación. Luego responde la pregunta.

REDES ALIMENTICIAS MARINAS

a El agua de la Tierra forma su hidrosfera. A medida que aprendas acerca de la hidrosfera, puedes aplicar conceptos que hayas aprendido sobre otros sistemas de la Tierra.

Los conceptos de las ciencias de la vida, las ciencias físicas y las ciencias de la Tierra y del espacio están interrelacionados porque los sistemas de la Tierra están interrelacionados. Por ejemplo, los océanos, que forman parte de la <u>hidrosfera</u> de la Tierra, están repletos de seres vivos, que componen la biosfera de la Tierra, y tienen impactos significativos sobre ellos. En la red alimenticia que aparece a continuación, se muestran las relaciones alimenticias y de transferencia de energía en un ecosistema marino, u oceánico. Cada organismo obtiene energía del organismo que come y pasa esa energía al organismo que se alimenta de él.

b Al igual que una cadena alimenticia, una red alimenticia representa el concepto de transferencia de energía entre los organismos. Sus flechas muestran el flujo de energía desde los productores hasta varios niveles de consumidores.

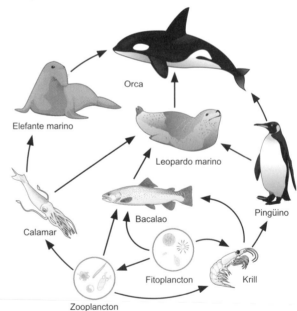

HACER SUPOSICIONES

Puedes suponer que todas las redes alimenticias están estructuradas de manera similar. Esto te permite aplicar los mismos conceptos cuando ves una red alimenticia para cualquier tipo de ecosistema.

1. A partir del concepto de transferencia de energía entre los organismos de los ecosistemas, ¿qué organismo de esta red alimenticia oceánica es un productor?

   A. el bacalao
   B. la orca
   C. el zooplancton
   D. el fitoplancton

UNIDAD 3

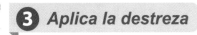

3 Aplica la destreza

INSTRUCCIONES: Estudia el diagrama y la información, lee cada pregunta y elige la **mejor** respuesta.

ELECTRICIDAD PROVENIENTE DEL AGUA DEL OCÉANO

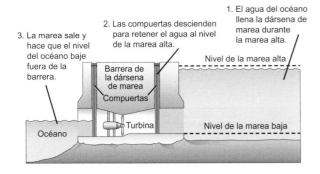

3. La marea sale y hace que el nivel del océano baje fuera de la barrera.

2. Las compuertas descienden para retener el agua al nivel de la marea alta.

1. El agua del océano llena la dársena de marea durante la marea alta.

Barrera de la dársena de marea
Compuertas
Turbina
Océano
Nivel de la marea alta
Nivel de la marea baja

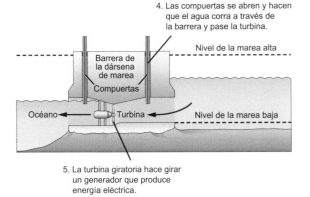

4. Las compuertas se abren y hacen que el agua corra a través de la barrera y pase la turbina.

Barrera de la dársena de marea
Compuertas
Turbina
Océano
Nivel de la marea alta
Nivel de la marea baja

5. La turbina giratoria hace girar un generador que produce energía eléctrica.

El movimiento del agua de océano se puede aprovechar para producir energía eléctrica de diferentes maneras. En un sistema de presa, la diferencia en el nivel del agua entre la marea alta y la baja genera energía. Los ingenieros construyen una presa, o dique, a través de una dársena de marea, o un brazo parcialmente encerrado del mar. Durante la marea alta, el agua llena la dársena. Luego una barrera cierra la dársena de marea a medida que se aproxima la marea baja. Este cierre mantiene el nivel del agua alto dentro de la presa, aun cuando el nivel del agua de afuera desciende al aproximarse la marea baja. Cuando el nivel del agua está en su punto más bajo fuera de la barrera durante la marea baja, la barrera se levanta y el agua corre hacia afuera de la dársena. El agua que corre hace girar una turbina que hace girar un generador que produce una corriente eléctrica.

El agua del océano también hace funcionar otro tipo de sistema en el que se construyen unas turbinas submarinas en un canal angosto con una corriente que se mueve rápidamente. El agua que corre hace girar las turbinas de la misma manera en que el viento hace girar las aspas de un molino. La energía de las mareas tiene potencial a lo largo de algunas costas, pero no se usa comúnmente.

2. A partir del concepto de transformación entre los tipos de energía, ¿qué cambio se produce cuando la energía de las mareas se transforma en energía eléctrica?

   A. Se transforma energía potencial en energía cinética.
   B. Se transforma energía eléctrica en energía cinética.
   C. Se transforma energía cinética en energía eléctrica.
   D. Se transforma energía térmica en energía eléctrica.

3. Teniendo en cuenta la manera en que se genera energía eléctrica a partir de la energía de las mareas, ¿qué enunciado describe la energía de las mareas?

   A. Es una fuente de energía no renovable.
   B. Es un recurso energético renovable.
   C. Emite grandes cantidades de dióxido de carbono en la atmósfera.
   D. Se puede hacer un uso generalizado de ella en todos los países del mundo.

INSTRUCCIONES: Lee el pasaje y la pregunta y elige la **mejor** respuesta.

LA FUSIÓN NUCLEAR CON BASE EN LA TIERRA

Hay dos tipos importantes de reacciones nucleares que producen energía: la fisión y la fusión. Usamos la fisión nuclear para producir electricidad en las plantas de energía nuclear. Sin embargo, los científicos todavía no pueden producir una reacción de fusión nuclear controlada y continuada. Los científicos están ansiosos por aprovechar la fusión (el mismo tipo de reacción nuclear que se produce en el núcleo del Sol) debido a las grandes cantidades de energía limpia que podría producir. Muchos elementos pueden producir una reacción de fusión, pero la primera reacción de fusión exitosa probablemente incluirá deuterio y tritio. Ambos son isótopos del hidrógeno. Los isótopos son formas de un elemento que se diferencian por los distintos números de neutrones que tienen en sus núcleos atómicos. El deuterio se encuentra naturalmente en el agua. El tritio es un isótopo radiactivo del hidrógeno.

4. A partir del concepto de fusión nuclear, ¿qué enunciado describe el proceso que los científicos esperan lograr, tal como se explica en el pasaje?

   A. Implicará dividir átomos de deuterio para liberar energía.
   B. Implicará calentar el deuterio levemente por encima del punto de ebullición para producir energía.
   C. Se requerirá unir átomos de deuterio y átomos de tritio para liberar energía.
   D. Se requerirá usar la radiación del tritio para producir deuterio.

UNIDAD 3

Expresar información científica

TEMAS DE CIENCIAS: ES.b.1, ES.b.3
PRÁCTICA DE CIENCIAS: SP.1.a, SP.1.b, SP.1.c, SP.3.b, SP.7.a

1 Aprende la destreza

Demuestras tu comprensión acerca de conceptos científicos al expresar información científica. Puedes **expresar información científica** de manera verbal, visual, con números o con símbolos. Para expresar esta información de manera eficaz, primero debes comprender el contenido científico que se presenta.

2 Practica la destreza

Al practicar la destreza de expresar información científica, mejorarás tus capacidades de estudio y evaluación, especialmente en relación con la Prueba de Ciencias GED®. Estudia la información y la gráfica que aparecen a continuación. Luego responde la pregunta.

LA ATMÓSFERA

a Examinar las maneras en que se presentan los conceptos científicos puede ayudarte a expresar información sobre esos conceptos. Este párrafo da información acerca de los gases que se encuentran en la atmósfera de la Tierra.

La atmósfera está formada por las capas de gases que rodean la Tierra. Sin la atmósfera, no existiría vida en la Tierra. La atmósfera proporciona el oxígeno que los animales, incluidas las personas, necesitan para respirar. También proporciona el dióxido de carbono que las plantas usan para elaborar alimento durante la fotosíntesis. Protege a todos los seres vivos de la Tierra de la radiación dañina del Sol. La temperatura de la Tierra, que es lo suficientemente cálida para dar sostén a una amplia variedad de organismos, también se mantiene gracias a la capacidad que tienen los gases invernadero, como el dióxido de carbono y el metano, para atrapar el calor que está cerca de la superficie de la Tierra y calentar el planeta. La siguiente gráfica muestra los gases que están presentes en la atmósfera.

b La gráfica aporta contenidos al proporcionar datos adicionales sobre estos gases. Al interpretar todo el material que se presenta, puedes expresar la información científica de manera eficaz.

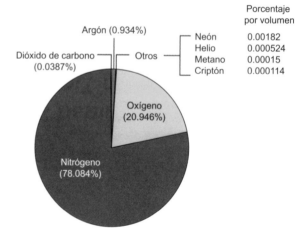

PRÁCTICAS DE CONTENIDOS

Expresar información científica es una práctica que aborda la Prueba de Ciencias GED®. Saber cómo expresar esa información de manera eficaz te ayudará a tener éxito en la prueba.

1. Los gases invernadero dióxido de carbono y metano forman parte de la atmósfera de la Tierra. ¿Qué frase expresa en números el porcentaje de la atmósfera de la Tierra que está formado por esos gases?

   A. aproximadamente el 78 por ciento
   B. más del 20 por ciento
   C. exactamente el 0.0387 por ciento
   D. menos del 1.0 por ciento

❸ Aplica la destreza

INSTRUCCIONES: Estudia la información y el diagrama, lee cada pregunta y elige la **mejor** respuesta.

GASES INVERNADERO

La temperatura promedio de la Tierra es 14 grados Celsius, o 57 grados Fahrenheit. Sin los gases invernadero en la atmósfera de la Tierra, la temperatura del planeta sería mucho más baja: demasiado fría para que las personas y la mayoría de otros organismos vivos pudieran sobrevivir. Los gases invernadero (como el dióxido de carbono, el metano y el óxido nitroso) conforman menos del 1 por ciento de la atmósfera de la Tierra. Sin embargo, tal como sugiere el diagrama, son importantes para calentar la superficie y la atmósfera de la Tierra. Después de que la Tierra absorbe la energía solar, emite radiación infrarroja, parte de la cual los gases invernadero conservan dentro de la atmósfera.

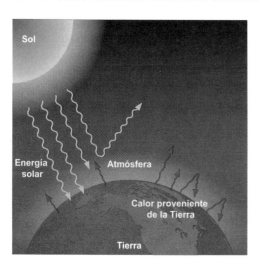

2. ¿Qué enunciado expresa lo que ocurre con la energía del Sol?

   A. Toda la energía llega a la Tierra y es absorbida por la superficie terrestre.
   B. Toda la energía llega a la Tierra y se refleja hacia la atmósfera.
   C. Parte de la energía es absorbida por la superficie de la Tierra y otra parte la refleja la Tierra.
   D. Parte de la energía es absorbida por la superficie de la Tierra y otra parte la refleja la atmósfera.

3. ¿Qué partes del diagrama expresan de manera visual el efecto de los gases invernadero?

   A. las flechas que salen de la Tierra y se doblan nuevamente hacia la Tierra
   B. las flechas que salen del Sol hacia la superficie de la Tierra
   C. las flechas que salen del Sol y se doblan en la atmósfera de la Tierra
   D. las flechas que señalan hacia fuera de la Tierra

INSTRUCCIONES: Estudia la información y el mapa, lee cada pregunta y elige la **mejor** respuesta.

ZONAS DE PRESIÓN Y DE VIENTOS

Debido a sus diversos medio ambientes naturales, la superficie de la Tierra absorbe el calor del Sol de manera despareja. Por ejemplo, una selva tropical oscura absorbe una cantidad diferente de energía solar de la que absorbe un campo de nieve blanco cerca del Polo Norte. El calentamiento desigual produce una distribución desigual de la presión del aire de un lugar de la superficie de la Tierra a otro. Esta condición contribuye a producir viento, que es el movimiento de aire desde áreas de mayor presión del aire hacia áreas de menor presión del aire. El calentamiento desigual produce enormes zonas de alta y baja presión a través de la Tierra. Estas zonas de presión son importantes a la hora de determinar las zonas de vientos globales.

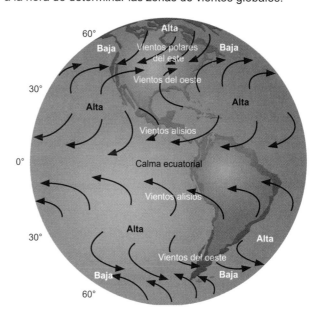

4. Para expresar información acerca de la zona de vientos que cubre la mayor parte de los Estados Unidos, hablarías sobre

   A. los vientos polares del este.
   B. los vientos del oeste.
   C. los vientos alisios.
   D. la calma ecuatorial.

5. ¿Qué enunciado expresa la relación entre las áreas de alta y baja presión tal como se presentan en el mapa?

   A. El aire se desplaza hacia la calma ecuatorial de la Tierra.
   B. El aire se desplaza desde áreas de alta presión hacia áreas de presión más baja.
   C. El aire se desplaza hacia áreas de alta presión.
   D. El aire se desplaza desde áreas de baja presión hacia áreas de presión más alta.

Identificar problemas y soluciones

TEMAS DE CIENCIAS: ES.a.1, ES.a.2, ES.a.3, ES.b.3
PRÁCTICA DE CIENCIAS: SP.1.a, SP.1.b, SP.1.c, SP.3.a, SP.3.b, SP.3.c, SP.4.a, SP.6.c

1 Aprende la destreza

A veces, la presentación de material científico se organiza en torno a un **problema** y su **solución**. Los autores pueden plantear problemas y soluciones, o quizás tú debes hacer inferencias para reconocerlos. Cuando **identificas el problema y la solución**, determinas qué problemas o soluciones está presentando un autor.

Al identificar problemas y soluciones se sientan las bases para un pensamiento más crítico acerca de los temas. Afianzas tu comprensión de los conceptos científicos y sus implicancias al analizar problemas y evaluar soluciones.

2 Practica la destreza

Al practicar la destreza de identificar problemas y soluciones, mejorarás tus capacidades de estudio y evaluación, especialmente en relación con la Prueba de Ciencias GED®. Lee el pasaje que aparece a continuación. Luego responde la pregunta.

PRESERVAR LOS RECURSOS DEL SUELO

a Es importante comprender por qué algo constituye un problema. Aquí, las primeras oraciones presentan el contexto sobre el problema que el autor identificará más adelante.

b Quizás debas leer una gran parte del texto antes de que puedas identificar el problema.

Podría parecer que el suelo es solo tierra debajo de los pies, pero el suelo es uno de los recursos más importantes de la Tierra. El suelo es necesario para la vida vegetal y, por lo tanto, es necesario para la supervivencia de todos los animales, incluidos los seres humanos. Puesto que el suelo tarda mucho tiempo en formarse, es básicamente un recurso no renovable. Sin embargo, cada año perdemos millones de acres de suelo de tierras de labranza debido a la erosión. Ciertas prácticas agrícolas, como los cultivos intensivos en laderas empinadas, aumentan la erosión. La erosión también se incrementa cuando se talan los bosques o se elimina la vegetación de los campos, porque se quitan las raíces de las plantas que mantienen el suelo en su lugar. Aun así, los agricultores sí tienen métodos para conservar el suelo. Entre esos métodos se incluyen la creación de campos en terrazas en las laderas empinadas y la reducción de la práctica de remover y arar los campos durante la plantación. Dejar tallos y otros restos de cultivos en los campos para estabilizar el suelo también evita que la lluvia arrastre el suelo. Los métodos de conservación funcionan en muchos lugares, pero las condiciones de sequía pueden destruir las áreas de vegetación y nuevamente incrementar la pérdida del suelo.

1. ¿Por qué las personas deberían preocuparse por el problema de la erosión del suelo?

A. El suelo es necesario para nuestra supervivencia.
B. Los cultivos intensivos aumentan la erosión.
C. Las condiciones de sequía pueden destruir las áreas de vegetación.
D. No hay métodos disponibles para conservar el suelo.

TEMAS

Quizás pienses que el suelo es abundante y que se forma fácilmente. Pero una parte básica del suelo es la roca erosionada o deshecha. Puede tomar cientos de años para que se forme incluso una delgada capa de suelo.

UNIDAD 3

⭐ Ítem en foco: RESPUESTA BREVE

INSTRUCCIONES: Lee el pasaje y estudia el mapa. Luego lee la pregunta y escribe tu respuesta en las líneas. Completar esta tarea puede llevarte 10 minutos aproximadamente.

DESPUÉS DE KATRINA

Cuando el huracán Katrina azotó Nueva Orleáns en agosto de 2005, destruyó miles de hogares y dejó la mayor parte de la ciudad bajo el agua. Una marejada ciclónica empujó el agua por los canales interiores. Hizo que los malecones fallaran y el agua entró en los barrios más bajos de la ciudad, que están situados en una cuenca a 17 pies debajo del nivel del mar.

Cada año, se pierden 30 kilómetros cuadrados (12 millas cuadradas) de pantanos entre Nueva Orleáns y el Golfo de México debido al hundimiento. Estos pantanos absorben parte de la fuerza de las marejadas ciclónicas del Golfo y protegen así a Nueva Orleáns. A medida que desaparecen, la ciudad queda más vulnerable a las tormentas. Se construyó un nuevo sistema de protección contra inundaciones en Nueva Orleáns y en los alrededores en los años posteriores a Katrina. Se diseñó para proteger la ciudad de otras tormentas como Katrina. Esas tormentas han sido poco comunes en el pasado, pero podrían ser más frecuentes en el futuro debido a los cambios climáticos y el calentamiento de las aguas tropicales donde se desarrollan.

NUEVO SISTEMA DE CONTROL DE INUNDACIONES PARA NUEVA ORLEÁNS

Lago Pontchartrain

Río Mississippi

— Diques y malecones ☐ Estación de bombeo

2. En el período posterior a Katrina, muchos dueños de negocios destruidos debieron decidir si los reconstruían en Nueva Orleáns o en otro lugar. Ten en cuenta la información del pasaje y el mapa. Luego explica por qué reconstruirlos en Nueva Orleáns podría presentar problemas para los negocios y evalúa si la solución que idearon los ingenieros será eficaz o no.

_____

_____

_____

_____

_____

_____

_____

_____

_____

UNIDAD 3

Analizar y presentar argumentos

TEMAS DE CIENCIAS: ES.a.1, ES.a.3
PRÁCTICA DE CIENCIAS: SP.1.a, SP.1.b, SP.1.c, SP.3.a, SP.3.b, SP.4.a, SP.5.a, SP.6.a, SP.6.c

1 Aprende la destreza

Los hechos científicos no están sujetos a la interpretación. Se obtienen a través de la observación y la experimentación. Sin embargo, los científicos y otras personas usan los hechos para respaldar **argumentos**, o ciertos puntos de vista. Cuando tú **analizas un argumento**, identificas lo que se está tratando de decir y evalúas cómo se respalda. Además, puedes usar datos científicos para expresar y defender tus propias perspectivas, o **presentar argumentos**.

2 Practica la destreza

Al practicar la destreza de analizar y presentar argumentos, mejorarás tus capacidades de estudio y evaluación, especialmente en relación con la Prueba de Ciencias GED®. Estudia la información y la gráfica que aparecen a continuación. Luego responde la pregunta.

ENERGÍA NO RENOVABLE VERSUS ENERGÍA RENOVABLE

a Se puede usar información de una fuente confiable para respaldar un punto de vista. Esta información respalda un argumento para el uso de recursos energéticos no renovables.

Casi el 90 por ciento de la energía que usamos para producir electricidad proviene de fuentes de energía no renovables, como el carbón y el gas natural. Las fuentes de energía no renovables son aquellas cuya existencia es limitada. <u>Los Estados Unidos tienen grandes reservas de carbón y gas natural, así que gran parte de la energía que usamos para iluminar nuestros hogares y oficinas proviene de nuestras propias minas y pozos. Este factor es crucial para el movimiento de los Estados Unidos hacia la independencia energética.</u> Sin embargo, las fuentes de energía no renovables no son una solución a largo plazo para las necesidades energéticas de la nación. Además, la quema de combustibles fósiles, especialmente del carbón, produce dióxido de carbono. En la actualidad, la mayoría de los científicos reconoce que ese gas contribuye ampliamente al cambio climático. <u>Las fuentes de energía renovables, como el agua, la energía del sol y el viento, no contribuyen al calentamiento atmosférico,</u> pero actualmente los Estados Unidos usan estas opciones solo en pequeñas cantidades en las plantas de energía.

b Algunas fuentes contienen información que respalda más de un punto de vista. Este hecho respalda un argumento para usar recursos energéticos renovables.

FUENTES DE PRODUCCIÓN DE ELECTRICIDAD DE LOS EE. UU. EN 2011

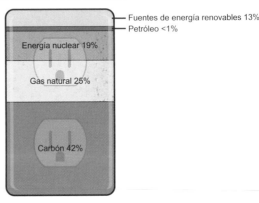

Fuentes de energía renovables 13%
Petróleo <1%
Energía nuclear 19%
Gas natural 25%
Carbón 42%

CONSEJOS PARA REALIZAR LA PRUEBA

Alguna pregunta te puede pedir que identifiques un argumento que está basado en el material que se presenta. Lee todas las opciones de respuesta con detenimiento y elimina las que no están respaldadas por el texto o las gráficas relacionadas.

1. A partir de la información, ¿qué enunciado expresa un argumento para usar fuentes de energía renovables para producir energía eléctrica?

   A. Cuestan mucho menos que otras fuentes de energía.
   B. Existen en cantidades limitadas.
   C. Los Estados Unidos ya las usan para producir electricidad.
   D. Su uso no libera dióxido de carbono.

UNIDAD 3

⭐ Ítem en foco: **ARRASTRAR Y SOLTAR**

INSTRUCCIONES: Estudia la información y el diagrama y lee la pregunta. Luego usa las opciones de arrastrar y soltar para completar la tabla.

MINERÍA DE REMOCIÓN DE CIMA

La remoción de cima es un medio muy eficiente de la minería de carbón a cielo abierto que se usa principalmente en Appalachia. Cuando el carbón se encuentra en la profundidad de zonas montañosas, se destruyen las montañas con explosivos para llegar a los depósitos que están debajo. La roca desintegrada y la tierra se acarrean y se depositan en los valles cercanos. Luego con máquinas enormes se extrae el carbón.

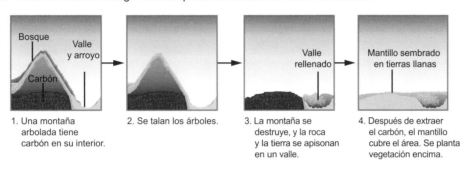

1. Una montaña arbolada tiene carbón en su interior.
2. Se talan los árboles.
3. La montaña se destruye, y la roca y la tierra se apisonan en un valle.
4. Después de extraer el carbón, el mantillo cubre el área. Se planta vegetación encima.

2. Las personas de una comunidad de West Virginia se enteraron de que una empresa quiere usar la minería de remoción de cima para extraer carbón de una montaña cercana. En un concejo municipal de vecinos, los residentes presentaron argumentos a favor y en contra de la minería de remoción de cima. Determina qué opciones de arrastrar y soltar son a favor y cuáles son en contra. Luego anota cada argumento en la columna correcta de la tabla.

A favor	En contra

Opciones de arrastrar y soltar

Da empleo en un área que lo necesita mucho.	La tala de los bosques aumenta la erosión en las laderas empinadas y, como resultado, se producen inundaciones.
Se destruyen diversos ecosistemas forestales y no se pueden volver a crear después de la explotación minera.	Es más segura que la minería en pozos profundos.
Las explosiones, la minería y el lavado de carbón pueden emitir cantidades insalubres de polvo de carbón en el aire.	Aumenta la existencia nacional de carbón, que es preferible al petróleo importado.

UNIDAD 3

INSTRUCCIONES: Estudia el diagrama, lee la pregunta y elige la **mejor** respuesta.

1. ¿Qué patrón muestra el diagrama?

   A. el ciclo de las estaciones
   B. el ciclo de las mareas
   C. el ciclo de la noche y el día
   D. el ciclo de las fases de la luna

INSTRUCCIONES: Lee el pasaje y la pregunta, y elige la **mejor** respuesta.

A fines de 2012, el telescopio espacial Hubble dio a los astrónomos la vista más profunda del espacio hasta entonces: galaxias que están a 13,200 millones de años luz de distancia. Estas galaxias son 10 mil millones de veces más tenues de lo que el ojo humano podría detectar desde la Tierra a simple vista. Para capturar la imagen, se entrenó al telescopio en un área de estrellas durante más de 500 horas a lo largo de 10 años. El telescopio tomó 2,000 imágenes del lugar. Los científicos combinaron la luz y otro tipo de radiación de las imágenes. Esto les permitió crear una imagen que mostró los sistemas de estrellas más distantes.

2. ¿Qué enunciado resume **mejor** este pasaje?

   A. Los científicos han usado el telescopio Hubble para ver las galaxias más distantes que jamás se han visto.
   B. Las galaxias más distantes están a 13,200 millones de años luz de distancia.
   C. El telescopio Hubble ha tomado más de 2,000 imágenes de galaxias.
   D. Las galaxias más distantes son 10 mil millones de veces más tenues de lo que puede ver el ojo humano.

INSTRUCCIONES: Estudia el diagrama. Luego lee cada pregunta y elige la **mejor** respuesta.

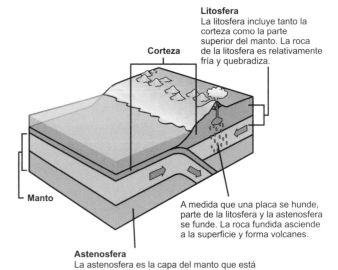

Litosfera
La litosfera incluye tanto la corteza como la parte superior del manto. La roca de la litosfera es relativamente fría y quebradiza.

Corteza

Manto

A medida que una placa se hunde, parte de la litosfera y la astenosfera se funde. La roca fundida asciende a la superficie y forma volcanes.

Astenosfera
La astenosfera es la capa del manto que está justo debajo de la litosfera. Está formada por roca caliente y blanda que fluye.

3. ¿Qué capa está formada por roca caliente y blanda?

   A. la corteza
   B. la astenosfera
   C. la litosfera
   D. el manto

4. ¿Qué sugiere el diagrama acerca de la estructura de la Tierra?

   A. El manto es la capa de roca más gruesa del interior de la Tierra.
   B. La capa de la Tierra que está más arriba es la corteza.
   C. La astenosfera es parte de la litosfera.
   D. En el lugar donde las placas se juntan, la corteza y el manto cambian de lugar.

5. A partir del diagrama, ¿dónde se forman los volcanes?

   A. donde el agua del océano calienta el aire
   B. donde dos placas se juntan y una se desliza debajo de la otra
   C. donde la astenosfera está más caliente
   D. donde dos placas se alejan una de la otra

INSTRUCCIONES: Estudia el diagrama y lee la pregunta. Luego escribe tu respuesta en las líneas. Completar esta tarea puede llevarte 10 minutos aproximadamente.

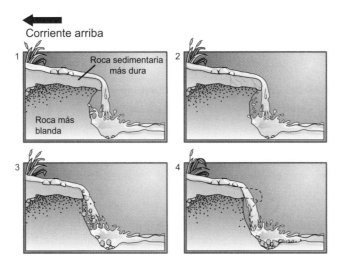

Corriente arriba

6. El diagrama muestra el cambio de una cascada con el tiempo debido a la meteorización y la erosión. Interpreta el diagrama y describe el cambio.

_____

_____

_____

_____

_____

_____

_____

_____

_____

INSTRUCCIONES: Lee el pasaje y la pregunta, y elige la **mejor** respuesta.

La teoría del Big Bang establece que toda la materia y la energía del universo alguna vez estuvieron contenidas dentro de una masa diminuta, caliente y densa. Hace aproximadamente 14 mil millones de años, una explosión enorme hizo volar esa masa diminuta y dispersó el material que conforma el universo en todas las direcciones. Esta explosión se conoce como el Big Bang.

7. ¿Qué enunciado es una evidencia válida que respalda la teoría del Big Bang?

A. El universo ahora contiene muchas galaxias diferentes.

B. Ya no pueden ocurrir explosiones enormes en el universo.

C. Las galaxias del universo se están alejando unas de otras rápidamente.

D. No hay vida en ningún otro lugar del universo a excepción de la Tierra.

INSTRUCCIONES: Estudia el mapa. Luego lee cada ejercicio y escribe tu respuesta en el recuadro.

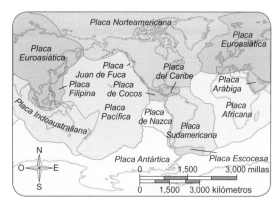

8. El mapa muestra las placas ⬚ que forman la superficie de la Tierra.

9. La teoría de ⬚ explica la estructura de la corteza terrestre.

10. El movimiento de las placas produce la formación de diferentes ⬚ en la superficie de la Tierra.

INSTRUCCIONES: Lee el pasaje y la pregunta, y elige la **mejor** respuesta.

La presión del aire de la atmósfera de la Tierra varía de un lugar a otro. Esta distribución desigual de la presión del aire produce patrones de vientos y de clima. Las tormentas se asocian con la presión del aire más baja, mientras que el buen tiempo se asocia con la presión del aire más alta. Los vientos alisios ocurren en una zona de vientos que rodea a la Tierra desde aproximadamente 30 grados de latitud norte hasta aproximadamente 30 grados de latitud sur. En una franja alrededor del centro de la Tierra, los vientos alisios del norte que soplan hacia el sudeste se encuentran con los vientos alisios del sur que soplan hacia el noreste. Esta franja de baja presión es la Zona de convergencia intertropical (ZCIT).

11. A partir de la información y del concepto de viento, ¿qué enunciado describe los vientos alisios que se encuentran en la ZCIT?

A. Se originan en áreas de presión del aire más baja.
B. Se originan en áreas de presión del aire más alta.
C. Se desplazan hacia áreas de presión más alta.
D. Rara vez producen tormentas.

INSTRUCCIONES: Lee el pasaje y la pregunta y elige la **mejor** respuesta.

Las estrellas de secuencia principal están formadas principalmente por hidrógeno. Usan ese hidrógeno como combustible durante la fusión nuclear para producir energía. Con el tiempo, las estrellas consumen todo el hidrógeno, se expanden y se transforman en gigantes rojas inmensas y relativamente frías. Las estrellas de la masa de nuestro Sol luego colapsan y se transforman en pequeñas enanas blancas, calientes y densas, antes de transformarse en enanas negras más frías y densas. Después de la etapa de gigantes rojas, las estrellas más masivas explotan y se transforman en una supernova. Al transformarse en una estrella con una masa de hasta cuatro veces la masa de nuestro Sol, la supernova deja atrás un cuerpo pequeño, oscuro y denso llamado estrella de neutrones. Las estrellas aun más masivas se transforman en agujeros negros: cuerpos tan densos que no dejan escapar nada de materia ni energía.

12. ¿Qué enunciado identifica **mejor** un patrón de estrellas?

A. El universo tiene muchos tipos diferentes de estrellas.
B. Las estrellas usan hidrógeno como combustible para la fusión nuclear.
C. Al final de su ciclo de vida, las estrellas se transforman en cuerpos densos relativamente pequeños.
D. Todas las estrellas explotan y se transforman en supernovas al final de su ciclo de vida.

INSTRUCCIONES: Lee el pasaje y la pregunta, y elige la **mejor** respuesta.

A través de la observación y las mediciones de ciertos sucesos astronómicos, los científicos estiman que la Tierra tiene aproximadamente 4,540 millones de años. Mediante el proceso de datación radiométrica, los científicos pueden identificar la edad exacta de la roca a través del uso de isótopos radiactivos. Los diferentes isótopos se desintegran a tasas específicas y dan ciertos productos cuando lo hacen. Los científicos pueden medir las cantidades de un isótopo en particular y el producto de su desintegración dentro de una muestra de roca. Luego pueden calcular la edad de la muestra de roca. Los científicos han hallado un mineral que determinaron que tiene aproximadamente 4,400 millones de años en una roca más joven. Creen que se erosionó a partir de una roca más antigua.

13. ¿Qué enunciado expresa una conclusión a la que se puede llegar acerca de la datación de la roca?

A. Los científicos deben conocer el orden en que las capas de roca se depositaron en los accidentes geográficos para saber la edad exacta de la roca.
B. Los científicos pueden usar isótopos radiactivos o no radiactivos para la datación radiométrica.
C. Conocer la tasa de desintegración de un isótopo radiactivo es esencial en la datación radiométrica.
D. Después de cierto tiempo, los isótopos radiactivos de la roca la destruyen y hacen que la datación radiométrica de la roca sea imposible.

INSTRUCCIONES: Estudia el modelo y lee la pregunta. Luego escribe tu respuesta en las líneas. Completar esta tarea puede llevarte 10 minutos aproximadamente.

LA FUSIÓN NUCLEAR EN EL SOL

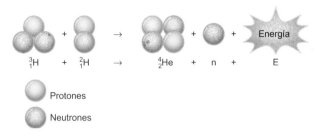

^3_1H + ^2_1H → ^4_2He + n + E

⬤ Protones

⬤ Neutrones

14. Para expresar la información científica de manera verbal, explica la reacción de fusión que ocurre en el Sol.

_____

_____

_____

_____

_____

_____

_____

_____

_____

_____

INSTRUCCIONES: Estudia la tabla. Luego lee cada pregunta y elige la **mejor** respuesta.

Planetas interiores	Planetas exteriores
Cuerpos rocosos	En gran parte gaseosos, con núcleos sólidos relativamente pequeños
Cuatro planetas; dos de los cuatro tienen una o dos lunas.	Cuatro planetas; todos tienen varias lunas.
Superficies duras de roca	Las superficies no están formadas por roca.
No tienen sistemas de anillos.	Todos tienen sistemas de anillos.
Se mantienen en órbita por la fuerza gravitacional del Sol.	Se mantienen en órbita por la fuerza gravitacional del Sol.
Solo uno tiene grandes cantidades de agua superficial en estado líquido.	Ninguno tiene grandes cantidades de agua superficial en estado líquido.
Son los planetas más pequeños.	Son los planetas más grandes.

15. ¿Qué patrón estructural existe entre los cuatro planetas interiores?

   A. gran cantidad de agua superficial
   B. sistema de varios anillos delgados
   C. con una o dos lunas que orbitan a su alrededor
   D. pequeños, con una superficie rocosa

16. ¿Qué patrón se muestra entre los cuatro planetas exteriores?

   A. un cuerpo que es completamente gaseoso
   B. superficies duras
   C. falta de anillos
   D. varias lunas

INSTRUCCIONES: Lee el pasaje y la pregunta. Luego usa las opciones de arrastrar y soltar para responder.

El océano influye en la Tierra y en los organismos de la Tierra de muchas maneras. Una manera fundamental incluye el papel que el océano desempeña en el ciclo del agua. A través del proceso del cambio de estado, el agua del océano se transforma en agua que cae en la Tierra para transformarse nuevamente en agua del océano, y el ciclo sigue y sigue.

17. A partir del concepto de los estados de la materia, ¿qué sucede cuando el sol calienta el agua del océano? Determina qué opción de arrastrar y soltar identifica este cambio de estado y anota el término en el recuadro del diagrama.

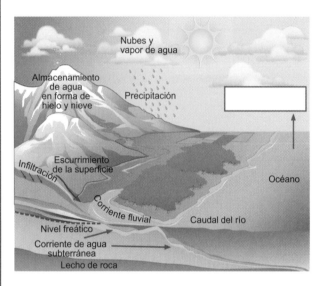

Opciones de arrastrar y soltar

condensación	evaporación
sublimación	fusión

INSTRUCCIONES: Estudia el diagrama, lee la pregunta y elige la **mejor** respuesta.

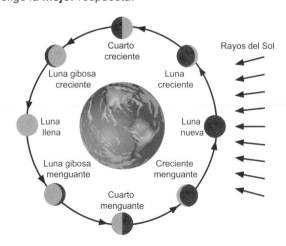

18. ¿Qué secuencia representa un patrón completo de las fases de la Luna?

   A. luna llena → cuarto menguante → creciente menguante → luna nueva
   B. luna nueva → cuarto creciente → luna llena → cuarto menguante → luna nueva
   C. cuarto creciente → luna gibosa creciente → luna llena → luna gibosa menguante
   D. cuarto menguante → creciente menguante → luna nueva → luna creciente

INSTRUCCIONES: Estudia la gráfica, lee cada pregunta y elige la **mejor** respuesta.

COMPOSICIÓN DE LA ATMÓSFERA

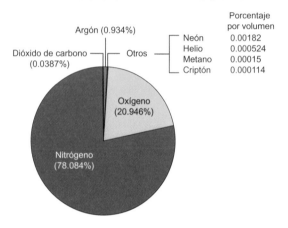

19. A partir de la gráfica, ¿qué enunciado expresa la proporción del oxígeno en la atmósfera de la Tierra?

   A. El oxígeno es el gas más abundante en la atmósfera de la Tierra.
   B. El oxígeno conforma una parte menor de la atmósfera que cualquier otro gas invernadero.
   C. El oxígeno y el gas más abundante conforman más del 98 por ciento de la atmósfera.
   D. Hay más oxígeno que nitrógeno, pero menos oxígeno que dióxido de carbono.

20. ¿Qué enunciado resume **mejor** la información de la gráfica?

   A. La atmósfera de la Tierra está compuesta mayormente por nitrógeno y oxígeno, pero contiene pequeños porcentajes de otros gases.
   B. El nitrógeno es el gas que más prevalece en la atmósfera de la Tierra.
   C. El nitrógeno y el oxígeno son los dos gases principales que conforman la atmósfera de la Tierra.
   D. Entre los gases que se encuentran en cantidades menos abundantes en la atmósfera de la Tierra se incluyen el dióxido de carbono, el argón y el helio.

INSTRUCCIONES: Estudia la tabla. Luego lee el pasaje incompleto a continuación. Usa información de la tabla para completar el pasaje. En cada ejercicio con menú desplegable, elige la opción que **mejor** complete la oración.

Argumentos a favor de la energía eólica	Argumentos en contra de la energía eólica
El viento produce electricidad sin generar contaminación.	El viento es una fuente de energía poco confiable porque muchas veces no hay viento.
El viento es una fuente de energía gratuita.	Existe un número limitado de áreas en las que el viento es lo suficientemente fuerte para que sea práctico instalar turbinas.
El viento es una fuente de energía renovable.	La altura de las turbinas eólicas oscila entre 200 pies y 400 pies (el tamaño de un edificio de 20 a 40 pisos). Suelen ubicarse en lomas o a cierta distancia de la costa en zonas de paisaje y, por lo tanto, siempre tendrán la oposición local.
Aproximadamente el 67 por ciento de las turbinas de viento utilizadas en los Estados Unidos en la actualidad se fabrican en los Estados Unidos.	El viento es caro por el costo de la construcción y el mantenimiento de las turbinas.
Cuando los subsidios se eliminan, el viento cuesta $48–$95/megavatio-hora, el gas natural cuesta $61–$231/megavatio-hora y el carbón cuesta $62–$141/megavatio-hora.	Las aves y los murciélagos suelen morir al ser golpeados por las aspas de las enormes turbinas eólicas.

21. Muchas personas argumentan a favor del desarrollo de la energía eólica y otras argumentan en contra. Uno de los principales argumentos a favor de la energía eólica es que es gratuita y un recurso

    [21. Menú desplegable 1] . Las personas que se oponen a la energía eólica argumentan que el viento es un recurso poco confiable y que las turbinas eólicas son peligrosas para

    [21. Menú desplegable 2] .

Opciones de respuesta del menú desplegable

21.1 A. limitado
      B. no renovable
      C. renovable
      D. agotado

21.2 A. los aviones
      B. las personas
      C. los cables de alta tensión
      D. la vida silvestre

INSTRUCCIONES: Lee el pasaje y la pregunta y elige la **mejor** respuesta.

El Servicio Meteorológico Nacional (NWS, por sus siglas en inglés) ha creado un sistema de alertas y alarmas para los riesgos naturales, como los tornados, los huracanes, las riadas y las tormentas de nieve. Los tornados son un riesgo natural frecuente en partes del Medio Oeste y las Grandes Llanuras durante la primavera y el verano. El NWS emite una alerta de tornado cuando las condiciones atmosféricas son propicias para que se produzcan tornados y aconsejan mantenerse alertas para recibir más información. El NWS emite una alarma de tornado cuando se ha observado un tornado en tierra o se ha detectado en el radar. Una alarma es la señal de que es hora de buscar refugio para la tormenta.

22. ¿De qué manera las alertas y las alarmas contribuyen a solucionar el problema de afrontar tormentas fuertes y peligrosas, como los tornados?

    A. Ayudan a prevenir tormentas peligrosas.
    B. Permiten que las personas busquen refugio para que haya menos peligro de sufrir lesiones.
    C. Permiten que los meteorólogos estudien las tormentas severas más fácilmente.
    D. Ayudan a las personas a comprender de qué manera se forman las tormentas severas como los tornados.

INSTRUCCIONES: Lee el pasaje y la pregunta y elige la **mejor** respuesta.

El pH de la precipitación está cambiando en algunas partes de los Estados Unidos debido a la quema de combustibles fósiles, principalmente en las plantas de energía eléctrica. La combustión del carbón y el petróleo libera sustancias como el dióxido de azufre y óxidos de nitrógeno en el aire. Estas sustancias se combinan con el agua y generan precipitaciones más ácidas que lo habitual. Las precipitaciones ácidas dañan los bosques y pueden causar que se libere aluminio del suelo en los lagos y arroyos. Los niveles más altos de aluminio y acidez son mortales para algunas especies de peces. Las precipitaciones ácidas también corroen la piedra y el metal de las estatuas y las estructuras.

23. ¿Qué argumento está **mejor** respaldado por los datos presentados?

    A. La quema de combustibles fósiles afecta a todos los sistemas de la Tierra.
    B. La salud de todos los animales se deteriora debido a la quema de combustibles fósiles.
    C. En todos los Estados Unidos, la quema de combustibles fósiles está causando precipitaciones ácidas.
    D. Todos los monumentos importantes de los EE. UU. deben protegerse contra las precipitaciones ácidas.

INSTRUCCIONES: Lee el pasaje. Luego lee cada pregunta y elige la **mejor** respuesta.

Las prácticas agrícolas pueden contaminar las reservas de agua potable con fertilizantes y pesticidas. Estas sustancias químicas pueden filtrarse en las reservas de agua a través de la escorrentía y las precipitaciones. La ganadería moderna también contribuye a la contaminación porque viven muchos animales en un área pequeña y sus desechos se acumulan y se filtran en las reservas de agua. Los desechos pueden contener organismos que causan enfermedades y restos de drogas que se dan a los animales. Algunas personas creen que los métodos más antiguos de rotar los cultivos y dejar que los animales pasten y que sus desechos se esparzan a través de áreas más grandes pueden ayudar a reducir los efectos negativos de las actividades agrícolas en el agua potable. Sin embargo, para que estos métodos se acepten, deben ser tan eficaces como las prácticas modernas.

24. ¿Cuál es el problema principal que identifica el pasaje?

    A. La agricultura usa demasiada agua.
    B. Algunas prácticas agrícolas contaminan las reservas de agua potable.
    C. Los fertilizantes no aumentan lo suficiente la productividad de las plantas.
    D. La rotación de cultivos no reduce los efectos de la contaminación.

25. ¿Qué problema debe superarse si las soluciones propuestas tienen éxito?

    A. Debe haber una mayor provisión de fertilizantes y pesticidas.
    B. La tierra de cultivo debe pasar a ser tierra de pastoreo.
    C. El agua potable debe provenir de las fuentes de agua superficial, no del agua subterránea.
    D. Los nuevos métodos agrícolas deben producir la misma cantidad de alimentos que los métodos que reemplazan.

INSTRUCCIONES: Lee el pasaje. Luego lee cada pregunta y elige la **mejor** respuesta.

La mayor parte de la energía que se usa en los Estados Unidos para producir electricidad y como combustible para los automóviles proviene de fuentes de combustibles fósiles, como el carbón, el petróleo y el gas natural. Muy poca cantidad proviene de fuentes alternativas más limpias, como el viento, la energía solar y la energía geotérmica. A diferencia de estas fuentes alternativas, la quema de combustibles fósiles produce gases de desecho, como el dióxido de carbono. El dióxido de carbono está naturalmente presente en la atmósfera como parte del ciclo del carbono. Por ejemplo, la descomposición de material vegetal libera dióxido de carbono en el aire. Pero la quema de combustibles fósiles ha aumentado de manera espectacular desde los comienzos de la Revolución Industrial a fines del siglo XVIII, junto con la concentración de dióxido de carbono en el aire. Los datos sugieren que este aumento es responsable de los cambios en el clima que podrían tener efectos negativos en la vida de las plantas y los animales de la Tierra.

26. ¿Cuál es el problema básico que se identifica en el pasaje?

    A. Las personas han usado combustibles fósiles desde la Revolución Industrial.
    B. Está ingresando un exceso de dióxido de carbono en la atmósfera de la Tierra.
    C. Se está usando demasiada energía para alimentar las plantas de energía eléctrica y los automóviles.
    D. El dióxido de carbono ingresa en la atmósfera a partir de varias fuentes naturales.

27. A partir de la información del pasaje, ¿cuál es una solución posible?

    A. disminuir el ritmo de descomposición del material vegetal
    B. cambiar la atmósfera para que absorba más dióxido de carbono
    C. usar fuentes de energía alternativas más limpias en lugar de combustibles fósiles
    D. usar más gas natural en lugar de carbón y petróleo

INSTRUCCIONES: Lee el pasaje. Luego lee la pregunta y marca los lugares adecuados del diagrama para responder.

El agua es una fuerza poderosa que da forma a la superficie de la Tierra. Las corrientes de agua pueden levantar y arrastrar rocas y sedimentos de un lugar a otro. Este proceso se llama erosión. El agua que corre rápidamente causa más erosión que el agua que se mueve lentamente, porque el agua que se mueve con rapidez puede llevar más cantidad de roca y sedimento.

Un río es una masa de agua que causa erosión, especialmente en ciertos lugares. Un meandro es una curva en un río. El agua del río corre más rápidamente en la parte exterior del meandro. Se mueve más lentamente en la parte interior del meandro.

28. Expresa tu comprensión acerca de cómo la corriente de un río causa erosión. Marca con una *X* cada parte del diagrama donde el río causa más erosión.

Dirección de la corriente del río

INSTRUCCIONES: Lee el pasaje. Luego lee cada pregunta y elige la **mejor** respuesta.

El dique del Cañón de Glen bloquea el río Colorado en el norte de Arizona y forma una enorme represa (el lago Powell) a sus espaldas. El agua del lago corre a través del dique y produce energía hidráulica para más de 1 millón de personas. El lago es también una fuente de agua confiable para la irrigación de tierras de labranza áridas. Sin embargo, el dique del Cañón de Glen ha cambiado las características del río que está debajo al alterar su flujo volumétrico y su temperatura, y al quitar sedimentos. Como resultado, varias especies acuáticas debajo del dique ya no se encuentran en el área. Aun así, la mayor controversia ha sido la pérdida del hermoso Cañón de Glen, que ahora se encuentra en la profundidad de las aguas del lago Powell. El Cañón de Glen era especialmente magnífico, con exquisitas formaciones de roca, especies únicas y artefactos que dejaron los pueblos antiguos que habitaron el área. Varios grupos quieren que el río Colorado vuelva a correr libremente por el dique del Cañón de Glen, para que así se drene gran parte del lago Powell y que el Cañón de Glen vuelva a quedar visible.

29. ¿Qué enunciado resume los efectos ambientales del dique del Cañón de Glen?

 A. Provee energía para más de 1 millón de personas, pero ha causado una controversia significativa.
 B. Ha cambiado las características del río Colorado, los ecosistemas, el paisaje y los aspectos históricos del área.
 C. Ha formado un lago cuyas aguas se usan para producir energía e irrigar las tierras de labranza.
 D. Ha drenado el lago Powell y ha dejado visible el Cañón de Glen.

30. ¿Cuáles son los dos argumentos opuestos acerca del dique del Cañón de Glen que están representados en el pasaje?

 A. la energía hidroeléctrica contra la quema de combustibles fósiles para producir electricidad
 B. la agricultura de secano con irrigación contra la agricultura con precipitaciones naturales
 C. el valor de los ambientes naturales contra la necesidad de una sociedad técnicamente avanzada
 D. la importancia de los lagos para producir energía eléctrica contra su valor para la recreación

UNIDAD 3

Clave de respuestas

UNIDAD 1 CIENCIAS DE LA VIDA

LECCIÓN 1, *págs. 2–3*
1. C; Nivel de conocimiento: 1; **Temas:** L.d.1, L.d.2; **Práctica:** SP.1.a, SP.1.b, SP.1.c, SP.7.a
Los rótulos de la ilustración explican la función de cada una de las estructuras que se muestran. Los ribosomas son estructuras que producen proteínas. La pared celular es una estructura rígida que se encuentra en el exterior de la membrana celular y mantiene la forma de la célula bacteriana. El flagelo permite que la célula se mueva. La membrana celular contiene la célula y permite que los nutrientes y los desperdicios entren y salgan.

2. C; Nivel de conocimiento: 2; **Temas:** L.d.1, L.d.2, L.d.3; **Práctica:** SP.1.a, SP.1.b, SP.1.c, SP.7.a
En la ilustración, un cambio en la forma de la célula muestra que la célula comienza a separarse durante la anafase, al separarse las partes hermanas. La forma de la célula durante la profase y la metafase indica que la célula no ha comenzado a separarse durante esas fases. En la ilustración se muestra que la telofase ocurre luego de la anafase, por lo que la separación ya está en marcha.

3. B; Nivel de conocimiento: 2; **Temas:** L.d.1, L.d.2, L.d.3; **Práctica:** SP.1.a, SP.1.b, SP.1.c, SP.7.a
En la ilustración se muestra el material genético que contiene la célula madre antes de la mitosis y explica que el material se duplica durante la interfase y, luego, se separa en dos nuevas células hijas durante la mitosis. Esta información indica que una célula madre que tiene cuatro cromosomas producirá células hijas que tendrán cuatro cromosomas cada una. En ningún momento las células tienen dos, ocho ni dieciséis cromosomas.

4. D; Nivel de conocimiento: 2; **Temas:** L.b.1, L.d.1; **Práctica:** SP.1.a, SP.1.b, SP.1.c, SP.7.a
Si estudias las formas y estructuras de los orgánulos que tienen rótulo en la ilustración y emparejas sus formas y estructuras con los orgánulos que no tienen rótulo, podrás determinar que los dos orgánulos que no tienen rótulo que están cerca del aparato de Golgi son una mitocondria y un lisosoma, y que ningún orgánulo que no tiene rótulo es un núcleo o citoplasma.

LECCIÓN 2, *págs. 4–5*
1. C; Nivel de conocimiento: 1; **Temas:** L.a.1, L.d.2; **Práctica:** SP.1.a, SP.1.b
El pasaje ofrece muchos detalles con respecto al modo en que las células se organizan en grupos y el modo en que las células y los grupos de células trabajan en conjunto para llevar a cabo ciertas funciones, por lo que la idea principal del pasaje es que las células se especializan para desempeñar funciones específicas y se organizan para cumplirlas. Si la idea principal fuera que un organismo puede estar compuesto por millones de células de muchos tipos diferentes, los detalles de apoyo serían ejemplos de distintos tipos de células. Si la idea principal fuera que las células de un organismo no son parecidas y no tienen las mismas funciones, los detalles de apoyo serían ejemplos de las funciones que tienen las células, pero no explicarían la manera en que las células trabajan en conjunto para llevar a cabo funciones específicas. El enunciado de que grupos organizados de células trabajan en conjunto para desempeñar una función específica formando tejidos es un detalle de apoyo de la idea principal del pasaje.

2. A; Nivel de conocimiento: 2; **Temas:** L.a.1, L.d.2; **Práctica:** SP.1.a, SP.1.b, SP.1.c
El detalle de que los axones envían mensajes de las neuronas respalda la idea principal de que las neuronas envían señales por el cuerpo que permiten que una persona se mueva, sienta cosas, piense y aprenda. Es el único detalle que centra su atención en el envío de señales. Los otros detalles describen la forma de la neurona y sus estructuras y no respaldan la idea principal que aparece en la pregunta.

3. D; Nivel de conocimiento: 3; **Temas:** L.a.1, L.d.2; **Práctica:** SP.1.a, SP.1.b
El pasaje detalla las diversas funciones de los huesos, que constituyen el sistema óseo, por lo que la oración que mejor funciona en el pasaje como idea principal es "El sistema óseo tiene diversas funciones". El enunciado de que algunas células óseas liberan calcio a la sangre es un detalle de apoyo acerca de las funciones de los huesos. El enunciado sobre los dos tipos de tejido óseo y el que afirma que los huesos cambian de forma a lo largo de la vida de una persona no funcionan en este pasaje, que trata acerca de las funciones del sistema óseo.

4. C; Nivel de conocimiento: 2; **Temas:** L.a.1; **Práctica:** SP.1.a, SP.1.b, SP.1.c, SP.7.a
La ilustración muestra y explica las funciones de diversos órganos en el proceso de digestión, desde el momento en que se traga el alimento hasta el momento en que los desperdicios pasan al intestino grueso. Por lo tanto, el enunciado que identifica la idea principal de la ilustración es "La digestión es un proceso complejo en el que colaboran varios órganos". El enunciado de que la digestión comienza incluso antes de que la persona trague describe una parte de la digestión que no está reflejada en la ilustración. El enunciado de que la digestión está prácticamente completada cuando la comida sale del intestino delgado es un detalle de apoyo acerca de la digestión como un proceso complejo. El enunciado de que la digestión se realiza principalmente en el estómago no es totalmente verdadero porque buena parte de la digestión también ocurre en el intestino delgado.

5. B; Nivel de conocimiento: 2; **Temas:** L.a.1; **Práctica:** SP.1.a, SP.1.b, SP.1.c, SP.7.a
La ilustración indica que las secreciones de los órganos —el jugo pancreático, el jugo intestinal y la bilis del hígado— completan la digestión en el intestino delgado, por lo que el detalle que afirma que los jugos participan en la digestión en el intestino delgado es el que mejor respalda la idea principal. Los otros detalles se refieren al intestino delgado y a la digestión, pero no específicamente a las secreciones de los órganos.

LECCIÓN 3, *págs. 6–7*
1. B; Nivel de conocimiento: 1; **Temas:** L.a.3; **Práctica:** SP.1.a, SP.1.b, SP.1.c
En la tabla, los huevos aparecen en la fila rotulada "Vitamina B12"; por lo tanto, son un alimento que contiene vitamina B12. Los frijoles carilla, el brócoli y el cacahuate no aparecen en la fila rotulada "Vitamina B12".

2. **B**; **Nivel de conocimiento:** 2; **Temas:** L.a.3; **Práctica:** SP.1.a, SP.1.b, SP.1.c

El título de la primera columna de la tabla es una buena pista para anticipar la información que contiene la tabla. En esta tabla, el título de la primera columna es "Tipo", lo que indica que la tabla enumera distintos tipos de nutrientes. Las siguientes columnas contienen información acerca de los distintos tipos de nutrientes. Por lo tanto, el mejor título para la tabla es "Principales tipos de nutrientes". "Vitaminas y minerales" no es un título apropiado porque la tabla ofrece información acerca de siete tipos de nutrientes, no solamente de vitaminas y minerales. "Alimentación sana" no es el mejor título porque la tabla ofrece solamente ejemplos de alimentos con los distintos nutrientes y no información sobre alimentación. "Uso de los nutrientes" no es el mejor título porque los usos de los nutrientes constituyen solamente una parte de la tabla, no la idea principal.

3. **A**; **Nivel de conocimiento:** 2; **Temas:** L.a.3; **Práctica:** SP.1.a, SP.1.b, SP.1.c

Según la tabla, el cuerpo humano necesita minerales para desarrollar huesos. El sistema óseo está formado por huesos, por lo que la falta de minerales afectaría principalmente al sistema óseo. Las proteínas desarrollan los músculos y el sistema inmunológico, no el sistema óseo. El agua no está directamente relacionada con el desarrollo de los huesos. Los carbohidratos proporcionan energía para los músculos, los nervios y el cerebro.

4. **D**; **Nivel de conocimiento:** 3; **Temas:** L.a.3; **Práctica:** SP.1.a, SP.1.b, SP.1.c, SP.3.b

Según la tabla, las verduras aparecen como fuente de carbohidratos, vitaminas, minerales, agua y fibra dietética. Ningún otro elemento de la tabla es fuente de tantos tipos de nutrientes. Según la tabla, comer frijoles aporta solamente proteínas y fibra dietética, beber agua aporta solamente nutrientes del agua y tomar vitaminas aporta solamente vitaminas.

5. **A**; **Nivel de conocimiento:** 2; **Temas:** L.a.3; **Práctica:** SP.1.a, SP.1.b, SP.1.c, SP.3.b

El pasaje trata sobre las bacterias útiles y explica por qué resultan beneficiosas. Menciona las bacterias que son útiles para el cuerpo humano. La tabla enumera las bacterias beneficiosas del intestino grueso y explica por qué resultan útiles, por lo que tanto el pasaje como la tabla respaldan la idea de que ciertas bacterias que habitan en el tracto digestivo de los humanos son beneficiosas. La idea de que las bacterias descomponen y reciclan nutrientes, así como la idea de que colaboran en la producción de algunos alimentos, solo están respaldadas por el pasaje. Ni el pasaje ni la tabla respaldan por completo la idea de que millones de bacterias viven dentro del cuerpo humano, pues no hacen referencia al número de bacterias.

LECCIÓN 4, *págs. 8–9*

1. **C**; **Nivel de conocimiento:** 2; **Temas:** L.a.2; **Práctica:** SP.1.a, SP.1.b, SP.1.c

Según la ilustración, el cuerpo reacciona a la histamina y lleva sangre y otros fluidos hacia el área y produce una inflamación. No filtra sangre y otros fluidos desde la zona dañada. La ilustración indica que el cuerpo envía glóbulos blancos, no sus propias bacterias, hacia el área. La ilustración muestra que los vasos sanguíneos del área se expanden, no se contraen, como respuesta a la liberación de histamina.

2.1 **B**; 2.2 **C**; 2.3 **D**; 2.4 **A**; **Nivel de conocimiento:** 2; **Temas:** L.a.2; **Práctica:** SP.1.a, SP.1.b, SP.7.a

2.1 Según el pasaje, las señales que estimulan a las glándulas ecrinas hacen que estas segreguen sudor en la superficie de la piel. El pasaje no menciona un incremento del ritmo cardíaco. Trata sobre la sal como parte constitutiva del sudor, por lo que la sal no se absorbe. Las bacterias no generan olor debido a señales enviadas a las glándulas ecrinas; el olor está relacionado con el sudor de las glándulas apocrinas.

2.2 Según el pasaje, la evaporación del sudor de la piel hace que el cuerpo se refresque. En ningún momento de este proceso el cuerpo descompone bacterias. A esta altura de la secuencia de sucesos, el cuerpo ya ha segregado fluidos en forma de sudor.

2.3 Según el pasaje, el olor relacionado con la sudoración es causado por la acción de bacterias que descomponen el sudor. No es causado directamente por las glándulas ecrinas, ni por los mecanismos reguladores de temperatura del cuerpo ni por los fluidos corporales.

2.4. Según el pasaje, las glándulas apocrinas son las encargadas de segregar el sudor que descomponen las bacterias y causan olor. La glándula suprarrenal y la glándula pituitaria no participan de este proceso. Las glándulas ecrinas son aquellas que participan en la generación de sudor que carece de olor.

LECCIÓN 5, *págs. 10–11*

1. **C**; **Nivel de conocimiento:** 2; **Temas:** L.a.4; **Práctica:** SP.1.a, SP.1.b, SP.1.c

A mayor número de casos, mayor altura tendrá la barra en la gráfica, lo que significa que el año en que se registró el mayor número de casos confirmados y probables corresponde a la barra de mayor altura: 2009. Las barras que representan los años 2007, 2008 y 2010 son más cortas que la barra que representa el año 2009.

2. **D**; **Nivel de conocimiento:** 2; **Temas:** L.a.4; **Práctica:** SP.1.a, SP.1.b, SP.1.c

La leyenda muestra los colores correspondientes a las distintas categorías de propagación geográfica de la gripe. La mayoría de los estados del mapa están pintados de color verde claro, que, según la leyenda, representa la categoría "generalizada". Los colores que representan las categorías "esporádica", "local" y "regional" son amarillo, beige y azul, respectivamente.

3. **A**; **Nivel de conocimiento:** 2; **Temas:** L.a.4; **Práctica:** SP.1.a, SP.1.b, SP.1.c

La dirección general de la línea de la gráfica entre 2000 y 2010 es descendente de izquierda a derecha, lo que indica que, con el tiempo, el número de casos disminuyó. Si el número de casos se mantuviera igual, la línea sería recta. Si el número de casos aumentara o se duplicara, la línea ascendería de izquierda a derecha.

4. **C**; **Nivel de conocimiento:** 3; **Temas:** L.a.4; **Práctica:** SP.1.a, SP.1.b, SP.1.c, SP.3.b, SP.3.d

El detalle del pasaje acerca de medidas higiénicas adecuadas para prevenir la propagación de la hepatitis A, sumado a la tendencia que refleja la gráfica respecto de un número decreciente de casos con el tiempo, respaldan la suposición de que, gracias a un mayor conocimiento sobre el control de la propagación de la hepatitis A, se han registrado menos casos de infecciones. La gráfica muestra que el número de casos de hepatitis A ha disminuido significativamente entre 2000 y 2010, no que haya aumentado. Ni el pasaje ni la gráfica respaldan la suposición de que el virus se está debilitando o la suposición de que cada vez menos gente con hepatitis A acude a su médico en busca de tratamiento.

UNIDAD 1 *(continuación)*

LECCIÓN 6, *págs. 12–13*

1. C; Nivel de conocimiento: 2; **Temas:** L.c.1, L.c.2; **Práctica:** SP.1.a, SP.1.b, SP.1.c, SP.7.a

La dirección de la flecha que une la caja del "Saltamontes" con la del "Gorrión" indica que los saltamontes son el alimento de los gorriones. La flecha que une la caja del "Gorrión" con la del "Halcón" indica que los halcones se alimentan de gorriones y no de hierba. La dirección de la flecha que une la caja del "Saltamontes" con la del "Gorrión" indica que los gorriones se alimentan de saltamontes y no al revés. La flecha que une la caja del "Gorrión" con la caja del "Halcón" indica que los halcones se alimentan de gorriones y no de saltamontes.

2. B; Nivel de conocimiento: 2; **Temas:** L.c.2; **Práctica:** SP.1.b, SP.1.c

La dirección de la flecha que une la caja de "Suelo, aire y agua" con la caja de "Plantas" indica que el suelo, el aire y el agua son fuentes de nutrientes para las plantas. El diagrama no muestra el número de organismos en ninguna parte del ciclo de los nutrientes; muestra solamente el movimiento de los nutrientes a través de los seres vivos y no vivos de un ecosistema. La dirección de la flecha que une la caja de "Animales que comen plantas" con la caja de "Animales que comen animales" indica que los animales que comen plantas son una fuente de nutrientes para los animales que comen animales y no al revés. El título del diagrama indica que el diagrama trata sobre el movimiento de los nutrientes en un ecosistema; por lo tanto, podemos suponer que cada caja del diagrama representa una parte del ciclo de los nutrientes.

3. C; Nivel de conocimiento: 2; **Temas:** L.c.2; **Práctica:** SP.1.a, SP.1.b, SP.1.c, SP.7.a

Todos los elementos de un diagrama se incluyen por una razón. La inclusión de cinco elementos en este diagrama indica que los cinco elementos son necesarios para que continúe el ciclo de los nutrientes. Este diagrama indica que los nutrientes se mueven a través de un ciclo; en un ciclo, los mismos sucesos ocurren siempre en un mismo orden. Es imposible suponer, a partir del diagrama, que los animales que comen plantas se alimentarían de otros animales si muriesen todas las plantas. Un diagrama que muestra un ciclo indica que la eliminación de parte de ese ciclo conduciría a su fin; no obstante, un diagrama tal no indica el modo en que las partes individuales del ciclo cambiarían si se quitara una parte del ciclo.

4. A; Nivel de conocimiento: 2; **Temas:** L.c.1; **Práctica:** SP.1.a, SP.1.b, SP.1.c, SP.7.a

La ubicación de las orugas directamente arriba de los helechos en la pirámide de energía indica que las orugas obtienen energía alimentándose de helechos. Si bien los zorros están arriba de los helechos, la ubicación de los zorros directamente arriba de las aves indica que los zorros obtienen energía alimentándose de aves y no de helechos. Si bien las aves están arriba de los helechos, la ubicación de las aves directamente arriba de las orugas indica que las aves obtienen energía alimentándose de orugas y no de helechos. La ubicación de las orugas debajo de las aves indica que las orugas aportan energía a las aves, no que las orugas obtienen energía de las aves.

5. D; Nivel de conocimiento: 3; **Temas:** L.c.1; **Práctica:** SP.1.a, SP.1.b, SP.1.c, SP.7.a

Como el diagrama es cada vez más pequeño en cada nivel, su forma refuerza la idea de que la cantidad de energía disponible disminuye a medida que la energía pasa de un organismo a otro a través de los niveles de la pirámide. Si bien los animales que aparecen en niveles más altos de la pirámide son generalmente más grandes, la forma del diagrama no indica que los animales más grandes en un ecosistema se alimentan de los animales más pequeños del ecosistema. Como las plantas están en la base de la pirámide, la forma del diagrama puede reforzar la idea de que las plantas forman la base de todas las cadenas alimenticias de un ecosistema; no obstante, la forma del diagrama no indica que las plantas usan la luz del sol para obtener energía. El diagrama no está relacionado con el lugar en el que viven los organismos en un medio ambiente, por lo que su forma no puede indicar nada con respecto a dónde viven los organismos.

LECCIÓN 7, *págs. 14–15*

1. A; Nivel de conocimiento: 2; **Temas:** L.c.4; **Práctica:** SP.1.a, SP.1.b, SP.1.c

Según la información, en la relación depredador-presa, el depredador se alimenta de la presa. De las relaciones que aparecen, el mejor ejemplo de relación depredador-presa es la del oso y el pez. Los osos se alimentan de los peces, por lo que el oso es el depredador y el pez es la presa. Las cabras no se alimentan de cerdos. La abeja bebe el néctar de las flores pero no se alimenta de flores concretamente. Un percebe es un organismo marino que vive en una ballena, pero no se alimenta de la ballena.

2. Nivel de conocimiento: 2; **Temas:** L.c.4; **Práctica:** SP.1.a, SP.1.b, SP.1.c, SP.6.a, SP.6.c

El canino es un **huésped** para la tenia: la tenia vive dentro del canino y obtiene nutrientes a partir del alimento que ingiere el canino. La tenia es un **parásito**: la tenia se beneficia al vivir dentro del canino y lo daña al tomar nutrientes del alimento que ingiere el canino. El topillo es un **huésped** intermedio en el ciclo de la vida de una tenia: ingiere los huevos que contienen el parásito y luego, en el interior del topillo, los huevos se convierten en larvas y después en tenias jóvenes.

3. Nivel de conocimiento: 2; **Temas:** L.c.4; **Práctica:** SP.1.a, SP.1.b, SP.6.c

Comensalismo y **mutualismo** son los dos tipos de relaciones simbióticas que se tratan en el pasaje.

LECCIÓN 8, *págs. 16–17*

1. B; Nivel de conocimiento: 2; **Temas:** L.c.3, L.c.4; **Práctica:** SP.1.a, SP.1.b, SP.1.c, SP.3.b

Según el texto y el diagrama, una comunidad comprende diferentes poblaciones y una población es un grupo de organismos de la misma especie. Por lo tanto, si la mayoría de las comunidades comprenden a todas las poblaciones de una zona, se puede generalizar y decir que las comunidades están compuestas por muchas especies. Las afirmaciones de que un ecosistema está compuesto por distintos tipos de seres vivos, de que las poblaciones de un ecosistema están compuestas por organismos individuales y de que todos los organismos de una población son de la misma especie son datos, no generalizaciones.

2. Nivel de conocimiento: 3; **Temas:** L.c.3; **Práctica:** SP.1.a, SP.1.b, SP.1.c, SP.3.b, SP.6.c

La curva de la gráfica muestra que una población normalmente **crece** hasta que alcanza su capacidad de carga.

3. **Nivel de conocimiento:** 3; **Temas:** L.c.3; **Práctica:** SP.1.a, SP.1.b, SP.1.c, SP.3.b, SP.3.d, SP.6.c
La marcada pendiente de la curva entre los años 40 y 60 indica que la población está creciendo rápidamente durante ese tiempo. Según la gráfica, puede hacerse la generalización de que poblaciones similares en ecosistemas similares están **creciendo rápidamente** entre los años 40 y 60.

4. **Nivel de conocimiento:** 3; **Temas:** L.c.3; **Práctica:** SP.1.a, SP.1.b, SP.1.c, SP.3.b, SP.6.c
Si un nuevo competidor se introdujera en el ecosistema, la gráfica mostraría una **capacidad de carga** generalmente inferior para la población que representa porque la competencia por recursos afecta la capacidad de carga.

5. **A**; **Nivel de conocimiento:** 3; **Temas:** L.c.3, L.c.5; **Práctica:** SP.1.a, SP.1.b, SP.3.b
Si una especia invasora puede alcanzar un gran porcentaje de la biomasa de un ecosistema, significa que les está quitando recursos a otros organismos del ecosistema. Una generalización válida sería que la competencia de especies invasoras a menudo conduce a una disminución de la capacidad de carga para otros organismos, pues esos otros organismos tendrán menos recursos. Los otros enunciados no son generalizaciones válidas. De hecho, la competencia normalmente no asegura que sobrevivan las especies más saludables. Una especie puede ser muy saludable y, aun así, puede verse afectada por la competencia de una especie invasora. El hecho de que una especie invasora puede alcanzar un gran porcentaje de la biomasa de un ecosistema refuta la idea de que la competencia afecta negativamente a la especie invasora. Frente a la competencia de especies invasoras, el organismo invadido sufrirá una disminución en la capacidad de carga porque le quedan menos recursos para su población.

LECCIÓN 9, *págs. 18–19*
1. **C**; **Nivel de conocimiento:** 2; **Temas:** L.c.5; **Práctica:** SP.1.a, SP.1.b, SP.1.c
En todos los grupos, la cifra de 2012 que representa el número de especies amenazadas es mayor que la cifra de 2006, por lo que el número de especies amenazadas en cada grupo ha aumentado. Al comparar y contrastar los datos, puedes determinar que todos los grupos son similares en cuanto a que las especies amenazadas constituyen un problema, que la mayoría, aunque no todos los grupos, incluyen más de 1,000 especies amenazadas y que las cifras de 2012 para la mayoría de los grupos son significativamente diferentes respecto de las cifras de 2006.

2. **Nivel de conocimiento:** 2; **Temas:** L.c.2, L.c.5; **Práctica:** SP.1.a, SP.1.b, SP.3.a, SP.6.a, SP.6.c
Entre las características de un ecosistema saludable se incluyen las **proporciones correctas de nutrientes y luz solar** y un **alto nivel de biodiversidad**. Las proporciones correctas de nutrientes y luz solar permiten que los ciclos de nutrientes y de energía se desarrollen adecuadamente. Un alto nivel de biodiversidad hace que un ecosistema sea fuerte y capaz de sobrevivir al cambio porque tiene un mayor número de especies. Entre las características de un ecosistema no saludable se incluyen las **especies que no son autóctonas**, la **pérdida del hábitat** y las **aguas contaminadas**. Las especies que no son autóctonas son invasoras y afectan el equilibrio de las poblaciones de un ecosistema. La pérdida del hábitat genera un desequilibrio en el ecosistema porque ciertas poblaciones disminuirán. Las aguas contaminadas afectan negativamente a un ecosistema en muchos sentidos ya que las plantas y los animales dependen del agua. Una característica común entre los ecosistemas saludables y los no saludables la constituyen los **elementos vivos y no vivos**. Los ecosistemas están compuestos por los elementos vivos y no vivos.

LECCIÓN 10, *págs. 20–21*
1. **B**; **Nivel de conocimiento:** 2; **Temas:** L.d.3, L.e.1; **Práctica:** SP.1.a, SP.1.b, SP.1.c, SP.7.a
La ilustración muestra los pares de cromosomas que hay en las células humanas y los numera. El texto explica que cada especie tiene un cierto número de cromosomas en sus células y que los cromosomas forman pares. Según la información, los humanos tienen 23 pares de cromosomas en sus células. La ilustración muestra que los cromosomas no son idénticos. El texto explica que los cromosomas crean copias de sí mismos cuando una célula se divide; no dice que duplican su tamaño. No existe información que haga referencia al número de pares de cromosomas en otras especies.

2. **D**; **Nivel de conocimiento:** 2; **Temas:** L.e.1; **Práctica:** SP.1.a, SP.1.b, SP.1.c, SP.7.a
El texto explica que cada nucleótido contiene una de cuatro bases distintas y que las bases forman pares; la ilustración muestra que los pares de bases forman distintos patrones en distintas partes de una molécula de ADN. Los azúcares y los fosfatos se muestran y se describen como los lados de una escalera y no como el centro de una molécula de ADN ni como los peldaños de la escalera. La ilustración muestra que los lados de una molécula de ADN son iguales, por lo que uno no es más largo que el otro.

3. **A**; **Nivel de conocimiento:** 2; **Temas:** L.e.1; **Práctica:** SP.1.a, SP.1.b, SP.1.c, SP.7.a
La descripción de gen que ofrece el texto y las porciones de ADN que se muestran en la ilustración indican que un gen es un segmento de ADN. No hay información suficiente para establecer que todos los genes tienen cinco pares de bases de nucleótidos ya que la ilustración muestra solamente un ejemplo de gen. Asimismo, no existe información suficiente para determinar cuántos genes hay en una hebra de ADN. El texto explica que los genes dan instrucciones para construir proteínas; las bases de nucleótidos en sí no son proteínas.

LECCIÓN 11, *págs. 22–23*
1. **B**; **Nivel de conocimiento:** 1; **Temas:** L.e.2; **Práctica:** SP.1.a, SP.1.b, SP.1.c, SP.3.d
El diagrama de genética sugiere que un carácter puede volver a ocurrir aunque no ocurra en una generación anterior. Para ello, muestra que el carácter de flor blanca ocurre en la generación progenitora, no ocurre en la primera generación de descendencia y sí ocurre en la segunda generación de descendencia. El diagrama muestra que las plantas con flores púrpuras produjeron una planta con flores blancas. La información en el diagrama de genética no tiene nada que ver con las posibilidades de supervivencia de los descendientes. Un solo descendiente no muestra una mezcla de los caracteres de ambos progenitores; tiene flores púrpuras o flores blancas.

2. **Nivel de conocimiento:** 3; **Temas:** L.e.2; **Práctica:** SP.1.a, SP.1.b, SP.1.c, SP.8.b, SP.8.c
La presencia de un alelo dominante, representado con la letra *P*, hace que una planta de chícharos tenga flores color púrpura. Es probable que el alelo dominante esté presente en tres de cuatro descendientes, por lo que es probable que el fenotipo **flor color púrpura** ocurra en tres cuartos, o en el 75 por ciento, de los descendientes.

Clave de respuestas

UNIDAD 1 *(continuación)*

3. **Nivel de conocimiento:** 3; **Temas:** L.d.3, L.e.2;
Práctica: SP.1.a, SP.1.b, SP.1.c, SP.8.b
Molly es la única nieta que podría tener pestañas cortas porque ambos progenitores tienen el alelo recesivo *a*. Podría heredar el alelo recesivo de ambos progenitores y tener, por lo tanto, pestañas cortas. Leslie heredará el alelo dominante *A* de su madre porque su madre tiene dos alelos dominantes; por lo tanto, Leslie no puede tener pestañas cortas.

LECCIÓN 12, *págs. 24–25*
1. **B**; **Nivel de conocimiento:** 2; **Temas:** L.e.3; **Práctica:** SP.1.a, SP.1.b, SP.3.b, SP.7.a
El pasaje dice que la mezcla de genes paternos y maternos contribuye a la variación genética. A partir de esta y otras pistas del pasaje, puedes determinar que la variación genética equivale a las diferencias genéticas, o diferencias de caracteres, entre individuos. La segregación de alelos a gametos contribuye a la variación genética, pero la variación genética es más que eso. La variación genética es el resultado de los sucesos que ocurren durante la meiosis y no un suceso en sí. La distancia entre los genes de un cromosoma puede relacionarse con la afirmación de que los genes se pueden heredar juntos, pero esa no es la definición de variación genética.

2. **Nivel de conocimiento:** 3; **Temas:** L.e.3; **Práctica:** SP.1.a, SP.1.b, SP.1.c, SP.3.b
El emparejamiento incorrecto de bases de nucleótidos constituye un tipo de mutación. El emparejamiento correcto de bases en la replicación del ADN es G-C y T-A. La **ilustración de la replicación del ADN de la derecha** muestra una mutación: una T emparejada con una G en lugar de una A. Las otras dos ilustraciones de replicación del ADN muestran emparejamientos de bases correctos.

3. **D**; **Nivel de conocimiento:** 2; **Temas:** L.e.3; **Práctica:** SP.1.a, SP.1.b, SP.3.b, SP.7.a
El pasaje explica que el epigenoma está constituido por compuestos químicos y reformula el término "compuestos químicos" como "marcas epigenéticas". Por lo tanto, una marca epigenética es un compuesto químico que le indica al genoma qué hacer, cuándo hacerlo y dónde hacerlo. El epigenoma puede estar influenciado por factores ambientales, pero los factores ambientales no son marcas epigenéticas. El epigenoma de un organismo tiene influencia en el ADN del organismo, pero no es ADN en sí. Una marca epigenética no es una mutación genética, aunque puede causar resultados negativos al igual que ciertas mutaciones.

4. **C**; **Nivel de conocimiento:** 2; **Temas:** L.e.3; **Práctica:** SP.1.a, SP.1.b, SP.3.b, SP.7.a
El pasaje describe a los factores ambientales como elementos que un organismo come o bebe, o como los contaminantes que encuentra. Esta pista te indica que el tabaquismo pasivo es un ejemplo de factor ambiental. Los compuestos químicos del ADN constituyen el epigenoma de un organismo. Un gen para ojos azules es parte del ADN de un organismo, por lo que se trata de un factor genético. El carácter de la hipermovilidad articular también es un factor genético.

LECCIÓN 13, *págs. 26–27*
1. **C**; **Nivel de conocimiento:** 1; **Temas:** L.f.1; **Práctica:** SP.1.a, SP.1.b, SP.1.c, SP.3.a, SP.7.a
El pasaje establece que los humanos, los murciélagos, las marsopas y los caballos tienen estructuras óseas similares, u homólogas, y que las estructuras homólogas son evidencia de un ancestro común. Los seres vivos mencionados utilizan sus extremidades anteriores para distintas acciones, como volar y correr, por lo que sus extremidades anteriores no tienen funciones similares. Las extremidades anteriores de los seres vivos mencionados tienen distintas funciones porque los organismos tienen estilos de vida distintos. El pasaje no establece ninguna relación entre el hábitat y un ancestro común.

2. **B**; **Nivel de conocimiento:** 2: **Temas:** L.f.1; **Práctica:** SP.1.a, SP.1.b, SP.1.c, SP.3.a, SP.7.a
El pasaje establece que un desarrollo embrionario similar es evidencia de un ancestro común y la ilustración muestra el desarrollo embrionario similar de tres animales.
El pasaje y la ilustración no hacen referencia a las funciones de las extremidades o la estructura ósea. Si bien en la ilustración se muestran cuatro etapas de desarrollo, los organismos atraviesan un proceso de crecimiento y desarrollo que ocurre continuamente, no solamente en cuatro etapas.

3. **C**; **Nivel de conocimiento:** 2; **Temas:** L.f.1; **Práctica:** SP.1.a, SP.1.b, SP.1.c, SP.3.b, SP.7.a
Si te desplazas hacia arriba en un cladograma, cada grupo de organismos tiene una nueva característica derivada. Por lo tanto, el cladograma indica que las coníferas tienen semillas pero que los helechos, no. Un grupo de organismos representado en un cladograma tiene todas las características enumeradas a su izquierda, por lo que el cladograma indica que las coníferas tienen tejido vascular y que las coníferas y los helechos comparten la característica del tejido vascular. En un cladograma, los grupos de organismos se enumeran al final de las ramas, por lo que el cladograma indica que las plantas con flores y las coníferas pertenecen a diferentes grupos de plantas.

4. **D**; **Nivel de conocimiento:** 3; **Temas:** L.f.1; **Práctica:** SP.1.a, SP.1.b, SP.1.c, SP.3.b, SP.7.a
La evidencia que muestra el cladograma sugiere que las plantas con flores no pudieron aparecer antes que las coníferas, pues las plantas con flores tienen flores, una característica derivada que se desarrolló después de la aparición de coníferas. La evidencia que muestra el cladograma ayuda a respaldar, no a refutar, la idea de que las plantas con flores y las coníferas tienen un ancestro común. El formato del cladograma indica que las plantas con flores y las coníferas comparten la característica derivada de semillas. La evidencia que muestra el cladograma indica que las plantas con flores tienen solamente una característica derivada que las coníferas no tienen.

LECCIÓN 14, *págs. 28–29*

1. **B**; **Nivel de conocimiento:** 2; **Temas:** L.f.2; **Práctica:** SP.1.a, SP.1.b, SP.3.b, SP.7.a

El pasaje establece que los individuos que tienen un carácter hereditario beneficioso sobreviven y se reproducen para transmitirles el carácter a generaciones futuras, lo que hace que el carácter se vuelva más común en la población. En consecuencia, puedes inferir que los individuos que tienen un carácter hereditario perjudicial no sobrevivirán para reproducirse y el carácter hereditario perjudicial ocurrirá con menor frecuencia en una población con el paso del tiempo. El pasaje y la ilustración indican que el medio ambiente de un individuo es importante en relación con los caracteres que tiene el individuo, por lo que los factores del medio ambiente influyen en la supervivencia de un organismo. El pasaje explica cómo la selección natural cambia a una especie con el tiempo, por lo que la selección natural está relacionada con el cambio evolutivo de una especie. El pasaje explica que los caracteres hereditarios beneficiosos se transmiten a generaciones futuras; de todos modos, el pasaje no brinda suficiente información para determinar si esta descripción abarca a todos los caracteres. Por lo tanto, estaríamos generalizando si dijéramos que todos los caracteres beneficiosos se transmiten a generaciones futuras.

2. **Nivel de conocimiento:** 2; **Temas:** L.f.2; **Práctica:** SP.1.a, SP.1.b, SP.1.c, SP.3.b, SP.3.c, SP.6.c, SP.7.a

La observación que afirma que los recursos disponibles para una población son limitados y la observación que afirma que una población que se reproduce y aumenta naturalmente de manera descontrolada permanece estable con el tiempo, apoyan la inferencia lógica (Inferencia 1) de que **la competencia por los recursos hace que muchos individuos no sobrevivan para reproducirse**. Si resulta lógica la idea de que la competencia por los recursos hace que muchos individuos no sobrevivan para reproducirse, entonces también tiene sentido inferir (Inferencia 2) que **los caracteres que ayudan a los individuos a adquirir y a usar recursos son importantes para la supervivencia**.

3. **A**; **Nivel de conocimiento:** 3; **Temas:** L.f.2; **Práctica:** SP.1.a, SP.1.b, SP.3.b, SP.7.a

El pasaje establece que los tres requisitos para que se produzca la selección natural son: diferencias en los caracteres, supervivencia diferencial y caracteres beneficiosos heredables. El escritor aplica estos requisitos a una población de escarabajos para hacer una inferencia sobre la selección natural. El color de un individuo y las preferencias de su depredador son ejemplos que utiliza el escritor en la inferencia, y no información utilizada para respaldar la inferencia. El enunciado de que la selección natural puede ocurrir siempre que los organismos de una población tengan caracteres variables es un enunciado impreciso acerca de los requisitos para la selección natural. Si bien es cierto que la supervivencia diferencial ocurre cuando los miembros de una población tienen un carácter beneficioso, este enunciado no resume la información utilizada para respaldar la inferencia.

LECCIÓN 15, *págs. 30–31*

1. **C**; **Nivel de conocimiento:** 2; **Temas:** L.f.3; **Práctica:** SP.1.a, SP.1.b, SP.3.b, SP.7.a

Las inferencias de que las presiones de selección generan la selección natural, de que las adaptaciones se transmiten de generación en generación y de que la adaptación está relacionada con la evolución respaldan la conclusión de que la evolución es el resultado de presiones de selección, la selección natural y la adaptación. Las ideas de que los cambios en las presiones de selección influyen en la habilidad de una especie para sobrevivir y reproducirse, y de que las especies desarrollan adaptaciones útiles que les permiten responder a las características de su medio ambiente, son datos directamente establecidos que respaldan la conclusión, pero no son conclusiones en sí. La idea de que las poblaciones de una especie que desarrollan distintas adaptaciones siempre se convierten en especies diferentes es una generalización y, por lo tanto, no es una conclusión válida.

2. **Nivel de conocimiento:** 3; **Temas:** L.f.3; **Práctica:** SP.1.a, SP.1.b, SP.1.c, SP.3.a, SP.3.b, SP.6.c, SP.7.a

Respuesta posible:

Ⓐ A través de la adaptación, los reptiles han desarrollado varios caracteres que les permiten vivir en medio ambientes en los que los anfibios no pueden sobrevivir. Ⓑ Los reptiles tienen piel escamosa que no necesita mantenerse húmeda. Los huevos se mantienen húmedos porque sus fluidos quedan contenidos dentro de cascarones. Los reptiles nacen con patas para caminar sobre el suelo y tienen garras que les permiten cavar. Tienen pulmones durante toda su vida, lo que les permite obtener oxígeno al inhalar aire. Los anfibios no tienen ninguno de estos caracteres y, por lo tanto, no pueden sobrevivir en los medio ambientes secos en los que sí sobreviven los reptiles.

Ⓐ La primera oración establece una conclusión que explica cómo la adaptación dio como resultado la habilidad de los reptiles para vivir en medio ambientes diferentes a los de los anfibios.
Ⓑ El resto del párrafo enumera ejemplos específicos de los caracteres que tienen los reptiles, caracteres que les permiten sobrevivir en hábitats más secos. La conclusión está respaldada por la información del pasaje y de la tabla y por las inferencias hechas a partir de esa información.

REPASO DE LA UNIDAD 1, *págs. 32–39*

1. **C**; **Nivel de conocimiento:** 2; **Temas:** L.c.3; **Práctica:** SP.1.a, SP.1.b, SP.1.c, SP.7.a

Cuando la línea de una gráfica es horizontal, no hay cambio. La configuración de la línea de la gráfica indica que, en el punto *X*, la población dejó de crecer. Si la población hubiese empezado a crecer más rápidamente, la línea ascendería abruptamente. Si hubiese disminuido de forma repentina, la línea descendería abruptamente. Si la población desapareciera del ecosistema, la línea descendería a cero.

2. **A**; **Nivel de conocimiento:** 2; **Temas:** L.c.3; **Práctica:** SP.1.a, SP.1.b, SP.1.c, SP.7.a

La capacidad de carga es el número máximo de individuos de una determinada especie que pueden mantener los recursos de un área. La gráfica representa una población típica que crece rápidamente hasta alcanzar su capacidad de carga. Es muy probable que la introducción de un depredador provoque que la población disminuya en el punto *X*. Los recursos ilimitados harían que la población aumente, no que permanezca estable. Si los adultos no pudieran encontrar parejas, la población comenzaría a disminuir.

Clave de respuestas

UNIDAD 1 (continuación)

3. **D**; **Nivel de conocimiento**: 3; **Temas**: L.c.3; **Práctica**: SP.1.a, SP.1.b, SP.1.c, SP.3.b, SP.7.a
Si la gráfica mostrara una menor cantidad de individuos en el momento en que se estabiliza el crecimiento de la población, se podría inferir que existe una menor capacidad de carga para la población. La razón más probable de una capacidad de carga menor serían los recursos limitados. Si se introdujera una enfermedad, la gráfica mostraría una disminución de la población. Si hubiese un aumento en el número de descendientes o una provisión ilimitada de comida, la gráfica mostraría un aumento en la población.

4. **D**; **Nivel de conocimiento**: 1; **Temas**: L.a.1; **Práctica**: SP.1.a, SP.1.b, SP.1.c, SP.7.a
Las dos partes del cuerpo que participan en el proceso de la digestión antes de que la comida ingrese al estómago son la boca y el esófago, por lo que la comida debe atravesar el esófago antes de mezclarse con los jugos digestivos en el estómago. El sistema digestivo debe descomponer la comida antes de que los nutrientes sean absorbidos por la sangre, por lo que el cuerpo no puede absorber los nutrientes de la comida hasta tanto ésta no se mezcle con los jugos digestivos. El intestino grueso y el recto son partes del cuerpo que participan del proceso de la digestión una vez que la comida se mezcla con los jugos digestivos en el estómago.

5. **C**; **Nivel de conocimiento**: 2; **Temas**: L.a.1, L.a.3; **Práctica**: SP.1.a, SP.1.b, SP.1.c, SP.3.b, SP.7.a
La absorción de los nutrientes de la comida ocurre una vez que la comida se mezcla con los jugos digestivos en el estómago, por lo que puede llegarse a la conclusión de que la absorción de nutrientes ocurre en el intestino delgado. En la boca y en el esófago, la comida apenas está ingresando al sistema digestivo y comenzando con las etapas de la digestión. El recto contiene los desechos después de la digestión.

6. **B**; **Nivel de conocimiento**: 2; **Temas**: L.c.1, L.c.2; **Práctica**: SP.1.a, SP.1.b, SP.1.c, SP.7.a
La información de la tabla indica que la becasina piquicorta se alimenta del bígaro y que el bígaro se alimenta de espartina, por lo que esta es la cadena alimenticia más probable. La gaviota argéntea se alimenta de la almeja de río y la almeja de río se alimenta de fitoplancton, por lo que los organismos en la cadena alimenticia "gaviota argéntea – almeja de río – fitoplancton" están en un orden incorrecto. El halcón peregrino se alimenta de la gaviota argéntea y de la garceta blanca, por lo que la agrupación "halcón peregrino – gaviota argéntea – garceta blanca" no representa una cadena alimenticia. El gusano de almeja se alimenta de zooplancton, pero el zooplancton no se alimenta de espartina.

7. **A**; **Nivel de conocimiento**: 2; **Temas**: L.c.2; **Práctica**: SP.1.a, SP.1.b, SP.1.c, SP.3.b
Como los bígaros se alimentan de espartina y las becasinas piquicortas se alimentan de bígaros, el efecto más probable de eliminar la espartina del ecosistema es que estas dos poblaciones disminuyan. No todos los consumidores serían eliminados porque no todos los consumidores se alimentan de espartina o de animales que se alimentan de espartina. Las poblaciones de fitoplancton no necesariamente crecerían, pues algunos consumidores podrían comenzar a alimentarse de fitoplancton si no pueden alimentarse de espartina. Los halcones peregrinos tendrían menos recursos de comida ya que se alimentan de bígaros, que a su vez se alimentan de espartina.

8. **Nivel de conocimiento**: 2; **Temas**: L.d.1, L.d.2, L.d.3; **Práctica**: SP.1.a, SP.1.b, SP.1.c, SP.7.a
El pasaje explica que la citocinesis es la división del citoplasma. Por lo tanto, la ilustración muestra que la fase de la mitosis que coincide con la finalización de la citocinesis es la **telofase**, en la que la célula progenitora se divide por completo en dos células hijas.

9. **A**; **Nivel de conocimiento**: 2; **Temas**: L.c.4; **Práctica**: SP.1.a, SP.1.b, SP.3.b
El ejemplo que brinda el pasaje sobre la relación entre las abejas y las flores respalda la idea de que ambas especies se benefician mediante el mutualismo y el ejemplo de la relación entre las mariposas virrey y las mariposas monarca respalda la idea de que solamente una especie se beneficia, pero sin perjudicar a la otra, mediante el comensalismo. Las opciones de respuesta incorrectas describen incorrectamente al menos uno de los tipos de relaciones, o ambos.

10. **Nivel de conocimiento**: 2; **Temas**: L.e.3; **Práctica**: SP.1.a, SP.1.b, SP.3.b
Cada gen tiene dos alelos. El alelo dominante de un gen es el que se expresa por sobre el alelo recesivo, lo que significa que, si el alelo dominante está presente, el carácter asociado ocurrirá. Cuando un genotipo contiene tanto el alelo normal como el alelo mutante, el humano no tiene fibrosis quística, lo que indica que el alelo normal es dominante y que el **alelo mutante** es recesivo.

11. **B**; **Nivel de conocimiento**: 1; **Temas**: L.a.3; **Práctica**: SP.1.a, SP.1.b, SP.1.c
El texto explica que las cifras de la tabla representan porcentajes de la ingesta total de calorías. Según la tabla, las calorías de las proteínas deberían constituir entre un 10 y un 35 por ciento de la ingesta de calorías de un adulto. Además, la tabla indica que las calorías de las proteínas deberían constituir entre un 10 y un 30 por ciento de la ingesta de calorías de un niño más grande o un adolescente, que las grasas deberían constituir entre un 20 y un 35 por ciento de la ingesta de calorías de un adulto y que los carbohidratos deberían constituir entre un 45 y un 65 por ciento de la ingesta de calorías de un adulto.

12. **D**; **Nivel de conocimiento**: 1; **Temas**: L.a.3; **Práctica**: SP.1.a, SP.1.b, SP.1.c
El texto explica que las cifras de la tabla representan porcentajes de la ingesta total de calorías. Según la tabla, las calorías de los carbohidratos deberían constituir entre un 45 y un 65 por ciento de las calorías totales en la dieta de un adulto y que las calorías de las grasas deberían constituir solamente entre un 20 y un 30 por ciento de las calorías totales en la dieta de un adulto. La tabla también indica que un niño pequeño no debería consumir un porcentaje mayor de calorías provenientes de grasas que de carbohidratos y que un niño más grande o un adolescente no debería consumir un porcentaje mayor de calorías provenientes de proteínas que de carbohidratos. La tabla especifica que todos los grupos etarios deben consumir una cierta proporción de calorías provenientes de grasas, por lo que decir que deberían consumir la menor cantidad posible no es verdadero.

13. **B**; **Nivel de conocimiento:** 2; **Temas:** L.a.3; **Práctica:** SP.1.a, SP.1.b, SP.1.c, SP.3.b

Según la tabla, el porcentaje de las calorías que deberían provenir de las grasas disminuye a medida que un niño se convierte en adulto. A partir de esta información, se puede concluir que la grasa es necesaria para el crecimiento. La tabla no brinda datos adecuados como para llegar a la conclusión de que los adultos queman la grasa más rápido que los niños. La tabla se basa en porcentajes de calorías, y el número de calorías que una persona debería ingerir cambia según su contextura, por lo que una persona no debería ingerir el mismo número de calorías provenientes de carbohidratos durante toda su vida. Si las grasas aportaran más nutrientes que los carbohidratos o las proteínas, entonces la ingesta recomendada para el porcentaje de grasas sería mayor que el que se recomienda para los carbohidratos o las proteínas.

14. **A**; **Nivel de conocimiento:** 2; **Temas:** L.f.3; **Práctica:** SP.1.a, SP.1.b, SP.1.c, SP.3.b, SP.7.a

Tanto los bosques boreales como las tundras tienen inviernos fríos y largos, por lo que se puede inferir que los animales que viven en ambos lugares tienen adaptaciones que les permiten sobrevivir en un clima frío. El bosque boreal recibe una buena cantidad de precipitaciones, mientras que la tundra recibe muy pocas, por lo que es posible que los animales que viven en los dos tipos de clima no tengan las mismas necesidades de agua. En la tundra no hay árboles, por lo que los animales que viven allí no usan los árboles altos para obtener alimento y refugio. Todos los animales viven en lugares con inviernos largos y veranos cortos, por lo que todos pueden sobrevivir sin largos períodos de clima cálido.

15. **D**; **Nivel de conocimiento:** 1; **Temas:** L.f.3; **Práctica:** SP.1.a, SP.1.b, SP.1.c, SP.7.a

El pasaje indica que la migración es una adaptación conductual que implica el desplazamiento estacional de un animal de un clima a otro, por lo que el desplazamiento del caribú entre la tundra y el bosque boreal es un ejemplo de migración. El pelaje compuesto por múltiples capas de pelo del buey almizclero, el cambio de color del plumaje de la perdiz blanca y el poco crecimiento del arbusto son adaptaciones que ayudan a los organismos a sobrevivir todo el año en un área.

16. **B**; **Nivel de conocimiento:** 2; **Temas:** L.e.2; **Práctica:** SP.1.a, SP.1.b, SP.1.c, SP.7.a

Para producir la descendencia representada por el cuadro de Punnett, cada progenitor debe portar el genotipo Yy, de modo que ambos progenitores porten un alelo dominante y un alelo recesivo.

17. **A**; **Nivel de conocimiento:** 2; **Temas:** L.e.2; **Práctica:** SP.1.a, SP.1.b, SP.1.c, SP.7.a

Para producir la descendencia representada por el cuadro de Punnett, cada progenitor debe portar el genotipo Yy. Dado que Y es el alelo dominante que hace que una planta produzca semillas amarillas, ambos progenitores producen semillas amarillas. Para que ambos progenitores produzcan semillas verdes, cada uno debería portar el genotipo yy. Para una planta produzca semillas verdes, debería portar el genotipo yy. Según la información, el color de la semilla de las plantas de chícharos es controlado por un gen y el color verde o amarillo de la semilla se produce según los alelos que porte una planta.

18. **B**; **Nivel de conocimiento:** 2; **Temas:** L.e.2; **Práctica:** SP.1.a, SP.1.b, SP.1.c, SP.7.a, SP.8.b, SP.8.c

El pasaje explica que el color de semilla verde es el carácter recesivo, lo que significa que solo el genotipo yy produce el carácter de color de semilla verde. El cuadro de Punnett muestra que la cruza representada producirá el genotipo yy una de cuatro veces, por lo que la probabilidad de producir un descendiente con semillas verdes es de un cuarto. Las opciones de respuesta incorrectas pueden darse por un mal cálculo o una incorrecta interpretación de los conceptos.

19. **C**; **Nivel de conocimiento:** 2; **Temas:** L.c.5; **Práctica:** SP.1.a, SP.1.b, SP.3.a

El enunciado del pasaje que explica que "los lobos rojos fueron prácticamente eliminados a causa de la pérdida del hábitat y la persecución de las personas" respalda la conclusión de que la disminución drástica del número de individuos en las poblaciones de lobos rojos se debe a las acciones del hombre. Es posible que acciones tales como despejar la tierra para la agricultura y la urbanización hayan conducido a la pérdida de hábitat y es probable que el término "persecución de las personas" se refiera a los intentos del hombre por erradicar al lobo rojo como un depredador de ganado. El enunciado de que el lobo rojo es una de las especies en mayor peligro de extinción no ofrece información acerca de las causas por las que las poblaciones de lobos rojos disminuyeron. El detalle acerca del lanzamiento de un programa para la crianza de lobos rojos respalda la conclusión de que, en la actualidad, las personas están haciendo esfuerzos por aumentar el número de individuos en las poblaciones de lobos rojos. El enunciado acerca de las muertes causadas por las personas está relacionado con la situación actual del lobo rojo y no con las condiciones previas que prácticamente ocasionaron su extinción.

20. **B**; **Nivel de conocimiento:** 1; **Temas:** L.a.2; **Práctica:** SP.1.a, SP.1.b, SP.7.a

El pasaje explica cómo trabaja el cuerpo humano para mantener la homeostasis, o mantenerse estable. Estabilidad y equilibrio tienen significados parecidos, por lo que la frase "tendencia a un estado de equilibrio" se acerca más al significado de *homeostasis*. El cuerpo reacciona para mantener la homeostasis y tiene capacidad de fluctuación (cambios), pero estas ideas no representan el significado de la homeostasis. La condición de estar saludable es apoyada por la homeostasis, pero no es lo que significa la homeostasis.

21. **D**; **Nivel de conocimiento:** 3; **Temas:** L.f.2; **Práctica:** SP.1.a, SP.1.b, SP.3.b, SP.7.a

El ejemplo que brinda el pasaje para explicar los tres factores necesarios para que ocurra la selección natural establece que cada generación sucesiva de insectos tiene más insectos de color café que insectos de color verde. Este detalle sugiere que la heredabilidad es necesaria, pues los organismos deben poder transmitir caracteres beneficiosos a las generaciones futuras. La idea de que deben existir diferencias en los caracteres de una población de individuos explica la necesidad de variabilidad genética. El ejemplo dado hace referencia al carácter de color, pero la idea de variación en el carácter del color es un ejemplo específico acerca de cómo la heredabilidad es necesaria para la selección natural y no una explicación de por qué la heredabilidad es necesaria. La idea de que los individuos deben tener un carácter que los ayude a sobrevivir y reproducirse explica la necesidad de la supervivencia diferencial.

22. **D**; **Nivel de conocimiento:** 1; **Temas:** L.b.1, L.d.1; **Práctica:** SP.1.a, SP.1.b, SP.1.c, SP.7.a

El rótulo de la ilustración correspondiente a la mitocondria indica que su función consiste en producir la fuente de energía de una célula. El núcleo contiene material genético y controla las funciones de la célula. El citoplasma contiene los orgánulos de una célula. El aparato de Golgi contiene las proteínas.

Clave de respuestas

UNIDAD 1 *(continuación)*

23. **Nivel de conocimiento:** 2; **Temas:** L.f.1; **Práctica:** SP.1.a, SP.1.b, SP.1.c, SP.3.b, SP.6.a, SP.6.c, SP.7.a
Las partes incompletas del cladograma son recuadros para animales que representan la introducción de las características derivadas de fauces y pelo. El **tiburón** representa la introducción de la característica derivada de las fauces. Un tiburón tiene fauces y la característica derivada previamente introducida de la columna vertebral, pero no tiene las características derivadas de patas, huevo amniótico y pelo. El **conejo** representa la introducción de la característica derivada del pelo. Un conejo tiene pelo y todas las características derivadas previamente introducidas. Una paloma tiene fauces, pero no corresponde al primer recuadro porque también tiene patas, una característica derivada representada más arriba en el cladograma. Además, una paloma no tiene pelo, por lo que no debe ubicarse en el segundo recuadro.

24. **A**; **Nivel de conocimiento:** 2; **Temas:** L.a.4; **Práctica:** SP.1.a, SP.1.b, SP.3.b
El pasaje establece que las acciones que ayudan a las personas a evitar contraer la fiebre del dengue consisten en la utilización de repelente para mosquitos, el uso de prendas de protección y la reducción del hábitat de los mosquitos. A partir de esta información, puede hacerse la generalización de que las recomendaciones para controlar la propagación de la enfermedad incluyen la reducción del riesgo de picaduras de mosquitos. La fiebre del dengue es solamente un ejemplo de una enfermedad causada por un virus de transmisión sanguínea, enfermedad que se da en regiones tropicales y subtropicales; no es información suficiente para hacer la generalización de que tales enfermedades tienen mayor probabilidad de ocurrir en estas regiones. El pasaje no menciona si una persona que tiene fiebre del dengue debe buscar atención médica, por lo que tal enunciado no es una generalización válida. El pasaje explica qué es la transmisión a través del contacto indirecto pero no brinda información acerca de si tal transmisión está relacionada con enfermedades más peligrosas.

25.1 **C**; 25.2 **C**; 25.3 **A**; 25.4 **D**; **Nivel de conocimiento:** 2; **Content Topics:** L.e.1, L.e.3; **Práctica:** SP.1.a, SP.1.b, SP.1.c, SP.3.b, SP.7.a
25.1 El pasaje y la ilustración indican que los nucleótidos individuales se unen a los nucleótidos de una cadena de ADN existente. Las dobles hélices no se unen a los nucleótidos y tampoco lo hacen las cadenas o adeninas.
25.2 Según el pasaje, un error en la replicación del ADN causa una mutación. No causa un gen, ni una replicación ni un emparejamiento de bases.
25.3 Un error en el emparejamiento de bases de nucleótidos daría como resultado un par de bases que no se unen, o un emparejamiento distinto de A y T o de C y G. Por lo tanto, un emparejamiento de C y A es una mutación.
25.4 El pasaje establece que el ADN se replica cuando una célula se divide. Si una célula se divide a través del proceso de meiosis, se producen gametos. Los gametos se combinan durante la reproducción sexual, en la que cada progenitor aporta un alelo para cada gen. Por lo tanto, una mutación formada durante la meiosis podría crear un gen con un alelo que puede transmitirse a la descendencia. La mutación es el resultado de un error en el emparejamiento de bases de nucleótidos, pero una mutación no crea un nuevo nucleótido. Un nuevo alelo creado puede o no generar un nuevo carácter. La meiosis, y no una mutación formada durante la meiosis, crea nuevas células.

26. **B**; **Nivel de conocimiento:** 2; **Temas:** L.c.5; **Práctica:** SP.1.a, SP.1.b, SP.3.b, SP.7.a
El pasaje establece que la desertificación cambia drásticamente los ecosistemas y que muchos animales y plantas no logran sobrevivir en el nuevo medio ambiente, por lo que un efecto de la desertificación es la pérdida de biodiversidad. La desertificación conduce a una disminución, no a un aumento, de la producción de cultivos, debido a que el suelo no es fértil. No es probable que la llegada de especies invasoras esté relacionada con la desertificación, pues el medio ambiente es más hostil para todos los organismos. Si bien ciertas áreas que experimentan desertificación pueden estar más propensas a la inundación por la pérdida de vegetación, las áreas que experimentan desertificación son generalmente más secas, y no son propensas a la inundación.

27. **Nivel de conocimiento:** 3; **Temas:** L.f.1, L.f.3; **Práctica:** SP.1.a, SP.1.b, SP.1.c, SP.7.a
Respuesta posible:
(A) El pasaje explica que la teoría de la evolución establece que las especies que existen en la actualidad comparten un ancestro común y que una forma de evidencia que utilizan los científicos para respaldar esta teoría son las semejanzas en las etapas del desarrollo embrionario. (B) La ilustración muestra que, durante su desarrollo embrionario, tanto los pollos como los gorilas tienen hendiduras homólogas a las hendiduras de las branquias de un pez y colas. (C) Estos caracteres son evidencia de que ambos animales tienen un ancestro que tenía branquias y cola, lo que sugiere que los animales comparten un ancestro común.
(A) La primera oración describe un tipo general de evidencia identificada en el pasaje que los científicos utilizan para respaldar la idea de que las especies que existen en la actualidad comparten un ancestro común.
(B) La segunda oración observa que la ilustración ofrece ejemplos específicos de este tipo de evidencia.
(C) La tercera oración saca una conclusión a partir de las dos primeras oraciones.

28. **B**; **Nivel de conocimiento:** 2; **Temas:** L.d.2; **Práctica:** SP.1.a, SP.1.b, SP.1.c, SP.7.a
Según la información que brinda el pasaje, las células forman tejidos, los tejidos forman órganos y los órganos forman sistemas del cuerpo. Por consiguiente, tanto los órganos como los sistemas del cuerpo están formados por tejidos que, a su vez, están formados por células. El pasaje establece que la formación de tejidos con células, de órganos con tejidos y de sistemas del cuerpo con órganos conduce a niveles de organización que se tornan más complejos. Por lo tanto, la organización de órganos y sistemas del cuerpo es más compleja que aquella para células y tejidos. Además, los órganos y los sistemas del cuerpo representan los niveles más complejos, no los menos complejos, de organización en un organismo. El pasaje explica que los tejidos, los órganos y los sistemas del cuerpo están todos formados por células especializadas producidas por la diferenciación celular.

UNIDAD 2 CIENCIAS FÍSICAS

LECCIÓN 1, *págs. 42–43*
1. **D**; **Nivel de conocimiento:** 2; **Temas:** P.c.1; **Práctica:** SP.1.a, SP.1.b, SP.1.c, SP.7.a
Según la clave, el modelo muestra que el hidrógeno tiene un protón y que el helio tiene dos protones. El modelo también muestra que un átomo de helio tiene el mismo número de protones y electrones (como todos los átomos). El núcleo de un átomo contiene protones y neutrones, pero nunca electrones. El número de protones y neutrones en el núcleo del átomo del helio, no solamente el número de protones, es cuatro.

2. **A**; **Nivel de conocimiento:** 2; **Temas:** P.c.1; **Práctica:** SP.1.a, SP.1.b, SP.1.c, SP.7.a

El modelo muestra que cada átomo tiene un electrón, lo que suma un total de dos electrones, y que la molécula tiene dos electrones. Por lo tanto, el número total de electrones no varía ni se duplica. Los electrones no se convierten en protones y los electrones no se destruyen durante el proceso de formación del enlace covalente.

3. **B**; **Nivel de conocimiento:** 3; **Temas:** P.c.1; **Práctica:** SP.1.a, SP.1.b, SP.1.c, SP.7.a

Un átomo de hidrógeno tiene un protón y el modelo muestra átomos que contienen un protón cada uno. Todos los átomos, no solamente los átomos de hidrógeno, tienen un núcleo en el centro y electrones que se mueven alrededor del núcleo. A partir del pasaje puede inferirse que el hidrógeno no es el único elemento cuyos átomos forman moléculas.

4. **D**; **Nivel de conocimiento:** 2; **Temas:** P.c.1; **Práctica:** SP.1.a, SP.1.b, SP.1.c, SP.7.a

Los rótulos del modelo indican que la molécula de amoniaco tiene un átomo de nitrógeno y tres átomos de hidrógeno. Si bien solamente se rotula un átomo de hidrógeno, hay dos átomos más que se ven igual, lo que significa que también son átomos de hidrógeno. La molécula tiene tres átomos de hidrógeno, pero también tiene un átomo de nitrógeno. El amoniaco no es un elemento, por lo que no puede haber un átomo de amoniaco.

5. **B**; **Nivel de conocimiento:** 2; **Temas:** P.c.1; **Práctica:** SP.1.a, SP.1.b, SP.1.c, SP.7.a

La fórmula estructural incluye dos C y seis H, lo que indica que una molécula de etano contiene dos átomos de carbono y seis átomos de hidrógeno. Por lo tanto, la fórmula química para el etano es C_2H_6. Las otras opciones de respuesta pueden surgir a partir de un conteo incorrecto o una interpretación errónea del modelo.

LECCIÓN 2, *págs. 44–45*

1. **C**; **Nivel de conocimiento:** 2; **Temas:** P.c.2; **Práctica:** SP.1.a, SP.1.b, SP.1.c, SP.7.a

En el elemento visual, las ilustraciones que salen de las ilustraciones principales, y que representan vistas ampliadas de las moléculas de agua, muestran que los sólidos tienen el menor espacio entre las moléculas. Los gases tienen el mayor espacio entre las moléculas. Los líquidos están entre los sólidos y los gases en cuanto al espacio entre las moléculas. Las moléculas no tienen el mismo espacio entre sí en todos los estados de la materia.

2. **Nivel de conocimiento:** 3; **Temas:** P.c.2; **Práctica:** SP.1.a, SP.1.b, SP.1.c, SP.6.c, SP.7.a

Al igual que una gráfica, el diagrama tiene un eje de la *y*, por lo que si examinamos el diagrama desde abajo hacia arriba, nos indicará qué ocurre a medida que se agrega energía, y si lo examinamos desde arriba hacia abajo, nos indicará qué ocurre a medida que se libera energía. Según el diagrama, por lo tanto, debe **agregarse** energía para fundir un sólido o para evaporar un líquido.

3. **Nivel de conocimiento:** 3; **Temas:** P.c.2; **Práctica:** SP.1.a, SP.1.b, SP.1.c, SP.6.c, SP.7.a

Si examinamos el eje de la *y* en el diagrama, nos indicará qué ocurre a medida que se libera energía. Si se le quita suficiente energía a un líquido, se congelará, o su estado cambiará **de líquido a sólido**.

4. **Nivel de conocimiento:** 3; **Temas:** P.c.2; **Práctica:** SP.1.a, SP.1.b, SP.1.c, SP.6.c, SP.7.a

Según el eje de la *y*, la parte superior del diagrama representa la cantidad máxima de energía, por lo que las partículas se mueven más rápidamente en el estado de la materia que se muestra en la parte superior del diagrama: **gas**.

5. **B**; **Nivel de conocimiento:** 3; **Temas:** P.c.2; **Práctica:** SP.1.a, SP.1.b, SP.1.c, SP.3.b, SP.7.a

La gráfica muestra que el punto de fusión del agua es 0 °C. Como el punto de fusión de una sustancia es igual a su punto de congelamiento, el agua líquida se congela para convertirse en hielo a la misma temperatura que el hielo se funde para convertirse en agua líquida. La temperatura −20 °C está por debajo del punto en el que el agua líquida se congela para convertirse en hielo. La temperatura 100 °C es el punto en el que el agua líquida hierve para convertirse en gas. La temperatura 130 °C está por encima del punto en el que el agua líquida hierve para convertirse en gas y, por lo tanto, muy por encima del punto en el que el agua en estado líquido se congela para convertirse en hielo.

LECCIÓN 3, *págs. 46–47*

1. **D**; **Nivel de conocimiento:** 1; **Temas:** P.c.2; **Práctica:** SP.1.a, SP.1.b, SP.1.c, SP.7.a

Las entradas en la columna "Punto de ebullición" indican que el mayor punto de ebullición que se muestra es 2,239 °C, que es el punto de ebullición para el fluoruro de magnesio. La columna "Fórmula" muestra que la fórmula química para el fluoruro de magnesio es MgF_2. El cloruro de sodio, o NaCl, tiene el segundo punto de ebullición más alto: 1,413 °C. El fluoruro de hidrógeno, o HF, tiene el segundo punto de ebullición más bajo: 20 °C. El yoduro de calcio, o CaI_2, tiene el tercer punto de ebullición más alto: 1,100 °C.

2. **Nivel de conocimiento:** 2; **Temas:** P.c.2; **Práctica:** SP.1.a, SP.1.b, SP.1.c, SP.3.b, SP.6.a, SP.7.a

El pasaje establece que los metales conducen electricidad y calor y la tabla muestra que las sustancias B y C conducen electricidad y calor. Una *X* en la **columna "Sí" para la sustancia B** y una *X* en la **columna "Sí" para la sustancia C** identifican las sustancias que son metales.

3. **C**; **Nivel de conocimiento:** 2; **Temas:** P.c.2; **Práctica:** SP.1.a, SP.1.b, SP.1.c

Las notas al pie de la tabla indican que las propiedades extensivas dependen del tamaño de la muestra, y la tabla muestra que la longitud es una propiedad extensiva. La tabla muestra que la dureza, el punto de ebullición y el sabor son propiedades intensivas, que no dependen del tamaño de la muestra.

4. **B**; **Nivel de conocimiento:** 3; **Temas:** P.c.2; **Práctica:** SP.1.a, SP.1.b, SP.1.c, SP.3.a, SP.7.a

La conclusión de que una reacción química ocurre cuando la plata se deslustra está fundamentada por el enunciado del pasaje en el que se menciona que una reacción química hace que se forme una nueva sustancia y por la observación de la tabla que afirma que la plata desarrolló una capa de color oscuro al deslustrarse. La conclusión de que la plata sólida puede convertirse en plata líquida está relacionada con un cambio de estado, no con una reacción química. El enunciado acerca de que la plata puede derretirse o deslustrarse se basa en información de la tabla pero no fundamenta la conclusión de que una reacción química ocurre cuando la plata se deslustra. La conclusión de que no se forman nuevas sustancias es incorrecta, dado que se forma una capa oscura cuando la plata se deslustra.

Clave de respuestas

UNIDAD 2 (continuación)

LECCIÓN 4, págs. 48–49

1. D; **Nivel de conocimiento:** 2; **Temas:** P.a.2, P.c.3; **Práctica:** SP.1.a, SP.1.b, SP.1.c, SP.7.a
El óxido de magnesio es la única sustancia a la derecha de la ecuación, lo que indica que se trata del producto de la reacción. No es un reactante en la reacción. El magnesio y el oxígeno están a la izquierda de la ecuación, por lo tanto, son los reactantes.

2. B; **Nivel de conocimiento:** 1; **Temas:** P.c.3; **Práctica:** SP.1.a, SP.1.b, SP.1.c, SP.7.a
En la ecuación, se toma el coeficiente 1 para el dióxido de carbono y se incluye el coeficiente 2 para el agua, por lo tanto, la proporción de moléculas de dióxido de carbono a moléculas de agua es 1:2. Los símbolos del estado indican que los reactantes son dos gases, no un gas y un líquido. La masa se conserva siempre en una reacción química, por lo tanto, los productos no pueden contener menos átomos de hidrógeno que los reactantes. La flecha direccional marca una sola dirección, por lo tanto, los productos no pueden reaccionar para formar los reactantes.

3. D; **Nivel de conocimiento:** 1; **Temas:** P.c.3; **Práctica:** SP.1.a, SP.1.b, SP.1.c, SP.7.a
En la ecuación general de una reacción de sustitución simple, AC está a la derecha de la ecuación, por lo que representa un producto. AC no representa un átomo ni un elemento porque representa dos sustancias, A y C. AC no representa un reactante porque está a la derecha de la ecuación, no a la izquierda.

4. C; **Nivel de conocimiento:** 2; **Temas:** P.c.3; **Práctica:** SP.1.a, SP.1.b, SP.1.c, SP.7.a
El pasaje explica que un reactante limitante es un reactante que puede limitar la cantidad de producto que se puede formar si no está presente en cantidad suficiente. Los reactantes en la reacción química representada por la ecuación son el benceno y el oxígeno, por lo que cualquiera de ellos puede limitar la cantidad de producto que se puede formar si no está presente en cantidad suficiente. El dióxido de carbono y el agua son productos en la reacción representada por la ecuación, por lo que no pueden ser reactantes limitantes. Si el benceno y el oxígeno están presentes en las cantidades adecuadas en una reacción química, ninguno de ellos limitará la reacción.

LECCIÓN 5, págs. 50–51

1. C; **Nivel de conocimiento:** 3; **Temas:** P.c.4; **Práctica:** SP.1.a, SP.1.b, SP.1.c, SP.3.c, SP.3.d, SP.7.a
El sodio es un metal alcalino y el cloruro de sodio es un compuesto que se forma a partir del sodio. El pasaje explica que una regla de la solubilidad es que los compuestos formados a partir de los metales alcalinos son solubles en agua. El cloruro de sodio se disolverá en el agua, por lo que la sustancia producida será una solución, no un nuevo compuesto químico. Las diferentes partes de las soluciones tienen las mismas propiedades.

2. B; **Nivel de conocimiento:** 3; **Temas:** P.c.4; **Práctica:** SP.1.a, SP.1.b, SP.1.c, SP.3.c, SP.7.a
El pasaje explica que una solución diluida tiene una razón relativamente más pequeña de soluto a solvente. Cuando el estudiante agrega más agua, o solvente, la razón de soluto a solvente disminuye. Por lo tanto, la solución será más diluida, no más concentrada ni saturada. La razón de soluto a solvente cambiará, por lo que la concentración cambiará, no permanecerá sin cambios.

3. A; **Nivel de conocimiento:** 3; **Temas:** P.c.4; **Práctica:** SP.1.a, SP.1.b, SP.1.c, SP.3.c, SP.7.a
La gráfica muestra que la solubilidad del $KClO_3$ aumenta a medida que aumenta la temperatura. Si la temperatura de la solución aumenta, la solubilidad aumentará; por lo tanto, más soluto podrá disolverse en la solución, lo que significa que ya no estará saturada. La solubilidad de la solución aumentará, no permanecerá sin cambios. Calentar una solución no cambia la razón de soluto a solvente ni la concentración de la solución.

4. B; **Nivel de conocimiento:** 3; **Temas:** P.c.4; **Práctica:** SP.1.a, SP.1.b, SP.1.c, SP.3.b, SP.3.c, SP.3.d, SP.7.a
El pasaje explica que un ácido fuerte se ioniza por completo en una solución, lo que significa que es soluble en agua. No conserva su estructura molecular y no se disocia parcialmente.

5. D; **Nivel de conocimiento:** 3; **Temas:** P.c.4; **Práctica:** SP.1.a, SP.1.b, SP.1.c, SP.3 .c, SP.7.a
El pasaje explica que un ácido se ioniza para formar H^+ en agua, por lo que la ecuación que muestra una reacción que produce H^+ representa el resultado de disolver un ácido en agua. Las otras ecuaciones representan lo que ocurre cuando las sales o las bases se disuelven en agua.

LECCIÓN 6, págs. 52–53

1. C; **Nivel de conocimiento:** 1; **Temas:** P.b.1; **Práctica:** SP.1.a, SP.1.b, SP.1.c, SP.7.b, SP.8.b
La persona que viaja a diario entre su hogar y su trabajo recorrió 4 millas en 20 minutos. Al aplicar estos números a la fórmula para hallar la rapidez, $s = \frac{d}{t}$, obtienes que $s = \frac{4}{20}$. Para hallar la rapidez en mi/h, multiplicas 20 por 3 y obtienes 60 minutos, o 1 hora. Cuando multiplicas el denominador de una fracción, también debes multiplicar el numerador por el mismo número, por lo que también multiplicas 4 por 3 y obtienes 12. Por lo tanto, su rapidez promedio es 12 mi/h. Se puede llegar a las opciones de respuesta incorrectas a través de cálculos incorrectos o debido a una aplicación incorrecta de los valores en la fórmula.

2. C; **Nivel de conocimiento:** 2; **Temas:** P.b.1; **Práctica:** SP.1.a, SP.1.b, SP.1.c, SP.7.b, SP.8.b
La rapidez se calcula dividiendo la distancia, 100 mi, entre el tiempo, 5 h, por lo que la rapidez del ave es 20 mi/h. La velocidad incluye una dirección. El punto B está al este del punto A, por lo que la velocidad es 20 mi/h hacia el Este. Se puede llegar a las opciones de respuesta incorrectas a través de cálculos incorrectos o debido a una aplicación incorrecta de los valores en la fórmula.

3. A; **Nivel de conocimiento:** 2; **Temas:** P.b.1; **Práctica:** SP.1.a, SP.1.b, SP.1.c, SP.7.b, SP.8.b
La velocidad se calcula dividiendo el desplazamiento entre el tiempo de recorrido. Como el ave termina en su punto inicial, su desplazamiento total es 0 y, por lo tanto, la velocidad promedio correspondiente es 0 mi/h. Se puede llegar a las opciones de respuesta incorrectas a través de cálculos incorrectos o debido a una aplicación incorrecta de los valores en la fórmula.

4. A; **Nivel de conocimiento:** 2; **Temas:** P.b.1; **Práctica:** SP.1.a, SP.1.b, SP.1.c, SP.7.b, SP.8.b
La gráfica lineal muestra que de 0 a 40 segundos, por cada 10 segundos que pasan, la velocidad del objeto aumenta en la misma cantidad: 10 m/s. Por lo tanto, su aceleración aumenta a una tasa uniforme. Si la aceleración fuera constante, la línea sería plana, como lo es entre los 40 y 90 segundos. Si su aceleración disminuyera, la línea descendería, como ocurre entre los 90 y 110 segundos. Si su aceleración aumentara y luego disminuyera, la línea pasaría de ser ascendente a ser descendente.

CLAVE DE RESPUESTAS

5. **D**; **Nivel de conocimiento:** 2; **Temas:** P.b.1; **Práctica:** SP.1.a, SP.1.b, SP.1.c, SP.7.b, SP.8.b

La línea plana entre los 40 y 90 segundos muestra que el objeto viaja a una velocidad constante de 40 m/s. A los 90 segundos, la línea desciende, lo que indica que la velocidad constante se convierte en aceleración negativa, no en aceleración positiva. La velocidad del objeto no se detiene a los 90 segundos y luego aumenta; mejor dicho, su velocidad comienza a disminuir a partir de los 40 m/s. Desde los 40 hasta los 90 segundos, la velocidad del objeto es constante –no está en aumento–, por lo que la descripción acerca de que la velocidad en aumento se convierte en aceleración no es precisa.

LECCIÓN 7, *págs. 54–55*

1. **B**; **Nivel de conocimiento:** 1; **Temas:** P.b.2; **Práctica:** SP.1.a, SP.1.b, SP.1.c, SP.7.a

La longitud de cada flecha indica la magnitud de la fuerza. La segunda flecha más corta representa la segunda fuerza menor, 7 N. La fuerza A equivale a 2 N, la fuerza C equivale a 9 N y la fuerza D equivale a 15 N.

2. **D**; **Nivel de conocimiento:** 1; **Temas:** P.b.2; **Práctica:** SP.1.a, SP.1.b, SP.1.c, SP.7.a, SP.7.b

La fuerza es igual a la masa multiplicada por la aceleración, por lo que en este caso, 3 kg por 5 m/s^2 es igual a 15 N. Se puede llegar a las opciones de respuesta incorrectas a través de cálculos incorrectos o debido a una aplicación incorrecta de los valores en la fórmula.

3. **B**; **Nivel de conocimiento:** 3; **Temas:** P.b.2; **Práctica:** SP.1.a, SP.1.b, SP.1.c, SP.7.a, SP.7.b

La fuerza aplicada sería la misma, por lo que la flecha que muestra la fuerza no cambiaría. Sin embargo, como la fuerza se calcula multiplicando la masa por la aceleración, si la masa aumentara, la aceleración debería ser menor para que la fuerza no cambie. Por lo tanto, la flecha que representa el vector de la aceleración sería más corta que en el diagrama original.

4. **D**; **Nivel de conocimiento:** 2; **Temas:** P.b.2; **Práctica:** SP.1.a, SP.1.b, SP.1.c, SP.7.a, SP.7.b

Las flechas que representan el sentido y la magnitud de las fuerzas son las mismas. Esto indica que la fuerza que aplica el suelo es igual en magnitud al peso de la persona. Se puede llegar a las opciones de respuesta incorrectas a través de cálculos incorrectos o debido a una aplicación incorrecta de los valores en la fórmula.

5. **C**; **Nivel de conocimiento:** 2; **Temas:** P.b.2; **Práctica:** SP.1.a, SP.1.b, SP.1.c, SP.7.a, SP.7.b

Una persona con una masa de 65 kg tiene un peso de 637 N (65 kg por 9.8) y la fuerza ascendente desde el suelo es igual al peso de la persona. Se puede llegar a las opciones de respuesta incorrectas a través de cálculos incorrectos o debido a una aplicación incorrecta de los valores en la fórmula.

LECCIÓN 8, *págs. 56–57*

1. **C**; **Nivel de conocimiento:** 2; **Temas:** P.b.2; **Práctica:** SP.1.a, SP.1.b, SP.1.c, SP.7.a

La atracción que los objetos tienen unos con otros es inversamente proporcional a la distancia entre ellos. Por lo tanto, cuanto menor es la distancia entre dos objetos, mayor es la fuerza gravitacional entre ellos. El cohete está más cerca del centro de la Tierra en el punto A que en el punto B, por lo que la fuerza gravitacional entre el cohete y la Tierra es mayor en el punto A.

2. **Nivel de conocimiento:** 3; **Temas:** P.b.1, P.b.2; **Práctica:** SP.1.a, SP.6.c, SP.7.a

La situación A representa la **ley de la gravitación universal**. Como la atracción que los objetos tienen entre sí es inversamente proporcional a la distancia entre ellos, cuanto más lejos están las personas de la superficie de la Tierra, menor es la fuerza que ejerce la gravedad de la Tierra sobre ellos. La situación B representa la **tercera ley del movimiento**. El cohete crea una gran fuerza hacia abajo contra la superficie que tiene debajo. Esa fuerza hacia abajo crea una fuerza de reacción equivalente y opuesta hacia arriba desde la superficie que impulsa al cohete hacia el aire. La situación C representa la **segunda ley del movimiento**. La fuerza aplicada por la niña de 5 años es mucho menor que la fuerza que aplica a la misma masa la niña de 14 años. Esta ley es aplicable porque muestra que el cambio en el movimiento del objeto, la pelota, está directamente relacionado con la magnitud (y sentido) de la fuerza que actúa sobre ella. La situación D representa la **primera ley del movimiento**. La primera ley de Newton establece que los objetos seguirán en el mismo estado de movimiento (o reposo) a menos que una fuerza externa actúe sobre ellos. En este caso, el carro y la caja siguen moviéndose hacia adelante hasta que se aprieta el freno. El freno es la fuerza que detiene el movimiento del carro. Pero la caja no está atada, por lo que continúa su movimiento hacia adelante hasta recibir otra fuerza: la del tablero.

3. **B**; **Nivel de conocimiento:** 2; **Temas:** P.b.1; **Práctica:** SP.1.a, SP.1.b, SP.7.a, SP.7.b, SP.8.b

El momento lineal total del sistema (ambos carritos) antes de la colisión es +40 kg • m/s, o 40 kg • m/s hacia el Este. Según la ley de conservación del momento lineal, el momento lineal del sistema después de la colisión debe ser igual al momento lineal antes de la colisión, o +40 kg • m/s. Si el momento lineal total del carrito lleno después de la colisión es +26.25 kg • m/s, el momento lineal del carrito vacío debe ser 40 kg • m/s menos 26.25 kg • m/s, o 13.75 kg • m/s. Como el resultado es un número positivo, el carrito se mueve hacia el Este. Por lo tanto, el momento lineal del carrito es 13.75 kg • m/s hacia el Este. Se puede llegar a las opciones de respuesta incorrectas a través de cálculos incorrectos o debido a una aplicación incorrecta de los valores en la fórmula.

LECCIÓN 9, *págs. 58–59*

1. **C**; **Nivel de conocimiento:** 1; **Temas:** P.b.3; **Práctica:** SP.1.a, SP.1.b, SP.1.c

Si usas tus conocimientos sobre diagramas vectoriales, tu experiencia con palancas y la información proporcionada, puedes determinar que la ventaja de usar una palanca es que facilita el trabajo, ya que cambia la magnitud y el sentido de la fuerza. Usar una palanca para levantar un objeto no es lo mismo que usar los brazos, pues usar una palanca cambia el sentido de la fuerza. El diagrama vectorial muestra que la fuerza de entrada es menor que la fuerza de salida, no igual a ella. El pasaje establece que, si un objeto se mueve, se ha realizado un trabajo.

2. **Nivel de conocimiento:** 2; **Temas:** P.b.3; **Práctica:** SP.1.a, SP.1.b, SP.1.c, SP.7.a

Si usas tus conocimientos sobre diagramas vectoriales y la explicación del pasaje acerca del funcionamiento de una cuña, puedes determinar que las **flechas que apuntan hacia afuera con respecto a la hoja del hacha** representan fuerzas de salida. La flecha que apunta a la base de la hoja del hacha representa la fuerza de entrada.

Clave de respuestas

UNIDAD 2 *(continuación)*

3. D; **Nivel de conocimiento:** 2; **Temas:** P.b.3; **Práctica:** SP.1.a, SP.1.b, SP.1.c, SP.7.b
Si usas tus conocimientos sobre las matemáticas y las fuerzas, junto con la ecuación para medir el trabajo, puedes determinar que una explicación para la relación entre la cantidad de trabajo producido y la fuerza aplicada es que el valor del trabajo realizado es cero si el objeto no se mueve (cualquier número multiplicado por cero es igual a cero). Según la ecuación, el valor del trabajo no puede ser menor si la magnitud de la fuerza es mayor y si la distancia sobre la cual se aplica la fuerza se mantiene igual. El valor del trabajo está relacionado con el metro, una unidad que se usa para medir la distancia. Se requiere de mayor fuerza para mover un objeto más pesado, por lo que se realiza más trabajo cuando se mueve la caja más pesada.

4. A; **Nivel de conocimiento:** 2; **Temas:** P.b.3; **Práctica:** SP.1.a, SP.1.b, SP.1.c, SP.7.b
Si usas tus conocimientos sobre las matemáticas junto con la ecuación para hallar la ventaja mecánica, puedes determinar que, si la fuerza de salida de una máquina es 100 N y la máquina brinda una ventaja mecánica de 4, la fuerza de entrada equivale a 25 (100 dividido entre 4). Se puede llegar a las otras opciones de respuesta a través de cálculos incorrectos o debido a una aplicación incorrecta de los valores en la ecuación.

5. A; **Nivel de conocimiento:** 2; **Temas:** P.b.3; **Práctica:** SP.1.a, SP.1.b, SP.1.c, SP.7.b
Si usas tus conocimientos sobre las matemáticas junto con la ecuación para hallar la potencia, puedes determinar que, si la cantidad de trabajo es de 19,600 julios y el tiempo necesario para realizar la tarea es 10 segundos, la potencia ejercida es de 1,960 vatios (19,600 dividido entre 10). Se puede llegar a las otras opciones de respuesta a través de cálculos incorrectos o debido a una aplicación incorrecta de los valores en la ecuación.

LECCIÓN 10, *págs. 60–61*

1. D; **Nivel de conocimiento:** 2; **Temas:** P.a.1, P.a.3; **Práctica:** SP.1.a, SP.1.b, SP.1.c, SP.3.b, SP.7.a
El recipiente B contiene el doble de cantidad de agua; por lo tanto, podemos suponer que tiene aproximadamente el doble del número de moléculas de agua. Que se muevan más partículas significa que hay mayor energía cinética total. Por lo tanto, el recipiente B tiene más energía térmica que el recipiente A. Ambos recipientes tienen la misma temperatura, pero la temperatura es una medida de energía cinética promedio, no de energía cinética total. Por lo tanto, si bien el recipiente B tiene mayor volumen de agua, la temperatura del agua es la misma que la del recipiente A.

2. Nivel de conocimiento: 2; **Temas:** P.a.1, P.a.5; **Práctica:** SP.1.a, SP.1.b, SP.1.c, SP.3.b, SP.7.a
La conducción se produce por contacto directo. Por lo tanto, las **flechas verdes**, que muestran el contacto entre la olla y la cocina eléctrica, representan la conducción (*D*). La convección se produce como corrientes en líquidos o gases. Por lo tanto, las **flechas azules** sobre la olla, que muestran la elevación del vapor, y en el agua, donde se producen corrientes, representan la convección (*V*). La radiación se transfiere sin la necesidad de contacto o corrientes. Por lo tanto, las **flechas amarillas**, que muestran la radiación de las ondas desde los costados de la olla, representan la radiación (*R*).

3. B; **Nivel de conocimiento:** 3; **Temas:** P.a.1; **Práctica:** SP.1.a, SP.1.b, SP.1.c, SP.3.b, SP.7.a
El metal se percibe más frío que la madera porque es un buen conductor de calor. Por lo tanto, el calor de la mano de la estudiante (que está más caliente que la madera o el metal) se transfiere más rápidamente a través del metal, dejándole en su mano una sensación de frío. Si bien ambos objetos están a la misma temperatura, el metal conduce el calor más rápidamente y, por eso, la estudiante siente su mano más fría.

LECCIÓN 11, *págs. 62–63*

1. A; **Nivel de conocimiento:** 2; **Temas:** P.a.3; **Práctica:** SP.1.a, SP.1.b, SP.1.c, SP.3.b, SP.7.a
Las curvas de la gráfica, que muestran que la energía potencial disminuye a la misma tasa a la que aumenta la energía cinética, representan la idea de que la energía total de un sistema es siempre la misma. Todos los objetos pueden tener tanto energía cinética como potencial; no obstante, tal como se muestra en la gráfica, a medida que una disminuye, la otra aumenta.

2. A; **Nivel de conocimiento:** 2; **Temas:** P.a.3; **Práctica:** SP.1.a, SP.1.b, SP.1.c, SP.3.b, SP.7.a
Tal como indican el pasaje y el diagrama, la turbina eólica convierte parte de la energía cinética del viento en energía eléctrica; por lo tanto, el viento tiene mayor energía cinética antes de pasar a través de la turbina, y no después. El viento está en movimiento, por lo que tiene energía cinética, no energía potencial.

3. B; **Nivel de conocimiento:** 2; **Temas:** P.a.3; **Práctica:** SP.1.a, SP.1.b, SP.1.c, SP.3.b, SP.7.a
En tanto haya materiales en la batería para que la reacción continúe, se liberará energía química y se convertirá en energía eléctrica y luego en energía térmica y luminosa a medida que la corriente pasa a través del filamento del foco. Esta energía se disipa en el espacio alrededor del foco, lo que calienta el aire e ilumina las superficies cercanas; no vuelve a la batería como energía química, tal como afirman las opciones de respuesta incorrectas.

4. C; **Nivel de conocimiento:** 2; **Temas:** P.a.3; **Práctica:** SP.1.a, SP.1.b, SP.1.c, SP.3.c, SP.7.a
Una vez que se detiene el flujo de electricidad, también se detiene el cambio de una forma de energía a otra. Toda energía eléctrica del sistema se convierte en energía térmica y luminosa antes de desconectar el cable y no vuelve a convertirse en energía química potencial una vez que la corriente deja de fluir a través del cable. A partir del párrafo puede inferirse que la reacción química en la batería ocurre solamente en un sentido. Esto significa que, al desconectar el cable, no se permite que la reacción se invierta y se reconstituyan los metales de la batería.

LECCIÓN 12, *págs. 64–65*

1. B; **Nivel de conocimiento:** 2; **Temas:** P.a.5; **Práctica:** SP.1.a, SP.1.b, SP.1.c, SP.7.a
Las crestas y las depresiones representan los puntos donde las partículas están más alejadas de su posición de reposo. La longitud de onda se puede medir no solamente de cresta a cresta, sino también de depresión a depresión. El pasaje y el diagrama indican que las partículas se mueven hacia arriba y hacia abajo, mientras que la onda se mueve hacia los costados.

CLAVE DE
RESPUESTAS

2. **Nivel de conocimiento:** 2; **Temas:** P.a.5; **Práctica:** SP.1.a, SP.1.b, SP.1.c, SP.3.b, SP.6.a, SP.6.c, SP.7.a

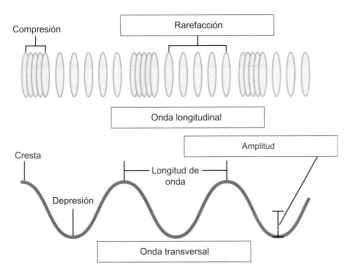

3. **D; Nivel de conocimiento:** 2; **Temas:** P.a.5; **Práctica:** SP.1.a, SP.1.b, SP.1.c, SP.7.a
La lista con viñetas establece que la luz visible es una forma de radiación electromagnética y la ilustración muestra que la luz visible está compuesta por colores. Por lo tanto, puede inferirse que los seres humanos solo pueden ver la luz visible. Los seres humanos no ven otras ondas del espectro de radiación electromagnética.

LECCIÓN 13, *págs. 66–67*
1. **B; Nivel de conocimiento:** 2; **Temas:** P.a.4; **Práctica:** SP.1.a, SP.1.b, SP.1.c, SP.3.b, SP.5.a
El diagrama de flujo muestra la secuencia para la formación de carbón. Por lo tanto, el origen del carbón se muestra en el primer recuadro del diagrama de flujo: el de las plantas. Una vez que se identifican las plantas como el material fuente del carbón, puede utilizarse el pasaje para determinar que las plantas almacenan energía solar como consecuencia de la fotosíntesis. Por lo tanto, la energía del carbón, una sustancia formada a partir de material vegetal, proviene del sol. La turba es un producto que se encuentra a la mitad del proceso de formación del carbón. El sedimento no es una fuente de energía de las plantas; es un agente que actúa sobre las plantas. Al igual que el sedimento, el entierro y la presión actúan sobre las plantas; no son fuentes de energía de las plantas.

2. **D; Nivel de conocimiento:** 2; **Temas:** P.a.4; **Práctica:** SP.1.a, SP.1.b, SP.1.c, SP.3.b, SP.5.a
Solamente los estados que presentan niveles de contaminación del aire por encima del estándar nacional deben presentar planes para reducir esos niveles. Las gráficas muestran que solo los niveles de plomo y ozono igualaban, o superaban, los estándares nacionales en 2010. Por lo tanto, los estados cuyos niveles de ozono y de plomo igualaban o superaban estos niveles tuvieron que presentar planes para reducir esos contaminantes.

3. **C; Nivel de conocimiento:** 3; **Temas:** P.a.4; **Práctica:** SP.1.a, SP.1.b, SP.1.c, SP.3.b, SP.4.a, SP.5.a
Por la tendencia descendente que muestran las gráficas para todos los contaminantes del aire, puede inferirse que es probable que los problemas de salud y las muertes relacionadas con estos contaminantes hayan disminuido. No existe información en el pasaje o en las gráficas que haga referencia al costo de implementación del programa de control del aire de la CAA, o al contaminante que representa el problema más importante en los Estados Unidos. Asimismo, no existe información como para sacar la conclusión de que los Estados Unidos ya no controlarán los contaminantes identificados.

LECCIÓN 14, *págs. 68–69*
1. **B; Nivel de conocimiento:** 1; **Temas:** P.c.1; **Práctica:** SP.2.b, SP.2.d, SP.5.a, SP.7.a
Si una investigación no respalda una hipótesis, el investigador debe buscar errores en el diseño de la investigación, o bien, modificar la hipótesis. En el caso de la investigación de Rutherford, los resultados respaldan la modificación de la hipótesis para establecer que los átomos tienen núcleos con carga positiva. De hecho, Rutherford y otros científicos pusieron a prueba esta hipótesis modificada y, durante el proceso, aprendieron más acerca de la estructura atómica. Resulta poco ético modificar los resultados de una investigación. Un investigador no debe abandonar una investigación porque los resultados no respaldan la hipótesis; por el contrario, debe procurar aprender más mediante la modificación del diseño de la investigación o de la hipótesis misma. Nada en el resultado de la investigación de Rutherford hacía suponer que los átomos no tienen cargas eléctricas.

2. **C; Nivel de conocimiento:** 2; **Temas:** P.b.2; **Práctica:** SP.2.b, SP.3.b, SP.7.a
El hecho de que el investigador use una distancia y un intervalo de tiempo determinados significa que el investigador hace que la aceleración se mantenga "constante" en relación con la ecuación $F = ma$, por lo que el objetivo de la investigación es observar la relación entre la fuerza, la masa y la aceleración. Específicamente, el propósito de la investigación consiste en observar de qué manera el hecho de cambiar la masa de un objeto influye en la cantidad de fuerza que se necesita para moverlo a través de una distancia específica dentro de un determinado intervalo de tiempo; no está relacionada con la cantidad de trabajo realizado, con las relaciones entre las fuerzas ni con la aceleración provocada por la gravedad.

3. **B; Nivel de conocimiento:** 2; **Temas:** P.b.2; **Práctica:** SP.2.e, SP.3.b, SP.7.a
La fuerza cambia como respuesta a un cambio en la masa, por lo que depende de la variable independiente (masa). La masa es la variable que está cambiando el investigador, lo que significa que se trata de la variable independiente. La fricción y la distancia se mantienen constantes, por lo que son factores controlados.

4. **A; Nivel de conocimiento:** 2; **Temas:** P.b.2; **Práctica:** SP.2.e, SP.3.b, SP.7.a
La masa es la variable que el investigador está cambiando, lo que significa que se trata de la variable independiente. La fuerza cambiará como respuesta a un cambio en la masa, por lo que depende de la variable independiente. Si bien la fricción es una fuerza en el sistema, se mantendrá constante, al igual que la distancia.

Clave de respuestas

UNIDAD 2 *(continuación)*

5. **B**; **Nivel de conocimiento:** 2; **Temas:** P.a.4; **Práctica:** SP.3.d, SP.8.a, SP.8.b
El pasaje establece que la media de un conjunto de datos es el promedio, por lo que la media se calcula sumando los valores de un conjunto de datos y, luego, dividiendo la suma entre el número de valores que tiene el conjunto de datos. En este caso, divides 73.7 entre 6 y obtienes 12.3. La cifra *11.1* es uno de los valores del medio del conjunto de datos. La cifra *15.0* es el valor más alto del conjunto de datos. La cifra *73.7* es la suma de los valores del conjunto de datos.

6. **A**; **Nivel de conocimiento:** 3; **Temas:** P.b.2; **Práctica:** SP.2.a, SP.3.b, SP.7.a
Si se hubiera hecho un esfuerzo por reducir la fricción contra la superficie de la rampa, habría trabajado una mínima –o ninguna– fuerza de oposición contra el movimiento descendente de las tapas por la rampa. Habrían llegado juntas a la parte inferior. En tanto se registró y se tuvo en cuenta la masa total de los objetos, la masa de cada arandela era irrelevante. En realidad, una rampa más empinada, o una mayor cantidad de masa, podrían haber aumentado la probabilidad de que las tapas llegaran juntas a la parte inferior.

LECCIÓN 15, *págs. 70–71*
1. **B**; **Nivel de conocimiento:** 2; **Temas:** P.c.4; **Práctica:** SP.2.b, SP.7.a
La hipótesis que afirma que agregar sal al agua salada baja su punto de congelación puede ponerse a prueba y se alinea con la observación. La hipótesis que afirma que agregar sal al agua salada eleva su punto de congelación no se corresponde con la observación. Las hipótesis que afirman que una acción puede o no tener un efecto, pero no especifican el efecto, son demasiado vagas.

2.1 **A**; 2.2 **D**; 2.3 **D**; 2.4 **A**; **Nivel de conocimiento:** 2; **Temas:** P.c.2; **Práctica:** SP.1.a, SP.1.b, SP.1.c, SP.2.c, SP.3.b, SP.4.a, SP.7.a
2.1 El diagrama indica que todos los líquidos tienen un pH menor que 7; por lo tanto, son ácidos. Ninguno tiene un pH mayor que 7. Solamente la leche tiene un pH cercano a 7 y es, por lo tanto, casi neutra. Además, las bases liberan iones hidróxidos en el agua y todos los líquidos son ácidos.
2.2 El diagrama muestra que la investigación puso a prueba los efectos de la acidez en varias especies. Si la investigación hubiese incluido solamente una especie, la conclusión de que los líquidos puestos a prueba amenazan la vida acuática no habría estado respaldada por los datos. La investigación identificó los niveles de pH de varias sustancias, pero con el objetivo de descubrir de qué manera reaccionan varias especies a distintos niveles de acidez y no porque los niveles de pH de las sustancias eran en sí mismos esenciales para la investigación. La investigación no demostró que la leche no es una amenaza para la vida silvestre. La información no da indicio de que la investigación se haya repetido.
2.3 La tabla muestra que las truchas son las primeras en reaccionar a un aumento de la acidez.
2.4 Los datos muestran el efecto de aumentar la acidez en miembros de la parte inferior de la mayoría de las cadenas alimenticias. No hay relación entre la investigación y el sistema digestivo humano. La tabla muestra que el jugo de tomate es suficientemente ácido para matar muchos organismos acuáticos y, como tal, no sería apropiado como fuente de nutrientes para ellos. Por último, los datos de la tabla tratan acerca de la toxicidad y no de las preferencias alimenticias.

REPASO DE LA UNIDAD 2, *págs. 72–79*
1. **A**; **Nivel de conocimiento:** 1; **Temas:** P.c.1; **Práctica:** SP.1.a, SP.1.b, SP.1.c, SP.7.a
El fragmento de la tabla periódica muestra que el número atómico para el silicio es 14. El número atómico de un elemento identifica el número de protones de un átomo del elemento, por lo que cada átomo de silicio tiene 14 protones. El número de protones de los átomos de un elemento no varía, por lo que no se puede calcular una cantidad promedio de protones. La masa atómica promedio del silicio, no el número de protones de un átomo de silicio, es 28.09. La tabla periódica no indica cuántos neutrones hay en un átomo de un elemento porque el número de neutrones es variable.

2. **A**; **Nivel de conocimiento:** 2; **Temas:** P.c.1; **Práctica:** SP.1.a, SP.1.b, SP.1.c, SP.3.b, SP.7.a
La masa atómica varía entre los átomos de un elemento porque el número de neutrones de los átomos de un elemento es variable. El número de protones y electrones de un átomo de un elemento es fijo, lo que significa que la masa de protones o la masa de electrones no es variable.

3. **C**; **Nivel de conocimiento:** 1; **Temas:** P.b.3; **Práctica:** SP.1.a, SP.1.b, SP.7.a, SP.7.b
La VM se calcula dividiendo la fuerza de salida entre la fuerza de entrada. La fuerza de salida necesaria para mover un objeto que pesa 1,800 N sería de 1,800 N, y 1,800 dividido entre 600 es igual a 3. Se puede llegar a las opciones de respuesta incorrectas a través de cálculos incorrectos o debido a una aplicación incorrecta de la fórmula.

4. **C**; **Nivel de** conocimiento: 2; **Temas:** P.c.1; **Práctica:** SP.1.b, SP.1.c, SP.7.a
Las líneas del modelo de una molécula indican enlaces covalentes entre átomos, por lo que la estructura del modelo indica que representa el enlace covalente de un átomo de carbono con dos átomos de oxígeno. Los enlaces covalentes se producen cuando los átomos comparten electrones, por lo que el modelo muestra que un átomo de carbono y dos átomos de oxígeno comparten electrones. Los enlaces covalentes implican compartir electrones, no perder ni ganar electrones, por lo que ni el átomo de carbono ni los átomos de oxígeno pierden o ganan electrones. Las líneas del modelo son representativas de un enlace covalente y no representaciones literales de las estructuras de una molécula.

5. **Nivel de conocimiento:** 3; **Temas:** P.c.2; **Práctica:** SP.1.a, SP.1.b, SP.1.c, SP.3.a, SP.3.b, SP.6.c, SP.7.a
Respuesta posible:
Ⓐ La investigación muestra que el polvo A es cloruro de sodio porque, al añadirlo al agua, el polvo no experimenta ninguna reacción química visible, sino simplemente un cambio físico. La investigación muestra que el polvo B es sulfato de cobre porque, al añadirlo al agua, experimenta un cambio químico. Ⓑ Entre las evidencias del cambio químico se incluyen los cambios visibles de las propiedades físicas: cambio en el color y cambio en la temperatura.
Ⓐ La respuesta identifica qué polvo es cloruro de sodio y cuál es sulfato de cobre.
Ⓑ La conclusión acerca de la identificación de las sustancias está apoyada por observaciones identificadas en la tabla.

6. **B**; **Nivel de conocimiento:** 2; **Temas:** P.a.2; **Práctica:** SP.1.a, SP.3.b, SP.7.a
Cuando el estudiante combina el ácido cítrico con el bicarbonato de sodio en una bolsa de plástico, la bolsa se siente más fría porque se trata de una reacción endotérmica. La reacción absorbe calor de la mano del estudiante. Las reacciones químicas que producen una fogata, las que calientan los calentadores para las manos y las que ocurren cuando se combinan el azúcar, el agua y el ácido sulfúrico, liberan energía en forma de luz o calor, por lo que se trata de reacciones exotérmicas.

7. **B**; **Nivel de conocimiento:** 2; **Temas:** P.a.1; **Práctica:** SP.1.a, SP.1.b, SP.2.b, SP.3.b, SP.7.a

Si trabajas desde atrás hacia adelante a partir de la observación y a partir del diseño de la investigación de la estudiante, puedes determinar su hipótesis. Su observación acerca de que los puntos de cera de vela se derriten en orden, del punto más cercano a la fuente de calor al punto más alejado de la fuente de calor, indica que el calor fluye desde la materia más caliente hacia la materia más fría. Y, como en su diseño de investigación incluyó el uso de una varilla de metal (cobre), puedes determinar que estaba poniendo a prueba la hipótesis de que el calor fluye desde las partes más calientes de un objeto de metal hacia las partes más frías de un objeto de metal. El diseño de la investigación sí muestra la transferencia de calor en un sólido; no obstante, la hipótesis de que el calor fluye desde las partes más calientes de un sólido hacia las partes más frías de un sólido no es tan específica como la hipótesis acerca de la transferencia de calor en un metal. La estudiante no compara el cobre con ninguna otra materia, por lo que no está comparando la capacidad de conducción de calor de diferentes metales. El tipo de transferencia de calor que derrite la cera es la conducción, por lo que la hipótesis de la estudiante no está relacionada con la radiación.

8. **D**; **Nivel de conocimiento:** 3; **Temas:** P.a.1; **Práctica:** SP.1.a, SP.1.b, SP.2.a, SP.2.c, SP.3.b, SP.5.a, SP.7.a

Es probable que el estudiante no haya controlado el tamaño de los puntos de cera y que el punto de cera que está más alejado de la llama parezca derretirse más rápido porque es más pequeño que el punto de cera más cercano a la llama. La transferencia de calor dentro del punto más pequeño hace que se derrita más rápidamente. Incluso si la llama produjera más calor más adelante en la investigación, o si el estudiante usara una varilla de metal más larga para la investigación, ninguna de las dos situaciones produciría necesariamente el resultado observado por el estudiante; si los puntos de cera fueran iguales, igual se derretirían en orden, del punto más cercano a la fuente de calor al punto más alejado de la fuente de calor. El estudiante usó una vela para producir los puntos de cera, por lo que los puntos son del mismo tipo de cera.

9. **A**; **Nivel de conocimiento:** 3; **Temas:** P.c.2; **Práctica:** SP.1.a, SP.1.b, SP.2.d, SP.7.a

Para comparar la conductividad de los metales, un investigador tendría que usar distintos tipos de metales (variable independiente) y luego observar los cambios en sus temperaturas (variable dependiente) con el tiempo. Para comparar la conductividad de los metales, la investigación debería incluir varillas de distintos metales y no dos varillas del mismo metal o una varilla de metal y una varilla de vidrio. Independientemente de que uno de los metales sea mejor conductor que el otro, los puntos de cera ubicados en varillas de distintos metales se derretirán en orden, partiendo desde el punto más cercano a la fuente de calor, debido al modo en que se transfiere el calor dentro de un sólido.

10. **B**; **Nivel de conocimiento:** 2; **Temas:** P.c.2; **Práctica:** SP.1.a, SP.1.b, SP.3.a, SP.3.b, SP.7.a

El hecho de que se despida una nube violeta es evidencia de una reacción química porque existe liberación de energía y cambio de color. Que haga contacto con la pluma parece disparar una reacción química, pero no es, sin embargo, evidencia de ello. Las cualidades de estar compuesto por dos elementos distintos y de conservar la composición química no son evidencia de reacciones químicas.

11. **D**; **Nivel de conocimiento:** 1; **Temas:** P.c.3; **Práctica:** SP.1.a, SP.1.b, SP.1.c, SP.3.b, SP.7.a

La reacción descripta está representada por una ecuación que muestra el triyoduro de nitrógeno (NI_3) como el reactante y que se mantiene equilibrada al tener el mismo número de átomos de nitrógeno (dos) y de átomos de yoduro (seis) a cada lado. Las opciones de respuesta incorrectas identifican reactantes incorrectos o no están equilibradas.

12. **A**; **Nivel de conocimiento:** 2; **Temas:** P.c.3; **Práctica:** SP.1.a,

La descripción corresponde a una reacción de descomposición porque una sustancia (triyoduro de nitrógeno) experimenta una reacción y se convierte en dos sustancias (nitrógeno y yoduro). Una reacción de síntesis se produce cuando se combinan múltiples sustancias. Las reacciones de sustitución simple y de sustitución doble implican la sustitución de una sustancia con otra.

13. **A**; **Nivel de conocimiento:** 3; **Temas:** P.c.4; **Práctica:** SP.1.a, SP.1.b, SP.1.c, SP.3.c, SP.3.d, SP.7.a

El pasaje establece que la solubilidad generalmente aumenta a medida que aumenta la temperatura, por lo que el estudiante puede predecir que la solución que se calentó a una temperatura mayor tendrá mayor solubilidad. La cantidad de KNO_3 en la solución no cambia según el cambio de temperatura. A mayores temperaturas, más KNO_3 podrá disolverse en la solución debido a que la solución tiene mayor solubilidad. El pasaje establece que el estudiante calentará la solución en el vaso de precipitados B a una temperatura mayor, no menor, que la de la solución en el vaso de precipitados A.

14. **D**; **Nivel de conocimiento:** 2; **Temas:** P.a.4; **Práctica:** SP.1.a, SP.1.b, SP.1.c, SP.3.b, SP.7.a

El diagrama de flujo muestra que el calor y la presión convierten al querógeno en petróleo. Por lo tanto, el querógeno en sí no ha sido sometido al calor y la presión necesarios como para convertirse en petróleo. El pasaje explica de qué manera el querógeno se convierte en petróleo, por lo que el querógeno contiene los componentes necesarios para ser petróleo y, como tal, puede utilizarse en aplicaciones prácticas. El hecho de que el querógeno está en forma sólida cuando se lo extrae no es a lo que se refiere la frase "no se cocina completamente".

15. **C**; **Nivel de conocimiento:** 2; **Temas:** P.a.4; **Práctica:** SP.1.a, SP.1.b, SP.1.c, SP.3.b, SP.7.a

El pasaje explica que el querógeno está contenido en el esquisto bituminoso, por lo que el diagrama de flujo sugiere que el esquisto bituminoso se forma en el paso 5 como consecuencia del calor y la presión moderados que convierten a los organismos muertos en querógeno.

16. **A**; **Nivel de conocimiento:** 3; **Temas:** P.a.4; **Práctica:** SP.1.a, SP.1.b, SP.1.c, SP.3.b, SP.7.a

El diagrama de flujo muestra que el querógeno experimenta calor y presión para convertirse en petróleo y el pasaje establece que un proceso llamado retorta transforma el querógeno en un aceite, por lo que se puede deducir que la retorta también implica estos procesos. La formación del petróleo incluye organismos muertos, a diferencia del proceso de retorta. El proceso de retorta funde el querógeno (mediante el uso de calor y presión), pero el pasaje explica que el refinamiento ocurre luego de la retorta. El proceso de retorta comienza con el esquisto bituminoso y culmina con el petróleo, pero el proceso en sí implica el uso de calor y presión.

17. **Nivel de conocimiento:** 2; **Temas:** P.b.1; **Práctica:** SP.1.a, SP.1.b, SP.6.b, SP.7.a, SP.7.b, SP.8.b

La aceleración del carro es **+6 m/s²**; se llega al resultado luego de efectuar el cálculo para hallar la aceleración o desaceleración: se resta la velocidad inicial de la velocidad final y, luego, se divide el resultado entre la cantidad de tiempo.

18. **Nivel de conocimiento:** 2; **Temas:** P.b.1; **Práctica:** SP.1.a, SP.1.b, SP.6.b, SP.7.a, SP.7.b, SP.8.b

La desaceleración del carro es **−2 m/s²**; se llega al resultado luego de efectuar el cálculo para hallar la aceleración o desaceleración: se resta la velocidad inicial de la velocidad final y, luego, se divide el resultado entre la cantidad de tiempo.

Clave de respuestas

UNIDAD 2 *(continuación)*

19. Nivel de conocimiento: 2; **Temas:** P.b.1; **Práctica:** SP.1.a, SP.1.b, SP.6.b, SP.7.a, SP.7.b, SP.8.b
La aceleración del carro es de **0 m/s²**; se llega al resultado luego de efectuar el cálculo para hallar la aceleración o desaceleración: se resta la velocidad inicial de la velocidad final y, luego, se divide el resultado entre la cantidad de tiempo. Una velocidad constante significa que no existe aceleración.

20. Nivel de conocimiento: 2; **Temas:** P.a.5; **Práctica:** SP.1.a, SP.1.b, SP.1.c, SP.7.a

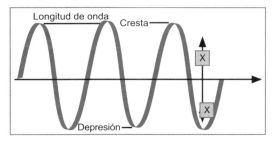

21. Nivel de conocimiento: 2; **Temas:** P.a.5; **Práctica:** SP.1.a, SP.1.b, SP.1.c, SP.7.a

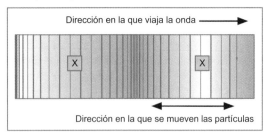

22.1 A; **22.2 C**; **22.3 D**; **22.4 C**; **Nivel de conocimiento:** 2; **Temas:** P.a.3; **Práctica:** SP.1.a, SP.1.b, SP.1.c, SP.3.b, SP.7.a
22.1 La energía cinética es energía en movimiento. La energía química es una forma de energía almacenada que se encuentra en la materia. La energía térmica es la energía del calor. La energía eléctrica es el flujo de cargas eléctricas a través de un conductor, como un cable.
22.2 La energía potencial está presente en un objeto debido a su ubicación y el carro está en la posición más alta en el punto A. La energía química es una forma de energía almacenada que se encuentra en la materia. La energía mecánica es una combinación de energía cinética y potencial. La energía cinética es la energía del movimiento.
22.3 A medida que un objeto desciende, su energía cambia de potencial a cinética. Por lo tanto, a medida que el carro desciende, va perdiendo energía potencial y ganando energía cinética. El momento lineal se halla multiplicando la masa de un objeto por su velocidad y no está relacionado con formas de energía cambiantes. La energía de un objeto cambia de potencial a cinética, no de cinética a potencial, a medida que el objeto desciende. La gravitación es una fuerza, no un tipo de energía.
22.4 En su punto más bajo del camino, o punto C, el carro tiene la menor cantidad de energía potencial, pero la mayor cantidad de energía cinética.

23. B; Nivel de conocimiento: 2; **Temas:** P.c.2; **Práctica:** SP.1.a, SP.1.b, SP.1.c, SP.7.a
El pasaje establece que, a temperatura ambiente, el dióxido de carbono cambia de sólido a gas y el diagrama de fases indica que la sublimación es lo que ocurre cuando una sustancia cambia directamente de sólido a gas. Por lo tanto, la información respalda la conclusión acerca de que el dióxido de carbono sólido (hielo seco) se sublima a temperatura ambiente y a presión estándar. El hielo seco es dióxido de carbono sólido y el vapor de agua es agua en estado gaseoso: son dos sustancias diferentes, por lo que el hielo seco no se puede evaporar en vapor de agua. El pasaje explica que el hielo seco no se convierte en niebla; sucede que, cuando el hielo seco se convierte en un gas, se observa niebla. El diagrama de fases indica que el hielo seco se sublima a temperatura ambiente y a presión estándar; no se derrite.

24. D; Nivel de conocimiento: 2; **Temas:** P.c.2; **Práctica:** SP.1.a, SP.1.b, SP.1.c, SP.7.a
El diagrama de fases indica que, de las combinaciones de presión atmosférica y temperatura que se enumeran, el dióxido de carbono es un líquido cuando la presión es de 100 atm y la temperatura es −20 °C. En todas las demás combinaciones de presión atmosférica y temperatura, el dióxido de carbono es un sólido o un gas.

25. Nivel de conocimiento: 2; **Temas:** P.a.1; **Práctica:** SP.1.a, SP.1.b, SP.1.c, SP.6.a, SP.6.c, SP.7.b

Aumento de la energía cinética	Disminución de la energía cinética
Las partículas se aceleran.	La temperatura baja.
El calor se transfiere hacia adentro.	Las partículas se frenan.
El volumen aumenta.	El calor se transfiere hacia afuera.
La temperatura se eleva.	El volumen se reduce.

26. A; Nivel de conocimiento: 1; **Temas:** P.b.2; **Práctica:** SP.1.a, SP.1.b, SP.1.c, SP.3.b, SP.7.a, SP.7.b
La fuerza neta que actúa sobre la caja se determina sumando los valores de todas las fuerzas que actúan sobre la caja: 500 N más 500 N menos 600 N es igual a 400 N. Se puede llegar a las opciones de respuesta incorrectas a través de cálculos incorrectos o debido a una aplicación incorrecta de los valores en la fórmula.

27. C; Nivel de conocimiento: 2; **Temas:** P.b.2; **Práctica:** SP.1.a, SP.1.b, SP.2.e, SP.3.b, SP.7.a
La frecuencia de oscilación es la variable dependiente porque es la variable que se espera que cambie como respuesta a la manipulación de la variable independiente. La longitud de la cuerda es la variable independiente (la que se cambia a propósito). La masa del péndulo y el ángulo de oscilación deben mantenerse constantes y no son, por lo tanto, ni dependientes ni independientes.

28. A; Nivel de conocimiento: 2; **Temas:** P.b.2; **Práctica:** SP.1.a, SP.1.b, SP.2.e, SP.3.b, SP.6.a, SP.7.a
La longitud de la cuerda es la variable independiente porque es la que se cambia a propósito. La masa del péndulo y el ángulo de oscilación deben mantenerse constantes y no son, por lo tanto, ni dependientes ni independientes. La frecuencia de oscilación es la variable que se espera que cambie como respuesta al cambio de la variable independiente.

29. **C**; **Nivel de conocimiento:** 2; **Temas:** P.a.3; **Práctica:** SP.1.a, SP.1.b, SP.1.c, SP.3.b, SP.7.a
El pasaje y la ilustración indican que la turbina gira, lo que hace que el generador produzca electricidad. La acción de giro de la turbina representa energía cinética porque la turbina está en movimiento. La energía química almacenada en el carbón se libera en forma de calor. El generador produce energía eléctrica.

30. **A**; **Nivel de conocimiento:** 2; **Temas:** P.a.3; **Práctica:** SP.1.a, SP.1.b, SP.1.c, SP.3.b, SP.7.a
La energía química almacenada en el carbón se libera en forma de energía térmica, o calor; el calor se utiliza para producir la energía mecánica del sistema de turbinas que giran; y se libera energía eléctrica por el giro de la paleta del generador. Las opciones de respuesta incorrectas presentan las transformaciones de energía en un orden incorrecto.

31. **Nivel de conocimiento:** 2; **Temas:** P.b.1; **Práctica:** SP.1.a, SP.1.b, SP.6.b, SP.7.a, SP.7.b, SP.8.b
El momento lineal es igual a la masa multiplicada por la velocidad y, como se trata de una cantidad vectorial, también debe especificar el sentido. Por lo tanto, el momento lineal del objeto descripto es **2,500 kg • m/s hacia el Este**.

32. **Nivel de conocimiento:** 2; **Temas:** P.b.1; **Práctica:** SP.1.a, SP.1.b, SP.3.b, SP.6.b, SP.7.a, SP.7.b, SP.8.b
El momento lineal se conserva; por lo tanto, el segundo objeto también tiene un momento lineal de 2,500 kg • m/s hacia el Este. El momento lineal es la masa multiplicada por la velocidad. La masa del segundo objeto es 20 kg. La velocidad del objeto es, por lo tanto, el momento lineal del objeto dividido entre su masa: $\frac{2,500 \text{ kg • m/s hacia el Este}}{20 \text{ kg}}$, o **125 m/s hacia el Este**.

33. **B**; **Nivel de conocimiento:** 1; **Temas:** P.b.1; **Práctica:** SP.1.a, SP.1.b, SP.7.a, SP.7.b, SP.8.b
La rapidez es la distancia total recorrida dividida entre el tiempo necesario para viajar. En este caso, la distancia es de 600 metros y el tiempo es 600 segundos; por lo tanto, la rapidez promedio es 1 m/s. Se puede llegar a las opciones de respuesta incorrectas a través de cálculos incorrectos o debido a una aplicación incorrecta de los valores en la fórmula.

34. **A**; **Nivel de conocimiento:** 2; **Temas:** P.b.1; **Práctica:** SP.1.a, SP.1.b, SP.7.a, SP.7.b, SP.8.b
La velocidad es el desplazamiento total dividido entre el tiempo necesario para viajar. En este caso, el desplazamiento es igual a 0; por lo tanto, la velocidad promedio también es igual a 0. Se puede llegar a las opciones de respuesta incorrectas a través de cálculos incorrectos o debido a una aplicación incorrecta de los valores en la fórmula.

35. **B**; **Nivel de conocimiento:** 1; **Temas:** P.b.2; **Práctica:** SP.1.a, SP.1.b, SP.1.c, SP.3.b, SP.7.a
Las flechas del diagrama indican que las fuerzas hacia arriba y hacia abajo aplicadas sobre la caja están equilibradas y que la fuerza que actúa sobre la caja desde la derecha (representada por la flecha vectorial que apunta hacia la izquierda) es mayor que la fuerza de la fricción (representada por la flecha vectorial que apunta hacia la derecha). Por lo tanto, el resultado de la fuerza neta desequilibrada sobre la caja es que la caja se moverá hacia la izquierda.

36. **D**; **Nivel de conocimiento:** 2; **Temas:** P.a.4; **Práctica:** SP.1.a, SP.1.b, SP.3.d, SP.8.a, SP.8.b
La media de un conjunto de datos es el promedio y se calcula sumando los valores de un conjunto de datos y, luego, dividiendo el total entre la cantidad de valores en el conjunto de datos. En este caso, divides 3,280 (la suma de los valores del conjunto de datos) entre 7 (el número de valores en el conjunto de datos) y obtienes 468.57, que puede redondearse a 469. La cifra *3,280* representa la suma de los valores del conjunto de datos. La cifra *520* es el valor más alto del conjunto de datos. La cifra *475* es la mediana del conjunto de datos, o el valor medio del conjunto de datos.

UNIDAD 3 CIENCIAS DE LA TIERRA Y DEL ESPACIO

LECCIÓN 1, *págs. 82–83*
1. **C**; **Nivel de conocimiento:** 2; **Temas:** ES.c.1; **Práctica:** SP.1.a, SP.1.b, SP.3.b, SP.7.a
Un Big Bang explosivo habría causado el alejamiento de las galaxias, lo que significa que están más alejadas unas de otras ahora que hace 50 años. No hay indicio en el pasaje que afirme que la Vía Láctea es el centro del universo y, en realidad, otros descubrimientos científicos demuestran que esta idea es falsa. El Big Bang habría causado que las galaxias se alejaran, no que se acercaran. Los datos presentados en el pasaje no respaldan la idea de que ocurrirá un segundo Big Bang.

2. **C**; **Nivel de conocimiento:** 2; **Temas:** ES.c.1; **Práctica:** SP.1.a, SP.1.b, SP.1.c
La línea de datos de la gráfica indica que, según la teoría de Hubble, la velocidad aumenta con la distancia. La línea de datos de la gráfica no muestra que todas las galaxias se mueven a la misma velocidad, o que las galaxias más cercanas a la Tierra se mueven más rápidamente. La gráfica no muestra una relación entre la velocidad y la masa.

3. **A**; **Nivel de conocimiento:** 2; **Temas:** ES.c.1; **Práctica:** SP.1.a, SP.1.b, SP.1.c, SP.3.a, SP.4.a
La energía que se mueve hacia el rojo indica alejamiento y el Big Bang habría causado el alejamiento de las galaxias. El término *movimiento hacia el rojo* se refiere a la velocidad y al sentido del movimiento, no a la temperatura. La observación de Hubble de las galaxias que se mueven hacia el rojo no es indicio de la edad de las galaxias. Tampoco demuestra que las galaxias se estén acercando unas a otras, sino todo lo contrario.

4. **B**; **Nivel de conocimiento:** 1; **Temas:** ES.b.4; **Práctica:** SP.1.a, SP.1.b, SP.1.c, SP.7.a
La primera oración del pasaje establece que la teoría de las placas tectónicas explica la estructura de la Tierra. Las opciones de respuesta incorrectas enumeran temas –composición de las capas de la Tierra, densidad de la corteza terrestre, formación de los océanos– que no se tratan en detalle en el pasaje.

LECCIÓN 2, *págs. 84–85*
1. **C**; **Nivel de conocimiento:** 2; **Temas:** ES.c.1; **Práctica:** SP.1.a, SP.1.b, SP.1.c
El punto principal del pasaje es que el universo está organizado en varios tipos de galaxias. El pasaje también describe los elementos principales de una galaxia. Por lo tanto, un resumen apropiado haría lo mismo. Las opciones de respuesta incorrectas repiten información que es interesante, pero que solo representa detalles adicionales del pasaje.

2. **D**; **Nivel de conocimiento:** 2; **Temas:** ES.c.1, ES.c.2; **Práctica:** SP.1.a, SP.1.b, SP.1.c, SP.7.a
Un título debe reflejar la idea principal de un pasaje. El pasaje identifica la estructura del Sol y brinda detalles acerca de las capas que forman esta estructura. Si bien se menciona la temperatura del núcleo del Sol, no representa la idea principal del pasaje. Además, el pasaje no explica completamente los detalles sobre el funcionamiento de la fusión nuclear. El Sol es la única parte del sistema solar que se trata en detalle en el pasaje.

Clave de respuestas

UNIDAD 3 *(continuación)*

3. **B**; **Nivel de conocimiento:** 2; **Temas:** ES.c.1; **Práctica:** SP.1.a, SP.1.b, SP.1.c, SP.7.a
El enunciado que identifica con mayor precisión la idea principal y los detalles clave del pasaje y de la ilustración es el resumen más apropiado. Si bien las opciones de respuesta incorrectas contienen detalles interesantes, no tienen las ideas clave que deben formar parte de un resumen, o bien hacen una afirmación que no está directamente relacionada con el texto del pasaje.

4. **A**; **Nivel de conocimiento:** 2; **Temas:** ES.c.1; **Práctica:** SP.1.a, SP.1.b, SP.7.a
El pasaje trata sobre el ciclo de vida de una estrella. Por lo tanto, el punto acerca de cómo se forman las estrellas sería el dato más importante, pues explica el comienzo del ciclo de vida de una estrella. Las opciones de respuesta incorrectas contienen datos acerca de las estrellas. No obstante, son datos que no ayudan a explicar las etapas del ciclo de vida de una estrella, que es la idea principal del pasaje.

5. **B**; **Nivel de conocimiento:** 2; **Temas:** ES.c.1; **Práctica:** SP.1.a, SP.1.b, SP.7.a
El mejor título es "El ciclo de vida de una estrella" debido a que el pasaje describe la secuencia completa de la vida de una estrella. El título acerca de la muerte de una estrella se refiere solamente a una etapa del ciclo de vida de una estrella. Además, el pasaje no trata únicamente acerca de la energía de una estrella, si bien el tema se trata brevemente. El título acerca del nacimiento de una estrella se refiere solamente a una etapa del ciclo de vida de una estrella.

LECCIÓN 3, *págs. 86–87*
1. **B**; **Nivel de conocimiento:** 1; **Temas:** ES.c.2; **Práctica:** SP.1.a, SP.1.b, SP.1.c, SP.7.a
Al mostrar cómo la rotación de la Tierra sobre su propio eje hace que distintas partes de la Tierra reciban luz solar en distintos momentos, el diagrama indica que la rotación de la Tierra sobre su eje crea el patrón del día y la noche. La fusión nuclear en el núcleo del Sol proporciona energía que ilumina a la Tierra durante el día, pero no crea el patrón del día y la noche. Si bien el aparente movimiento diario del Sol a través del cielo es causado por la rotación de la Tierra, esto no da origen al patrón del día y la noche. El giro de la Tierra alrededor del Sol crea un patrón anual, no diario.

2. **A**; **Nivel de conocimiento:** 2; **Temas:** ES.c.1, ES.c.2; **Práctica:** SP.1.a, SP.1.b, SP.1.c, SP.3.a, SP.7.a
La diferencia de temperatura entre las partes interiores y exteriores del sistema solar incidió en las sustancias que se fusionaron y formaron los planetas. El tamaño de la galaxia no fue un factor influyente en la formación de los planetas. No existe indicio en el pasaje que afirme que un grupo de planetas tuvo más tiempo para desarrollarse que el otro; si todos los planetas se desarrollaron a partir del mismo disco de gas y polvo alrededor del Sol recién formado, es lógico asumir que todos se desarrollaron aproximadamente en el mismo momento. La temperatura aumenta, no disminuye, si nos movemos desde la parte exterior hacia la parte interior del sistema solar.

3. **D**; **Nivel de conocimiento:** 2; **Temas:** ES.c.1, ES.c.2; **Práctica:** SP.1.a, SP.1.b, SP.1.c, SP.3.b, SP.7.a
Los rótulos de la ilustración indican que los planetas exteriores están compuestos por sustancias más livianas y menos densas que los planetas interiores. Según la ilustración en la que se comparan un planeta interior y un planeta exterior, el núcleo constituye un porcentaje mucho mayor en un planeta interior que en un planeta exterior. El pasaje establece que los planetas interiores son cuerpos pequeños y rocosos. Los planetas exteriores son mucho más grandes que los planetas interiores, un dato reforzado tanto por la ilustración como por el pasaje.

4. **A**; **Nivel de conocimiento:** 3; **Temas:** ES.c.2; **Práctica:** SP.1.a, SP.1.b, SP.1.c, SP.3.a, SP.7.a
El diagrama muestra dos bultos de agua formados en lados opuestos de la Tierra. Cuando cada bulto atraviesa un área, se produce una marea alta. Las áreas entre los bultos son depresiones y, a medida que cada una de ellas atraviesa la misma área, se produce una marea baja. Las opciones de respuesta incorrectas no están respaldadas ni por el diagrama ni por el pasaje.

LECCIÓN 4, *págs. 88–89*
1. **A**; **Nivel de conocimiento:** 2; **Temas:** ES.b.4; **Práctica:** SP.1.a, SP.1.b, SP.1.c, SP.3.b, SP.7.a
La litosfera es más gruesa que la corteza porque, según el diagrama, la litosfera está compuesta tanto por la corteza como por la parte superior del manto. El diagrama no hace referencia a la temperatura del núcleo interno. Si bien el núcleo externo es líquido (sustancias fundidas), el texto establece que el manto es roca sólida. El diagrama muestra que la litosfera y la astenosfera tienen composiciones diferentes: roca más fría y quebradiza y roca más caliente y blanda, respectivamente.

2. **A**; **Nivel de conocimiento:** 2; **Temas:** ES.c.3; **Práctica:** SP.1.a, SP.1.b, SP.1.c, SP.3.b, SP.7.a
Según el diagrama, el fósil de los peces sin mandíbulas se encuentra en las capas de roca rotuladas como "Era Paleozoica". Más precisamente, se muestra aproximadamente en el centro de la capa Paleozoica, lo que indica que esta especie animal apareció por primera vez a mediados, y no a fines, de la Era Paleozoica. No pertenece a la Era Mesozoica ni a la Era Cenozoica.

3. **B**; **Nivel de conocimiento:** 2; **Temas:** ES.b.4; **Práctica:** SP.1.a, SP.1.b, SP.1.c, SP.3.b, SP.7.a
El rótulo del diagrama que describe la fundición de la roca en la litosfera indica que los volcanes se forman cuando se funde la litosfera. El diagrama indica que los volcanes se forman cuando una placa se hunde y se coloca debajo de otra. Los volcanes del diagrama están cerca, no lejos, del océano (la parte azul del diagrama). Ningún elemento del diagrama indica que el material de un volcán proviene de la parte más baja del manto.

LECCIÓN 5, *págs. 90–91*
1. **D**; **Nivel de conocimiento:** 2; **Temas:** ES.b.2; **Práctica:** SP.1.a, SP.1.b, SP.1.c, SP.7.a
Las flechas que apuntan a organismos en una red alimenticia indican de qué se alimentan los organismos. En un ecosistema, los productores son aquellos organismos que pueden crear su propio alimento. No hay ninguna flecha que apunte al fitoplancton en esta red alimenticia, lo que significa que el fitoplancton produce su propio alimento. El bacalao, la orca y el zooplancton son consumidores; obtienen alimento y energía alimentándose de otros organismos en lugar de producirlos ellos mismos.

2. **C**; **Nivel de conocimiento:** 2; **Temas:** ES.a.3; **Práctica:** SP.1.a, SP.1.b, SP.1.c, SP.3.b, SP.7.a
La energía del movimiento del agua, o energía cinética, se transforma en la energía de la corriente eléctrica producida por el generador. La energía de las mareas es energía cinética porque es la energía del agua en movimiento; no se trata de energía potencial, eléctrica ni térmica.

3. **B**; **Nivel de conocimiento:** 2; **Temas:** ES.a.3; **Práctica:** SP.1.a, SP.1.b, SP.1.c, SP.3.b, SP.7.a
Una fuente de energía renovable es aquella que nunca se consumirá y que se renueva de forma constante. Como parte del ciclo continuo del agua en la Tierra, el agua de los océanos jamás se agotará. Una fuente de energía no renovable es finita. El movimiento del agua del océano no libera dióxido de carbono. La energía que produce el agua del océano solamente puede usarse en ciertas áreas costeras.

4. **C**; **Nivel de conocimiento:** 1; **Temas:** ES.a.3; **Práctica:** SP.1.a, SP.1.b, SP.3.b. SP.7.a
La fusión nuclear implica la unión de átomos; por lo tanto, la fusión nuclear que se trata en el pasaje requiere la unión de los átomos de deuterio y los átomos de tritio para liberar energía. La división de átomos es una fisión más que una fusión. Calentar una sustancia hasta que alcanza su punto de ebullición produce un cambio de estado; no fusiona átomos. No hay indicio que afirme que el tritio puede producir deuterio.

LECCIÓN 6, *págs. 92–93*
1. **D**; **Nivel de conocimiento:** 1; **Temas:** ES.b.1; **Práctica:** SP1.a, SP.1.b, SP.1.c
El dióxido de carbono constituye el 0.0387 por ciento de la atmósfera de la Tierra y el metano constituye el 0.00015 por ciento de la atmósfera de la Tierra. Por lo tanto, en conjunto, constituyen menos del 1 por ciento de la atmósfera de la Tierra. Las opciones de respuesta incorrectas pueden surgir a partir de una interpretación incorrecta de la gráfica.

2. **D**; **Nivel de conocimiento:** 2; **Temas:** ES.b.1; **Práctica:** SP.1.a, SP.1.b, SP.1.c, SP.7.a
En el diagrama, ciertas flechas que representan la energía proveniente del Sol tocan la Tierra, y otras cambian de dirección cuando entran en contacto con la atmósfera de la Tierra, lo que indica que parte de la energía solar llega y es absorbida por la superficie de la Tierra y que otra parte la refleja la atmósfera. El diagrama muestra que no toda la energía proveniente del Sol alcanza la Tierra.

3. **A**; **Nivel de conocimiento:** 2; **Temas:** ES.b.1; **Práctica:** SP.1.a, SP.1.b, SP.7.a
El pasaje explica que los gases invernadero conservan dentro de la atmósfera parte de la energía infrarroja que se emite desde la Tierra, por lo que las flechas que salen de la Tierra y se doblan nuevamente hacia ella representan el efecto de los gases invernadero. Las flechas que salen desde el Sol hacia la superficie de la Tierra representan la energía proveniente del Sol que llega a la superficie de la Tierra. Las flechas que salen del Sol y se doblan en la atmósfera de la Tierra representan la energía proveniente del Sol que refleja la atmósfera de la Tierra. Las flechas que señalan hacia afuera de la superficie de la Tierra sin doblarse representan la energía infrarroja que se emite desde la Tierra y que no se conserva dentro de la atmósfera de la Tierra.

4. **B**; **Nivel de conocimiento:** 2; **Temas:** ES.b.3; **Práctica:** SP.1.a, SP.1.b, SP.1.c
El mapa muestra que los vientos del oeste soplan a lo largo de la mayor parte continental de los Estados Unidos. Las opciones de respuesta incorrectas pueden surgir a partir de una interpretación incorrecta del mapa.

5. **B**; **Nivel de conocimiento:** 2; **Temas:** ES.b.3; **Práctica:** SP.1.a, SP.1.b, SP.1.c, SP.3.b
Todas las flechas del mapa apuntan desde las áreas marcadas como "Altas" hacia las áreas marcadas como "Bajas", lo que indica que el aire se desplaza desde áreas de alta presión hacia áreas de presión más baja. El mapa indica que solo parte del aire se desplaza hacia la calma ecuatorial de la Tierra y que el aire no se desplaza hacia áreas de alta presión.

LECCIÓN 7, *págs. 94–95*
1. **A**; **Nivel de conocimiento:** 2; **Temas:** ES.a.1, ES.a.3, ES.b.3; **Práctica:** SP.1.a, SP.1.b, SP.3.a, SP.4.a
El pasaje establece que el suelo es esencial para la vida vegetal y, por lo tanto, para la vida animal. Por ende, el suelo es necesario para nuestra supervivencia. Los datos que afirman que los cultivos intensivos aumentan la erosión y que las condiciones de sequía pueden destruir las áreas de vegetación son factores que contribuyen al problema de la pérdida del suelo, pero no explican concretamente por qué resulta esencial que las personas se preocupen por la pérdida del suelo. El pasaje no respalda el enunciado acerca de que no existe ningún método de conservación del suelo; de hecho, el pasaje trata acerca de métodos de conservación del suelo.

2. **Nivel de conocimiento:** 3; **Temas:** ES.a.1, ES.a.2, ES.b.3; **Práctica:** SP.1.a, SP.1.c, SP.3.a, SP.3.b, SP.3.c, SP.6.c
Respuesta posible:
Ⓐ La reconstrucción en Nueva Orleáns podría convertirse en un problema si volviera a ocurrir un desastre como Katrina.
Ⓑ Las personas que están en una disyuntiva con respecto a si reconstruir o no deberían tener en cuenta las medidas que se han tomado para proteger la ciudad de futuras tormentas de la magnitud de Katrina, e incluso más fuertes. Se ha montado un nuevo sistema de malecones y una estación de bombeo para proteger la ciudad, pero la pregunta es si esto es suficiente.
Ⓒ Es posible que los propietarios de ciertos negocios se nieguen a volver a la ciudad por considerar que el nuevo sistema de protección sigue siendo inadecuado. El nuevo sistema está construido para soportar una tormenta fuerte como Katrina, pero no podría resistir tormentas más fuertes que podrían tornarse más frecuentes en el futuro. Aún se siguen perdiendo pantanos entre Nueva Orleáns y el golfo de México. Si esta barrera de protección contra las tormentas continúa desapareciendo, al agua de tormenta le costará cada vez menos irrumpir en la ciudad. La razón que podrían aducir los propietarios de negocios para no volver es la falta de medidas de protección adicionales.
Ⓐ La primera oración explica el problema relacionado con la reconstrucción en Nueva Orleáns, según la información provista por el pasaje. El pasaje establece que, si bien estas tormentas eran inusuales en el pasado, las condiciones causadas por el cambio climático podrían hacer que tormentas de la magnitud de Katrina, o incluso más fuertes, se tornen frecuentes en el futuro. El pasaje además establece que partes de la ciudad quedaron por debajo del nivel del mar en la época de Katrina y que aún siguen así.
Ⓑ La segunda y la tercera oración presentan la solución que se implementó. El diagrama y el pasaje muestran que se ha construido un nuevo sistema de malecones y de bombeo alrededor de la ciudad para protegerla de una tormenta como Katrina en el futuro.
Ⓒ El resto de la respuesta evalúa la solución, según la información provista por el pasaje.

Clave de respuestas

UNIDAD 3 *(continuación)*

LECCIÓN 8, *págs. 96–97*
1. D; **Nivel de conocimiento:** 2; **Temas:** ES.a.1. ES.a.3; **Práctica:** SP.1.a, SP.b.1, SP.1.c, SP.3.a, SP.3.b, SP.4.a
Los recursos renovables mencionados en el pasaje –agua, Sol y viento– no liberan dióxido de carbono en la producción de electricidad. El pasaje no trata acerca del costo relativo de las distintas fuentes de energía. Las fuentes renovables como el viento y el Sol son ilimitadas. La gráfica muestra que, en la actualidad, un porcentaje pequeño de la producción de electricidad en los Estados Unidos se lleva a cabo a través del uso de recursos de energía renovables.

2. Nivel de conocimiento: 3; **Temas:** ES.a.3; **Práctica:** SP.1.a, SP.b.1, SP.1.c, SP.3.b, SP.5.a, SP.6.a, SP.6.c
A partir de la información del pasaje y del diagrama, puedes sacar conclusiones acerca de qué enunciados podrían resultar útiles para formular un argumento a favor de la extracción de carbón mediante la minería de remoción de cima y qué enunciados podrían resultar útiles para formular un argumento en contra. Los siguientes enunciados resultarían útiles para formular un argumento a favor de la minería de remoción de cima: **da empleo en un área que lo necesita mucho; es más segura que la minería en pozos profundos; aumenta la existencia nacional de carbón, que es preferible al petróleo importado**. Los siguientes enunciados resultarían útiles para formular un argumento en contra de la minería de remoción de cima: **se destruyen diversos ecosistemas forestales y no se pueden volver a crear después de la explotación minera; la tala de los bosques aumenta la erosión en las laderas empinadas y, como resultado, se producen inundaciones; las explosiones, la minería y el lavado de carbón pueden emitir cantidades insalubres de polvo de carbón en el aire**.

REPASO DE LA UNIDAD 3, *págs. 98–105*
1. C; **Nivel de conocimiento:** 1; **Temas:** ES.c.2; **Práctica:** SP.1.b, SP.1.c, SP.3.b, SP.7.a
El diagrama muestra la rotación de la Tierra. Como resultado, una mitad de la Tierra mira al Sol, mientras que la otra mitad mira hacia el otro lado. Esto crea el patrón del día y la noche. Para mostrar el ciclo de las estaciones, el diagrama tendría que mostrar a la Tierra en distintas ubicaciones de su órbita en distintos momentos del año. El diagrama no muestra las mareas ni las fases de la Luna.

2. A; **Nivel de conocimiento:** 2; **Temas:** ES.c.1; **Práctica:** SP.1.a, SP.1.b, SP.3.a, SP.3.b
Un resumen relata la idea o las ideas más importantes de un pasaje. En este pasaje, la idea más importante para incluir en el resumen es que el telescopio Hubble ha permitido a los científicos obtener una visión de las galaxias más distantes que jamás se hayan visto. El pasaje no establece que las galaxias más distantes están a 13,200 millones de años luz de distancia; establece que son las galaxias más distantes que se han visto hasta ahora. Además, aun si fuera verdadero este dato, no sería más que un detalle interesante, pero no la idea principal del pasaje. Las otras opciones de respuesta son datos interesantes, no ideas principales para incluir en el resumen del pasaje.

3. B; **Nivel de conocimiento:** 1; **Temas:** ES.b.4; **Práctica:** SP.1.b, SP.1.c
El diagrama muestra que la astenosfera está formada por roca caliente y blanda. La corteza es la capa más alta y está formada por roca más fría y dura. La litosfera incluye tanto la corteza como la parte superior del manto.

4. B; **Nivel de conocimiento:** 2; **Temas:** ES.b.4; **Práctica:** SP.1.b, SP.1.c, SP.3.b
El diagrama muestra que la corteza es la capa más alta. No se puede determinar cuál es la capa más gruesa a partir del diagrama porque muestra solamente una porción del interior de la Tierra. El diagrama muestra que la astenosfera, y no la litosfera, forma parte del manto. No hay ningún elemento en el diagrama que sugiera que la corteza y el manto cambien de lugar en algún momento.

5. B; **Nivel de conocimiento:** 2; **Temas:** ES.a.3, ES.b.4; **Práctica:** SP.1.b, SP.1.c, SP.3.b, SP.7.a
Según la parte del diagrama que muestra la formación de los volcanes, los volcanes se forman por encima del área donde dos placas se juntan y una se desliza debajo de la otra. Los volcanes del diagrama están cerca del océano, pero la formación de los volcanes no ocurre a partir del calentamiento del aire por parte del agua del océano. Los volcanes en el diagrama se forman por encima de la astenosfera, no dentro de ella. Por último, las dos placas no se alejan en el límite donde se forman los volcanes; las flechas muestran que se juntan.

6. Nivel de conocimiento: 3; **Temas:** ES.b.3; **Práctica:** SP.1.b, SP.1.c, SP.3.b, SP.6.c, SP.7.a
Respuesta posible:
Ⓐ El agua que cae erosiona la roca que está en la base del acantilado. Ⓑ La roca sedimentaria más dura de la parte superior de la cascada no se desgasta tan rápidamente como la roca más blanda que hay debajo de ella, lo que crea un saliente de roca sedimentaria más dura. Ⓒ Finalmente, la roca sedimentaria más dura se rompe y empuja la cascada levemente corriente arriba.
Ⓐ La descripción de la primera oración está respaldada por la primera y la segunda ilustración del diagrama. El diagrama muestra que el agua que cae erosiona la roca más blanda que está debajo de la capa de roca sedimentaria más dura.
Ⓑ La descripción de la segunda oración está respaldada por la segunda ilustración del diagrama. El diagrama muestra que, cuando se desgasta la roca más blanda que está debajo, la roca más dura permanece en su lugar y crea una saliente en la parte superior.
Ⓒ La descripción de la última oración está respaldada por la tercera y la cuarta ilustración del diagrama. El diagrama muestra que la saliente de la capa sedimentaria más dura finalmente cae y forma una pila de sedimento en la base del acantilado. No obstante, con la remoción de la capa sedimentaria más dura, la cascada se mueve ligeramente corriente arriba.

7. C; **Nivel de conocimiento:** 2; **Temas:** ES.c.1; **Práctica:** SP.1.a, SP.1.b, SP.3.b, SP.4.a, SP.7.a
Una enorme explosión haría que todo el material que conforma el universo se disperse en todas las direcciones y se aleje de un lugar. Por lo tanto, el enunciado acerca de que las galaxias se están alejando unas de otras rápidamente apoya la teoría del Big Bang. Las opciones de respuesta incorrectas son enunciados que no brindan evidencia relacionada con la teoría, o enunciados que hacen afirmaciones inválidas.

8. Nivel de conocimiento: 1; **Temas:** ES.b.4; **Práctica:** SP.1.a, SP.1.b, SP.1.c, SP.6.c, SP.7.a
Las placas que se muestran en el mapa son las placas tectónicas que constituyen la superficie de la Tierra.

9. Nivel de conocimiento: 1; **Temas:** ES.b.4; **Práctica:** SP.1.a, SP.1.b, SP.1.c, SP.6.c, SP.7.a
La teoría que explica la estructura de la corteza terrestre es la teoría de las **placas tectónicas**.

10. **Nivel de conocimiento:** 1; **Temas:** ES.b.4; **Práctica:** SP.1.a, SP.1.b, SP.1.c, SP.6.c, SP.7.a
Cuando las placas se mueven y se empujan unas contra otras en sus bordes, se crean distintos **accidentes geográficos** en la superficie de la Tierra.

11. **B; Nivel de conocimiento:** 2; **Temas:** ES.b.3; **Práctica:** SP.1.a, SP.1.b, SP.3.b, SP.7.a
El viento es el movimiento del aire de áreas de mayor presión a áreas de menor presión. El pasaje establece que la ZCIT es un área de presión baja, por lo que los vientos que se mueven hacia esa área se originarían en áreas de mayor presión. Como el viento se mueve de áreas de mayor presión a áreas de menor presión, los vientos que se mueven hacia un área de baja presión no se originarían en áreas de menor presión ni se moverían a áreas de mayor presión. El pasaje establece que las tormentas se asocian con la presión del aire más baja y que la ZCIT es un área de baja presión, por lo que es posible que los vientos en esa área produzcan tormentas.

12. **C; Nivel de conocimiento:** 2; **Temas:** ES.c.1; **Práctica:** SP.1.a, SP.1.b, SP.3.b
A través de las descripciones sobre cómo mueren las estrellas de secuencia principal de distintos tamaños, el pasaje indica que, independientemente de sus tamaños originales o de la manera en que mueren, todas estas estrellas se transforman en cuerpos densos relativamente pequeños al final de su ciclo de vida. Los enunciados acerca de que el universo tiene muchos tipos de estrellas y de que las estrellas usan hidrógeno como combustible no describen patrones. El enunciado acerca de que todas las estrellas explotan y se transforman en supernovas al final de su ciclo de vida es inexacto.

13. **C; Nivel de conocimiento:** 3; **Temas:** ES.c.3; **Práctica:** SP.1.a, SP.1.b, SP.3.b
El pasaje sugiere que los cálculos que hacen los científicos con respecto a la datación radiométrica incluyen la tasa de desintegración de un isótopo, por lo que debe conocerse la tasa de desintegración del isótopo en particular que se esté midiendo. Los científicos utilizan la datación radiométrica de modo que no necesitan conocer el orden en que se depositaron las capas de roca para determinar la edad de la roca. Los científicos deben usar los isótopos radiactivos porque la datación radiométrica implica medir la desintegración, o pérdida de radiactividad, de un isótopo. El pasaje no hace ninguna alusión a que los isótopos radiactivos destruyen la roca.

14. **Nivel de conocimiento:** 3; **Temas:** ES.c.1, ES.c.2; **Práctica:** SP.1.b, SP.1.c, SP.3.b, SP.6.c, SP.7.a
Respuesta posible:
Ⓐ La reacción de fusión comienza con dos átomos de hidrógeno.
Ⓑ Los átomos se fusionan para producir un átomo de helio.
Ⓒ Además del helio, la reacción de fusión produce un neutrón y energía.
Ⓐ La primera oración identifica los reactivos en la reacción de fusión, según la información del modelo. El modelo muestra dos formas distintas de átomos de hidrógeno que se fusionan entre sí.
Ⓑ La segunda oración identifica el nuevo elemento producido en la reacción de fusión, según la información del modelo. El diagrama muestra que la fusión de los dos átomos de hidrógeno produce un átomo de helio y ciertos productos derivados.
Ⓒ La tercera oración identifica los productos derivados producidos en la reacción de fusión, según la información del diagrama. El diagrama muestra que los productos derivados adicionales de la reacción de fusión son un neutrón y energía.

15. **D; Nivel de conocimiento:** 1; **Temas:** ES.c.2; **Práctica:** SP.1.b, SP.1.c
La columna izquierda de la tabla identifica una cualidad de los cuatro planetas interiores que se repite e indica que todos los planetas interiores son cuerpos pequeños y rocosos. Solamente un planeta interior tiene grandes cantidades de agua superficial; ningún planeta interior tiene anillos; y solamente la mitad de los planetas interiores tienen lunas.

16. **D; Nivel de conocimiento:** 1; **Temas:** ES.c.2; **Práctica:** SP.1.a, SP.1.b, SP.1.c
En la columna de la tabla correspondiente a los planetas exteriores, el texto establece que todos los planetas exteriores tienen varias lunas. Además, la tabla indica que los planetas exteriores son, en gran parte, pero no totalmente, gaseosos; que los planetas interiores, no los planetas exteriores, tienen superficies duras; y que todos los planetas exteriores tienen anillos.

17. **Nivel de conocimiento:** 3; **Temas:** ES.b.2; **Práctica:** SP.1.a, SP.1.b, SP.1.c, SP.3.b, SP.6.a, SP.6.c, SP.7.a
El pasaje explica que el agua del océano cambia de estado y tú has aprendido que el calentamiento del agua produce un cambio de estado de líquido a gas, o evaporación. Por lo tanto, cuando el Sol calienta el agua del océano, ocurre la **evaporación**.

18. **B; Nivel de conocimiento:** 2; **Temas:** ES.c.2; **Práctica:** SP.1.a, SP.1.b, SP.1.c, SP.7.a
Las fases de la Luna conforman un ciclo. Para mostrar un patrón cíclico, parte del ciclo debe repetirse. Por lo tanto, el patrón completo de las fases lunares es la secuencia que comienza y termina con la fase de la luna nueva. Las opciones de respuesta incorrectas indican solamente partes del ciclo.

19. **C; Nivel de conocimiento:** 2; **Temas:** ES.b.1; **Práctica:** SP.1.b, SP.1.c, SP.3.b
La gráfica muestra que el oxígeno constituye aproximadamente el 21 por ciento de la atmósfera y que el nitrógeno, el gas más abundante de la atmósfera, constituye más del 78 por ciento de la misma. Por lo tanto, en conjunto, constituyen más del 98 por ciento de la atmósfera. El nitrógeno, no el oxígeno, es el gas más abundante en la atmósfera. El porcentaje de la atmósfera que constituye el oxígeno es mucho mayor que el porcentaje que constituyen el dióxido de carbono y el metano, que son los únicos dos gases invernadero que aparecen. En conjunto, estos gases invernadero constituyen menos del 1 por ciento de la atmósfera de la Tierra. La atmósfera tiene más nitrógeno que oxígeno y tiene más oxígeno que dióxido de carbono.

20. **A; Nivel de conocimiento:** 2; **Temas:** ES.b.1; **Práctica:** SP.1.a, SP.1.b
Un resumen de información científica identifica los puntos principales de la información, por lo que el mejor resumen de la información presentada por la gráfica debe indicar los puntos principales (que la atmósfera de la Tierra está constituida mayormente por nitrógeno y oxígeno) y debe incluir el detalle importante (que la atmósfera de la Tierra también contiene pequeños porcentajes de otros gases). Los enunciados acerca de que el nitrógeno es el gas que más prevalece en la atmósfera de la Tierra y de que el nitrógeno y el oxígeno son los dos gases principales que conforman la atmósfera de la Tierra representan ideas importantes provistas por la gráfica, pero no resumen por completo la información de la gráfica. El enunciado acerca de los gases que se encuentran en cantidades menos abundantes en la atmósfera de la Tierra constituye un detalle que no debe incluirse en un resumen.

UNIDAD 3 *(continuación)*

21.1 C; **21.2 D**; **Nivel de conocimiento:** 2; **Temas:** ES.a.3, ES.b.3; **Práctica:** SP.1.a, SP.1.b, SP.1.c, SP.3.a, SP.7.a
21.1 La tabla establece que la energía eólica es gratuita y renovable. El viento es renovable, es decir, el suministro de viento nunca termina y se reabastece de manera constante, lo que significa que no es limitado ni puede de agotarse.
21.2 Como la tabla establece que los murciélagos y las aves suelen ser golpeados por las aspas de las turbinas eólicas, puede argumentarse que las turbinas eólicas son un peligro para la vida silvestre. En la tabla no existe ningún indicio de que los aviones, las personas y los cables de alta tensión estén en peligro por las turbinas eólicas.

22. B; **Nivel de conocimiento:** 2; **Temas:** Es.a.2, ES.b.1, ES.b.3; **Práctica:** SP.1.a, SP.1.b, SP.3.b, SP.7.a
A partir de la información del pasaje, puedes inferir que las alertas y las alarmas permiten a las personas buscar refugio cuando se acerca una tormenta peligrosa, lo que disminuye el número de lesiones y muertes. Es ilógico pensar que una alerta o alarma de tornado es capaz de prevenir una tormenta, sobre todo porque las alertas se dan una vez que ya se detectó la tormenta. Alertar a las personas acerca de la llegada de una tormenta no cambia las condiciones en las que los meteorólogos estudian las tormentas severas o explican cómo se forman.

23. A; **Nivel de conocimiento:** 2; **Temas:** ES.a.1, ES.b.1; **Práctica:** SP.1.a, SP.1.b, SP.3.b, SP.7.a
El pasaje explica que la quema de combustibles fósiles libera en el aire gases que aumentan la acidez de las precipitaciones, lo que significa que la atmósfera y la hidrosfera de la Tierra se ven afectadas y que las precipitaciones ácidas dañan los bosques y los peces y corroen la piedra, lo que significa que se ven afectadas la biosfera y la geosfera de la Tierra. Por lo tanto, los datos respaldan el argumento que afirma que la quema de los combustibles fósiles afecta a todos los sistemas de la Tierra. El pasaje menciona solamente a los peces; por lo tanto, los datos presentados respaldan solamente el argumento de que los peces se ven afectados por la quema de los combustibles fósiles (si bien otros animales, entre ellos los seres humanos, se ven afectados en distintos aspectos). El pasaje establece que el pH de la precipitación está cambiando en ciertas partes de los Estados Unidos, no necesariamente en todas partes de los Estados Unidos. Como el pasaje no indica que el pH de la precipitación está cambiando en todas partes de los Estados Unidos, no tiene respaldo el argumento que afirma que todos los monumentos importantes de los Estados Unidos deben protegerse contra las precipitaciones ácidas.

24. B; **Nivel de conocimiento:** 2; **Temas:** ES.a.1, ES.a.3; **Práctica:** SP.1.a, SP.1.b, SP.3.a, SP.3.b
El pasaje da varios ejemplos acerca de cómo las prácticas agrícolas contaminan el agua potable, lo que deja en claro que el problema principal es que las prácticas agrícolas pueden contaminar las reservas de agua potable. El pasaje no trata acerca de si la agricultura utiliza demasiada agua o si los fertilizantes son los suficientemente efectivos. El pasaje sugiere que la rotación de cultivos podría reducir los efectos de la contaminación.

25. D; **Nivel de conocimiento:** 2; **Temas:** ES.a.1, ES.a.3; **Práctica:** SP.1.a, SP.1.b, SP.3.a, SP.3.b, SP.4.a
El pasaje identifica el uso de métodos agrícolas antiguos como una posible solución al problema, pero establece que debe demostrarse que estos métodos son tan efectivos como los métodos modernos para que la solución funcione, lo que sugiere que deben producir la misma cantidad de alimentos que los métodos más modernos. Las opciones de respuesta incorrectas describen situaciones que no se tratan en el pasaje.

26. B; **Nivel de conocimiento:** 3; **Temas:** ES.a.1, ES.b.1; **Práctica:** SP.1.a, SP.1.b, SP.3.a, SP.3.b, SP.7.a
El pasaje establece que la mayor parte de la energía que utilizamos es producida por la quema de combustibles fósiles, ha liberado dióxido de carbono en la atmósfera durante cier de años. Por lo tanto, el problema identificado en el pasaje una cantidad excesiva de dióxido de carbono está ingresan la atmósfera. El dato acerca de que las personas han utilizado los combustibles fósiles desde la Revolución industrial no es el enunciado que mejor representa el problema, que es el exceso de dióxido de carbono en la atmósfera. En el pasaje no se hace mención a la necesidad de conservar energía, y las fuentes naturales de dióxido de carbono en ningún momento se identifican dentro del pasaje como un problema.

27. C; **Nivel de conocimiento:** 2; **Temas:** ES.b.1; **Práctica:** SP.1.a, SP.1.b, SP.3.a, SP.3.b, SP.7.a
El problema del que se habla en el pasaje es el aumento de la cantidad de dióxido de carbono que ingresa a la atmósfera debido a la quema de combustibles fósiles. Además, el pasaje establece que varias fuentes de energía alternativas que no son ampliamente utilizadas no producen dióxido de carbono como un gas de desecho. El pasaje sugiere que una mayor utilización de estas fuentes alternativas sería una solución posible. Las ideas de alterar los procesos naturales de descomposición del material vegetal y de absorción de gases en la atmósfera no son soluciones lógicas y no se mencionan en el pasaje. El gas natural es un combustible fósil, por lo que puede asumirse que el uso de gas natural forma parte del problema.

28. **Nivel de conocimiento:** 2; **Temas:** ES.b.3; **Práctica:** SP.1.a, SP.1.b, SP.1.c, SP.3.b, SP.6.c, SP.7.a
El texto explica que el agua del río causa erosión y que el agua del río corre más rápidamente en la parte exterior del meandro, o curva. Por lo tanto, el río representado en el diagrama causa más erosión en las **áreas que están en la parte exterior de sus meandros**.

29. B; **Nivel de conocimiento:** 2; **Temas:** ES.a.3; **Práctica:** SP.1.a, SP.1.b, SP.3.a
El pasaje explica que el dique ha cambiado el flujo volumétrico, la temperatura y los sedimentos del río Colorado; que ha hecho que ciertas especies acuáticas ya no se encuentren en el área; y que ha provocado la pérdida del Cañón de Glen, cubriendo la belleza escénica del cañón y los artefactos antiguos. Un resumen efectivo incluye toda esta información. Las otras opciones de respuesta identifican información del pasaje que no corresponde a un resumen de los efectos ambientales del dique, o bien exponen incorrectamente información del pasaje.

30. C; **Nivel de conocimiento:** 3; **Temas:** ES.a.3; **Práctica:** SP.1.a, SP.1.b, SP.3.b
El pasaje contrasta fundamentalmente los efectos negativos sobre el medio ambiente del río que está debajo del dique y sobre el terreno que se inundó para formar una represa a sus espaldas con las ventajas que ofrece el dique a la hora de irrigar cultivos y producir electricidad. Los dos argumentos contrapuestos, entonces, tratan acerca del valor de los medio ambientes naturales y de la necesidad de una sociedad avanzada desde el punto de vista tecnológico. Las opciones de respuesta incorrectas identifican potenciales argumentos relacionados con el dique del Cañón de Glen, pero no identifican los argumentos presentados en el pasaje.

Índice

ÍNDICE

Índice

ÍNDICE

Índice

mutaciones, 25, 34, 38
selección natural, 28–29, 36
tablas de pedigrí, 23
variación genética, 24
Herida, 8
Herramientas basadas en el contenido
cadenas alimenticias, 12
cladogramas, 27, 37
comprender las, 22–23
cuadros de Punnett, 23, 35
diagramas de fases, 77
diagramas de genética, 22
ecuaciones químicas, 48–49
modelos científicos, 42–43
pirámides de energía, 13
redes alimenticias, 90
tablas de pedigrí, 23
Hidrógeno
en las estrellas de secuencia principal, 100
estructura del, 42–43
fusión nuclear del, 85, 91, 101
Hidrosfera, 90
Hielo seco, 77
Hierro, 88
Hipótesis, 68, 70, 74, 78, 82
Hipótesis que se pueden poner a prueba, 70
Histamina, 8
Homeostasis, 36
Hubble, Edwin, 82–83
Huesos, 4–5
Huéspedes, 15
Huracanes, 95, 103

I

Idea principal y detalles, identificar, 4–5, 44, 84
Ilustraciones de sección, 2, 88
Ilustraciones, interpretar, 2–3, 18, 44
Infección, 8, 10, 11
Inferencias, hacer e identificar, 28–29, 30, 94
Información científica
evaluar, 70–71
expresar, 92–93
Información fuente en tablas, 6
Interfase, 3
Intestino delgado, 5, 32
Intestino grueso, 5, 7, 32
Inundaciones, 19, 95, 103
Investigación científica
diseño, 69–70, 74, 78
predecir resultados, 50–51
técnicas, 68–69, 74, 78–79
Iones, 51
Iones de hidrógeno, 51, 71
Iones hidróxidos, 71
Irrigación, 105
Isótopos, 89, 91, 100
Isótopos radiactivos, 89, 100
Ítems en foco
arrastrar y soltar, 19, 29, 37, 57, 65, 97
completar los espacios, 15, 17, 45
menú desplegable, 9, 71
punto clave, 23, 25, 47, 59, 61
respuesta breve, 31, 95

J

Julio, 59
Júpiter, 87

K

Katrina, Huracán, 95
Klebsiella, 7

L

Lactobacillus acidophillus, 7
Ley de Aire Limpio (1970), 67
Ley de la gravitación universal, 56–57
Ley de la gravitación universal de Newton, 56–57
Leyendas
para gráficas, 10
para mapas, 10
para tablas, 6, 46
Leyendas en diagramas, 88
Leyes científicas, 54–55, 56–57, 69
Leyes científicas, aplicar, 56–57
Leyes del movimiento de Newton, 54–57, 69, 78–79
Límites convergentes, 83
Límites divergentes, 83
Límites transformantes, 83
Líquidos, 44–45, 60–61, 77
Lisosomas, 3, 36
Lista Roja, 18
Litio, 50
Litosfera, 83, 88–89, 98
Lobos rojos, 36
Longitud de onda, 64–65, 83
Luna, 87, 102
Luna creciente, 102
Luna creciente menguante, 102
Luna en cuarto creciente, 102
Luna en cuarto menguante, 102
Luna gibosa creciente, 102
Luna gibosa menguante, 102
Luna llena, 102
Luna nueva, 102
Luz, 60, 85
Luz infrarroja, 65, 93
Luz ultravioleta, 65
Luz visible, 65

M

Macronutrientes, 34
Magnitud de las fuerzas, 54–55
Manchas solares, 85
Manto, 87–89, 98
Mapas temáticos, 10
Mapas, interpretar gráficas y, 10–11
Máquinas, 58–59, 63, 72, 97
Máquinas simples, 58–59, 72
Mareas, 87, 91
Mareas muertas, 87
Mareas vivas, 87
Marte, 87

Masa
definición, 47, 56
fuerza y, 55, 56
momento lineal y, 57, 79
peso comparado con, 56
Masa atómica, 72
Materia
cambios de estado, 45
compuestos químicos, 43
estados de la, 44
estructura de la, 42, 68
fórmulas químicas y estructurales, 43
moléculas, 43
origen de la, 82, 99
propiedades de la, 46–47
reciclaje en los ecosistemas, 13
Materia oscura, 84
Material complejo, resumir, 84–85
Meandro, 105
Media, 69
Medio ambiente
conservación del suelo, 94
desertificación, 38
efecto del pH en el, 71, 104
Ley de Aire Limpio, 67
prácticas agrícolas y el, 38, 94, 104
Medio ambiente no vivo, 12
Médula espinal, 5
Meiosis, 24–25
Membrana celular, 2
Mendel, Gregor, 22
Mercurio, 87
Mesosfera, 88
Messier 33, 84
Metafase, 3, 33
Metales, 47, 50, 61
Metales alcalinos, 50
Metano, 87, 92–93, 102
Meteorización, 99
Methanobacterium smithii, 7
Método científico, 62, 68, 70, 74, 78–79
Metro por Newton, 59
Mezclas, 50
Mezclas homogéneas, 50
Microondas, 65
Migración, 35
Minerales, 5, 7
Mitocondria, 3, 36
Mitosis, 3, 25, 33
Modelos científicos, comprender, 42–43, 48
Moléculas
en reacciones químicas, 48
espacio en los estados de la materia, 44
estructura de las, 43
movimiento de las, 60
Molinos, 63
Monóxido de carbono, 67, 69
Movimiento de los objetos, 52–57, 60, 69, 75, 79
Músculo, 4–5
Musgrave, F. Story, 80
Mutaciones, 25, 34, 38
Mutualismo, 15, 34

N

Nebulosas, 85
Neón, 92, 102

Índice

ÍNDICE

V

Y

Z

ÍNDICE

Stunts and Tumbling Activities

by Janet A. Wessel and Ellen Curtis-Pierce

Fearon Teacher Aids
Belmont, California

Designed and Illustrated by Rose C. Sheifer

ISBN 0-8224-5358-4

Printed in the United States of America

1. 9 8 7 6 5 4 3 2